HZ BOOKS
华章IT

AIGC与大模型技术丛书

改变设计的AI技术

基于Midjourney + Stable Diffusion

闫河 王宏伟 余张迪
编著

本书涵盖了多个绘画知识专题及AI绘画应用案例：从Midjourney和Stable Diffusion两款AI绘画工具的入门操作，到垫图方法、风格化实操演示、模型使用技巧、插件使用方法等进阶技术，以及定制写真、商业LOGO、艺术字、艺术二维码、电商海报产品图等应用案例的全流程操作，包括了从基础应用到实战项目的常用方法和技巧。通过这些知识内容，帮助读者解决在艺术设计领域的创造力、工作效率等核心问题，实现从小白到AI绘画创作大师的质变。

本书可作为想用AI绘画提升工作效率或进行商业应用的平面设计师、后期特效处理人员、影视动画制作者的学习手册；也可作为广大对AI绘画感兴趣的播客、UP主、电商等新媒体达人的辅导工具书；还可作为大中专院校相关专业及培训机构的学习用书。

图书在版编目（CIP）数据

改变设计的AI技术：基于Midjourney+Stable Diffusion / 闫河，王宏伟，余张迪编著. —北京：机械工业出版社，2024. 5
（AIGC与大模型技术丛书）
ISBN 978-7-111-75264-6

Ⅰ. ①改… Ⅱ. ①闫…②王…③余… Ⅲ. ①图像处理软件 Ⅳ. ①TP391. 413

中国国家版本馆CIP数据核字（2024）第050265号

机械工业出版社（北京市百万庄大街22号 邮政编码100037）
策划编辑：丁 伦　　责任编辑：丁 伦
责任校对：李可意 刘雅娜　　责任印制：郜 敏
北京富资园科技发展有限公司印刷
2024年6月第1版第1次印刷
185mm×260mm · 13. 75印张 · 304千字
标准书号：ISBN 978-7-111-75264-6
定价：109. 00元

电话服务　　网络服务
客服电话：010-88361066　　机 工 官 网：www. cmpbook. com
010-88379833　　机 工 官 博：weibo. com/cmp1952
010-68326294　　金 书 网：www. golden-book. com
封底无防伪标均为盗版　　机工教育服务网：www. cmpedu. com

前　言

本书背景

在当前的设计领域，设计师和插画师往往需要花费大量时间去学习和掌握某一种画风及其技巧，但在他们的职业生涯中，可能最终只精通其中的几种。然而，如果个人的工作能够得到AI（人工智能）的辅助，那么无论是在工作效率上，还是在创作风格的广度上，都将会有显著的提升。所谓AI绘画，就是人工智能在绘画领域的应用，它通过计算机技术训练模型，学习人类艺术家的创作风格和技巧，然后生成全新的艺术作品。AI绘画的出现，为设计领域带来了翻天覆地的变革。

本书内容

本书以Midjourney和Stable Diffusion两款AI绘画工具为例，深入探讨如何利用AI技术改变设计，详细介绍了如何使用这些工具进行创作，以及如何将它们应用于实际的设计项目中。

全书首先介绍了Midjourney和Stable Diffusion的基本功能和操作方法。这些工具的强大之处在于，它们能够帮助设计师在短时间内创作出高质量的作品，大大提高了工作效率。而且，由于这些工具采用了AI技术，设计师们可以利用它们进行无限创新；之后，深入讲解垫图方法、风格化实操演示、模型使用技巧、插件的使用方法等进阶技巧。这些技巧将帮助读者更好地利用Midjourney和Stable Diffusion提升自己的设计技能；最后，在应用案例部分，通过定制写真、商业LOGO、艺术字、艺术二维码、电商海报产品图等实例，展示了如何将这些技巧应用于实际的设计项目中。这些案例将帮助读者更好地理解如何将所学的知识和技能应用于实际的设计项目中。此外，本书还将探讨如何通过AI绘画提升工作效率。我们相信，通过学习和实践，每个人都能够提升自己的创造力，更好地利用AI绘画工具。同时，我们也相信，通过提升工作效率，读者能够在更短的时间内完成更多的工作，实现自己的目标和价值。

本书作者

本书作者团队由陕西科技大学的闫河、王宏伟和余张迪等多位设计师、插画师和相关教师

组成，该团队利用这两款工具在抖音、视频号和小红书等平台创建“汉服织造局”自媒体公号，全网粉丝超 30 万，私域人数达万人，成功在自媒体平台上创造了一个上亿流量的热点词汇——新国风制服。在本书的创作过程中，陕西科技大学的许小周、关子乐、余小军、陈思彤、周末和王宝莹等老师、同学与主创团队紧密合作，他们以专业的知识、严谨的态度和卓越的团队精神，为本书注入了无限的活力与创意。作者团队深感人工智能技术的神奇和强大，它不仅为艺术家提供了强大的创作工具，也为普通人带来了全新的艺术体验。作者希望通过本书，让更多的人了解和关注 AI 艺术创作，共同推动人工智能技术在艺术领域的应用和发展。

本书读者

本书通过使用 Midjourney 和 Stable Diffusion 两款 AI 软件，全面教授读者如何掌握 AI 绘画的方法和技巧。无论是对 AI 绘画感兴趣的初学者，还是想用 AI 绘画提升工作效率或进行商业应用的专业人士，抑或是 AI 绘画相关专业的教师和学生，都能在本书中找到适合自己的内容，从而提升个人的创造力和工作效率，实现从小白到大师的质变。

同时，本书通过扫码看视频、扫码下载资源等方式为读者提供了多项增值服务，包括 PPT 课件、视频教程，以及提示词大全等海量素材。

由于作者水平有限，书中不足之处在所难免，欢迎读者提出宝贵的意见和建议，以便我们进行改正和完善。AI 绘画的出现为艺术创作带来了新的机遇和挑战，它拓宽了创作的范围，提高了艺术创作的效率和质量，同时也改变了艺术市场的格局。然而，AI 绘画仍处于发展的初级阶段，仍有许多技术和伦理问题需要解决。希望本书能够帮助读者在 AI 绘画的学习之旅中取得进步，实现自己的目标。下面，让我们一起探索 AI 绘画的无限可能，共同创造美好的未来吧！

作　者

目　　录

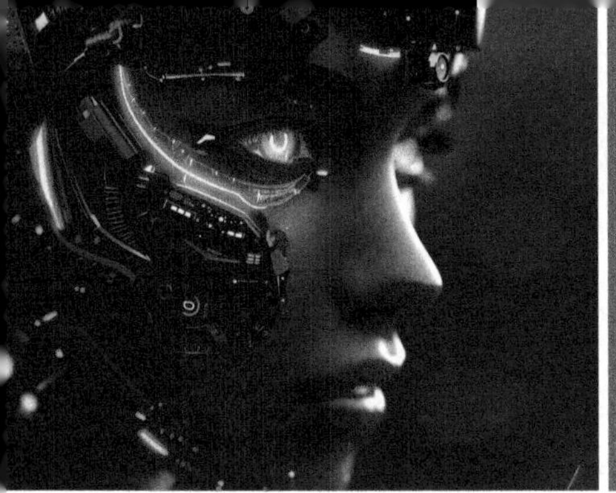

第1章 走进神奇的AI绘画世界

本章通过对 Midjourney 和 Stable Diffusion 两款软件的优缺点进行分析，带读者认识两款软件的不同应用场景，同时提供两款软件的安装与注册教学，使读者可以根据自己的实际情况进行软件的选择和后续的学习。

1.1 Midjourney 和 Stable Diffusion 的优缺点对比

目前市面上比较权威，并能用于工作的主流 AI 绘画软件有两款：一款名为 Midjourney（简称 MJ），另一款名为 Stable Diffusion（简称 SD）。MJ 和 SD 是相似的工具，它们都使用文本提示生成 AI 创建的图像，但它们具有不同的功能集，并且都有各自优点和缺点。

1.1.1 Midjourney 的优势

Midjourney 是基于 Discord 平台搭建的一个将文本变成图像的 AI。它可以根据文本提示生成具有更强烈视觉效果的图像，是一个国外的 AI 绘画平台，能识别中文，且生成的图像版权属于创作者。其公司已经将模型开发、训练、调整和用户界面准备好，为用户提供打开即用的体验，不需要较高的计算机配置，上手使用相对简单，而且图像生成的速度非常快。

1.1.2 Midjourney 的劣势

Midjourney 的随机性很大，可控性较弱，只有数个模型变体，虽然可以调整纵横比等参数并选择算法的生成版本，但它们提供的变化或选项与 Stable Diffusion 相比较少。同时 Midjourney 具有一定的内容限制，包含政治词汇、血腥词汇、某些人体部位、毒品词汇、侮辱性词汇等，如果使用会导致账号被封禁。Midjourney 是一个开放的社区，只要生成图像，其他人就可以访问到。只有开通 60 美元/月的会员（不同时期的费用会有一定变化，如促销、折扣等情况），并激活隐身模式才可以避免其他人访问作者的图像。Midjourney 是付费的，因其是一个成熟的商业产品，所以更适合想要轻松上手且不介意付费的用户群体。

1.1.3 Stable Diffusion 的优势

Stable Diffusion 作为一款开源模型，所有人都可以参与软件的创新，有很多的在线版本和离线版本，离线版本不需要任何费用，且离线版本的模型可以根据需要任意选择，可拓展性强。Stable Diffusion 提供了更强大的图像定制选项。可以将图像大小调整到每个像素，创作者的操作决定了 AI 在遵循提示时有多严格，包括设置种子值、选择用于提供给 AI 引擎的采样器等，并且有数千种艺术模型可供选择，可以根据提示生成不同的艺术风格。Stable Diffusion 的可定制化程度更高一些，更多的插件提供了更多的可能性，可以控制图像构图和姿势等。本地部署 Stable Diffusion 不用联网，其没有对图像的访问权限，如果作者不分享图像，这张图像就只会保存在创作者的计算机上。

1.1.4 Stable Diffusion 的劣势

Stable Diffusion 的很多数据模型都需要自己训练（或者网上下载），调节参数较为复杂，上手难度较大。同时 Stable Diffusion 对环境配置的难度较高，显存如果不够大会出现图像崩坏的情况，在显卡选择上，显存容量的优先级甚至要高于性能，显卡算力决定其运行效率，而显存容量决定能否生成图像。为确保流畅运行，建议至少配备英伟达 3060 及以上的显卡，显存大小选择 12GB 及以上。Stable Diffusion 更适合对图像私密性有要求且计算机配置较高、学习能力较强的用户群体。

Midjourney 和 Stable Diffusion 两款软件各有优劣，将两款软件结合使用就可以完成更多的商业化任务，如制作电商服装模特、AI 插画动画等。

1.2 Discord 与 Midjourney 的注册与登录

在学习 Midjourney 之前，首先需要会使用 Discord 软件，Discord 是一款免费的聊天软件，而 Midjourney 是在这款聊天软件上的一个程序，用户可以在 Discord 上创建服务器，与其他用户进行实时聊天或文件共享。

1.2.1 登录 Discord 账号

拥有 Discord 账号是使用 Midjourney 的前提，登录 Discord 账号的具体操作步骤如下。

01 在网页上打开 Discord 的官网（https://discord.com/），无论是 Discord 还是 Midjourney，在使用时都需要设置网络，如果提示无法访问此页面，需要检查是否正确设置了网络，如图 1-1 所示。

02 用户可以选择下载 Discord 软件，也可以选择在浏览器中打开，下载 Discord 软件可以

使保存的图像更高清，使用更稳定，如图 1-2 所示。

图 1-1　未联网界面

图 1-2　Discord 使用方式选择

03 如果已有账号，可以直接输入账号和密码进行登录。也可以注册新账号，注册账号方法与在国内平台注册区别不大，邮箱验证按提示步骤操作即可，检验“是否是机器人”的时间有些长，需要耐心等候。登录与注册界面如图 1-3 所示。

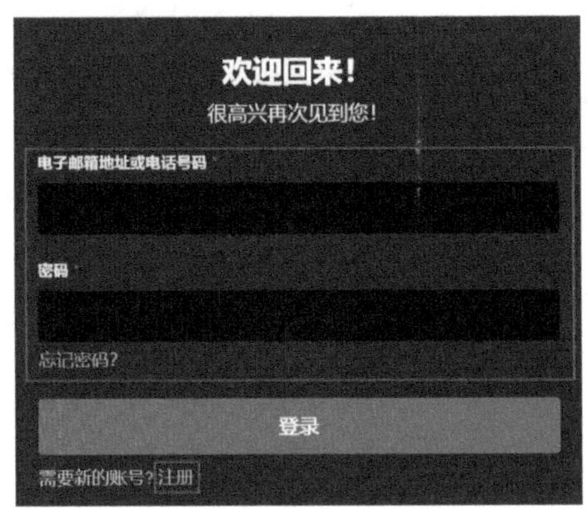

图 1-3　登录与注册界面

1.2.2　添加 Midjourney 到 Discord

本节主要学习如何将 Midjourney 机器人添加到 Discord，具体操作步骤如下。

01 进入 Midjourney 官网（https://www.midjourney.com/），在首页的底部找到并单击 Join the Beta 按钮，如图 1-4 所示。

02 按照跳出的邀请提示，单击“加入 Midjourney”按钮即可绑定 Discord 账号，如图 1-5 所示。

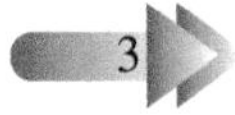

图 1-4　Midjourney 官网界面

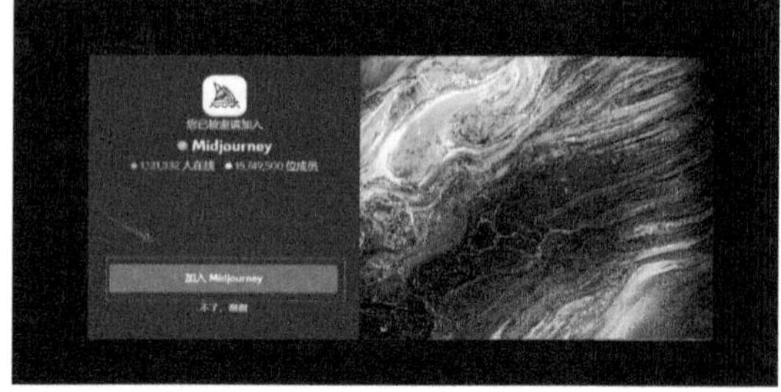

图 1-5　邀请提示界面

03 Midjourney 服务器已经进入到 Discord 软件中，如图 1-6 所示。

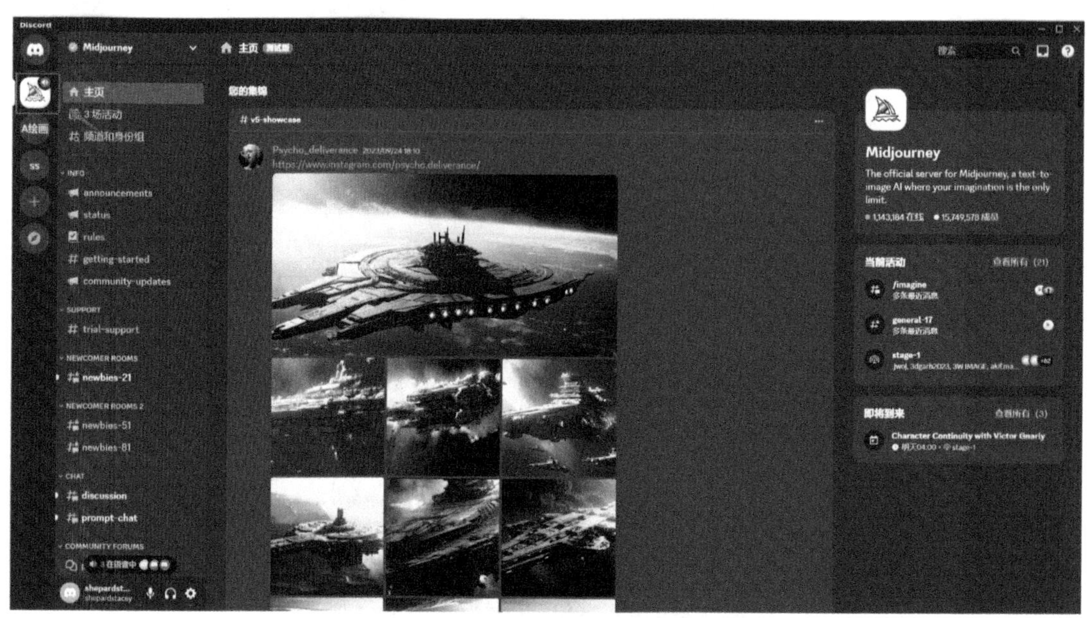

图 1-6　Midjourney 服务器图标

1.3 Stable Diffusion 的部署和安装

Stable Diffusion 并不是一个传统意义上的软件，其最早只是一堆源代码数据，直到后来 GitHub 上的一位名为 Automatic1111 的开发者将这些代码做了一个基于浏览器网页去运行的程序，才有了如今可视化的操作界面 Stable Diffusion Web UI（SD Web UI），随着发展也出现了 ComfyUI 的节点式可操作页面，相比于 WebUI 能够创建复杂的稳定扩散工作流程。

1.3.1 Stable Diffusion 安装方法

由于手动配置有一定的门槛，且在安装过程中有各种各样的问题，市面上已经出现了很多

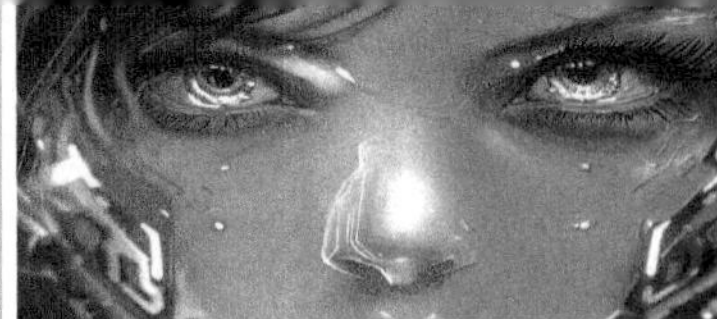

两种操作界面的一键部署包，都是基于 GitHub 中的这两项克隆项目。接下来以常用的 WebUI 界面为例，介绍如何从 GitHub 部署 Stable Diffusion，具体操作步骤如下。

01 首先，需要访问 GitHub 并找到 Stable Diffusion 项目的页面，如图 1-7 所示。

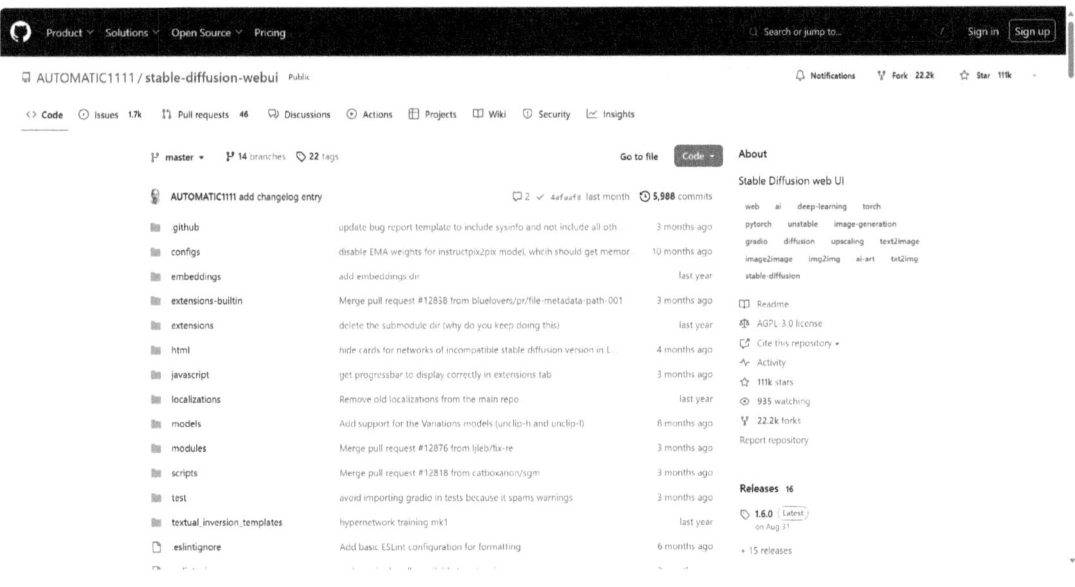

图 1-7　Stable Diffusion 项目页面

02 滚动页面至安装和运行部分，此时可以启用浏览器的翻译功能以便理解。作者介绍了多种安装方式，根据第一种进行安装，单击 v1. 0. 0-pre 选项来到官方下载页面，如图 1-8 所示。

图 1-8　安装说明

03 单击 sd. webui. zip 选项下载压缩包，如图 1-9 所示。

04 当下载并解压完成后得到文件，双击运行 update. bat 文件，将自动更新 Web UI 到最

图 1-9　下载压缩包

新版本，等待完成，然后关闭窗口，如图 1-10 所示。

名称	修改日期	类型
今天		
update.bat	2023/10/15 15:39	Windows 批处理文件
environment.bat	2023/10/15 15:39	Windows 批处理文件
run.bat	2023/10/15 15:39	Windows 批处理文件
webui	2023/10/15 16:37	文件夹
system	2023/10/15 15:39	文件夹

图 1-10　运行 update. bat 文件

05 双击以启动 run. bat，在第一次启动时它将自动下载大量文件，如图 1-11 所示。

```
C:\WINDOWS\system32\cmd
Python 3.10.6 (tags/v3.10.6:9c7b4bd, Aug  1 2022, 21:53:49) [MSC v.1932 64 bit (AMD64)]
Commit hash: 48a15821de768fea76e66f26df83df3fddf18f4b
Installing torch and torchvision
Looking in indexes: https://pypi.org/simple, https://download.pytorch.org/whl/cu117
Collecting torch==1.13.1+cu117
  Downloading https://download.pytorch.org/whl/cu117/torch-1.13.1%2Bcu117-cp310-cp310-win_amd64.whl (2255.4 MB)
     ---------------------------------------- 0.1/2.3 GB 10.4 MB/s eta 0:03:29
```

图 1-11　等待文件下载

06 正确下载并安装所有内容后，将会看到一下消息 Running on local URL：http://127. 0. 0. 1:7860，如图 1-12 所示。

```
LatentDiffusion: Running in eps-prediction mode
DiffusionWrapper has 859.52 M params.
Running on local URL:  http://127.0.0.1:7860
```

图 1-12　下载完成消息

07 在浏览器中打开链接，将显示 Web UI 界面，注意在下载过程中要全程保持网络通畅，如图 1-13 所示。

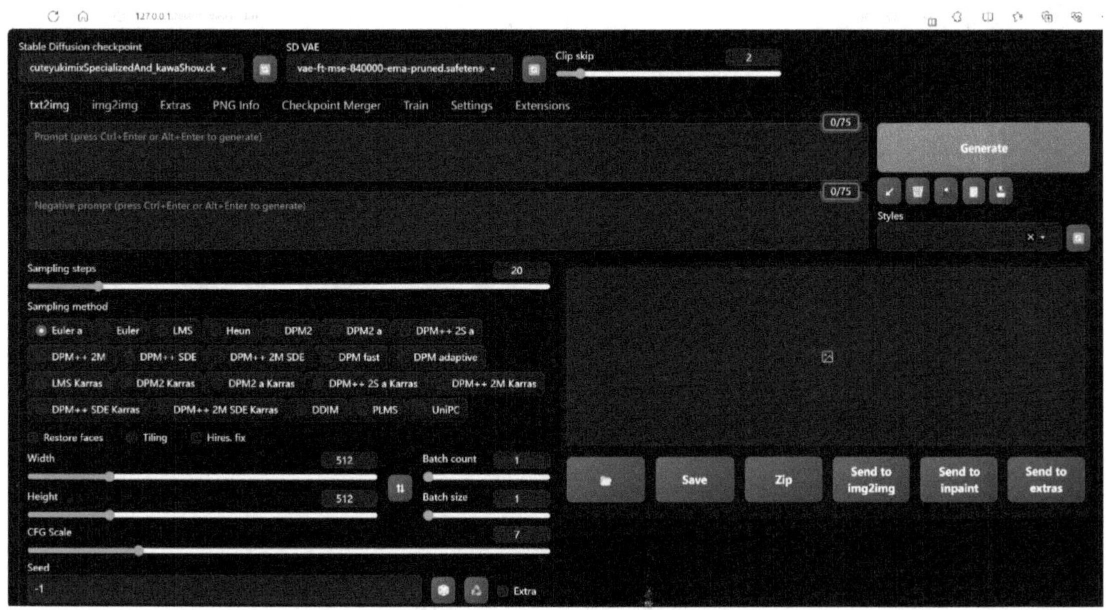

图 1-13　Web UI 界面

1.3.2　添加所需 AI 模型

完成 Stable Diffusion 项目的本地部署后，还需要至少添加一个大模型才能进行正常的出图使用，常用的国外模型网站有 CIVITAI、Hugging Face，由于发展较早，其中优质模型和模型创作者较多，缺点是需要配合 VPN 才能使用，国内的模型网站有哩布哩布 AI、吐司 AI 等，优点是不用担心网络影响，包含国外网站热门模型，缺点是模型质量良莠不齐。这里以国内模型网站举例。

1）进入哩布哩布 AI 网站，地址为 https://www.liblib.art/。进入网站后可以看到首页有各种类型模型训练的图像预览，在左上角有不同的标签，主要分为 Lora 和 Checkpoint 模型，如图 1-14 所示。

2）目前使用得最为广泛的就是这两个模型，使用 Stable Diffusion 至少需要搭载一款 Checkpoint 模型，Lora 模型则是一种微调模型，在之后章节会详细介绍。选择好 Checkpoint 模型后，便可看到该模型的信息，也能看到模型作者对该模型的使用讲解，在右方选择下载即可将模型保存到本地使用，如图 1-15 所示。

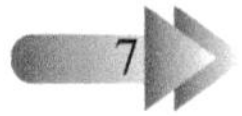

图 1-14　哩布哩布 AI 网站

majicMIX realistic 麦橘写实
v7
麦橘MERJIC
关注
立即生图
加入模型库
下载(1.99GB)
详情
类型 CHECKPOINT
在线生成数 698926
下载量 19391
基础算法 基础算法 1.5
许可范围

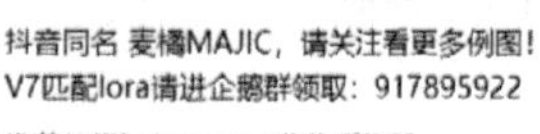

抖音同名 麦橘MAJIC，请关注看更多例图！
V7匹配lora请进企鹅群领取：917895922
推荐使用Euler,restart作为采样器。
听我一句劝，不要开脸部修复！
融了巧克力的新世界，原汁原味的巧克力味请去品尝：
https://www.liblib.ai/modelinfo/2ea1a135cb844ab1a6777251c1f4d0b9融了刀芯的Dgirl，原汁原味的刀妹请去品尝：

图 1-15　模型信息

3）将下载好的 Checkpoint 模型放入 Stable Diffusion 的 models\Stable-diffusion 目录中，如图 1-16 所示。

名称	修改日期	类型
Lora	2023/11/15 20:02	文件夹
LyCORIS	2023/8/23 22:10	文件夹
RealESRGAN	2023/5/25 20:11	文件夹
roop	2023/6/28 12:58	文件夹
ScuNET	2023/5/25 20:11	文件夹
Stable-diffusion	2023/11/15 20:06	文件夹
SwinIR	2023/5/25 20:11	文件夹
TaggerOnnx	2023/11/7 20:06	文件夹
torch_deepdanbooru	2023/5/25 20:11	文件夹
VAE	2023/10/22 21:26	文件夹
VAE-approx	2023/5/25 20:11	文件夹

图 1-16　Checkpoint 模型位置

目前最新的大模型通常都内置 VAE 模型，不用外挂 VAE 模型来改善生成图像偏灰的问题，但一些较早的大模型仍需自己手动下载，如使用需要将下载好的 VAE 模型放入 Stable Diffusion 的 models\VAE 中，在使用时也可以通过外挂 VAE 模型来覆盖原本的 VAE 模型，如图 1-17 所示。

图 1-17　外挂 VAE 模型

第2章 绘图必须了解的基本参数

本章为AI绘画的入门必学，通过对Midjourney和Stable Diffusion Web UI的相关界面认识，以及基础的描述语参数和反推功能的学习，可以在本章的实操中生成属于创作者的第一张AI图像。

2.1 Midjourney和Stable Diffusion Web UI界面认识

Midjourney和Stable Diffusion的功能十分强大，但掌握AI绘画需要从最基础的界面认识开始，界面的掌握直接影响使用的体验和后续灵活的运用，学完本节读者会发现上手其实并不难。

2.1.1 认识Midjourney界面与创建服务器

本节主要带领读者认识Midjourney的界面，以及如何创建自己的服务器，并把Midjourney机器人邀请到自己创建的服务器中。只有把Midjourney机器人邀请到服务器内才可以使用Midjourney的绘画出图功能，这样也可以让管理创作工作流更方便，防止自己的创作工作流中插入其他人的作品。

1. Midjourney界面认识

Midjourney界面的具体介绍如下。

1）进入Discord界面后，左侧的圆形图标就是每个不同的服务器，而帆船标识就是Midjourney的服务器，如图2-1所示。

2）可以看到，每个服务器里面有很多不同的频道，如图2-2所示。

3）在频道内界面的最下方是生成图像的描述语和指令的输入框，如图2-3所示。

4）左上角的Discord图标是Discord的私信功能，如图2-4所示。

2. 创建自己的Discord服务器

创建个人Discord服务器的具体操作步骤如下。

01 单击左侧绿色加号创建服务器按钮，如图2-5所示。

02 单击“亲自创建”选项，如图2-6所示。

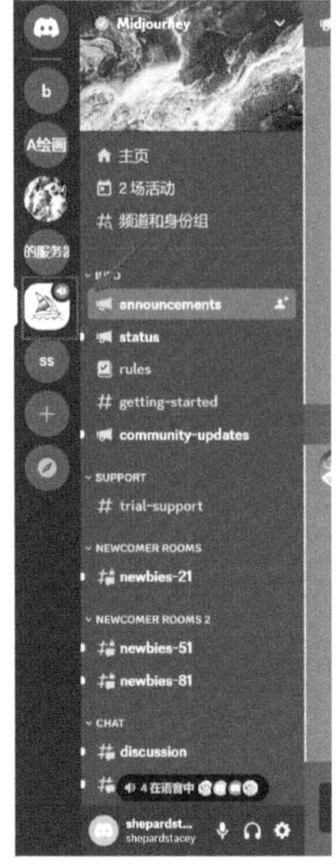

图 2-1　Midjourney 服务器图标

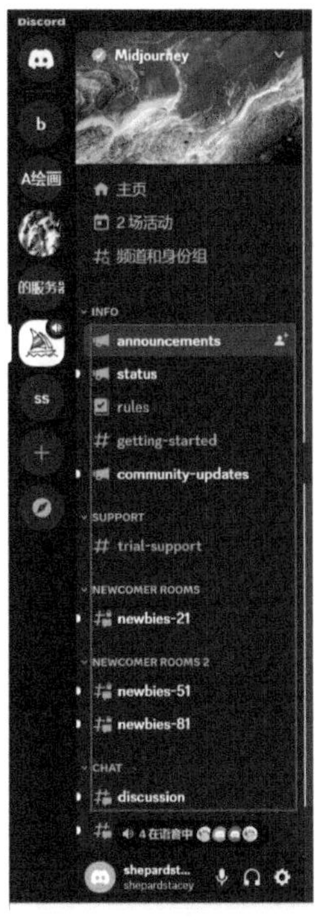

图 2-2　频道区域

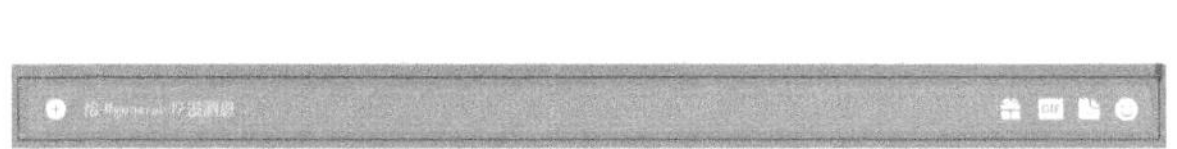

图 2-3　指令输入框

图 2-4　Discord 私信图标

图 2-5　创建服务器按钮

图 2-6　“亲自创建”选项

03 单击“仅供我和我的朋友使用”选项，如图 2-7 所示。

04 在创建时可以给服务器自定义名称或图标，也可以直接使用默认的名称和图标，如图 2-8 所示。

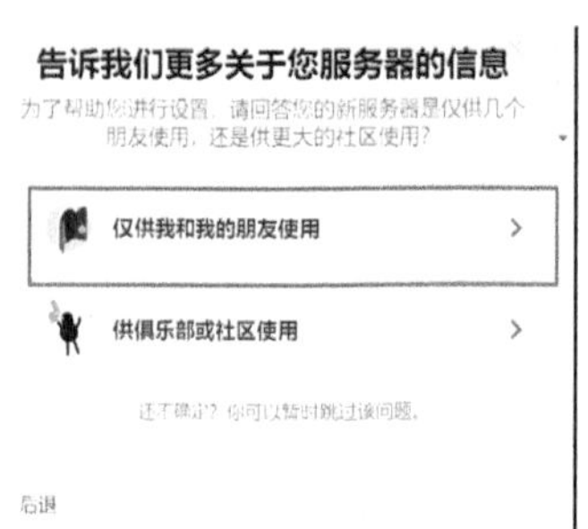

图 2-7 “仅供我和我的朋友使用”选项

图 2-8 服务器名称与图标设置

05 将喜欢的名称或图标设置完成后，单击“创建”按钮，就可以进入已经创建的服务器中，如图 2-9 所示。

06 服务器创建成功后，创作者便可以邀请好友加入了，如图 2-10 所示。

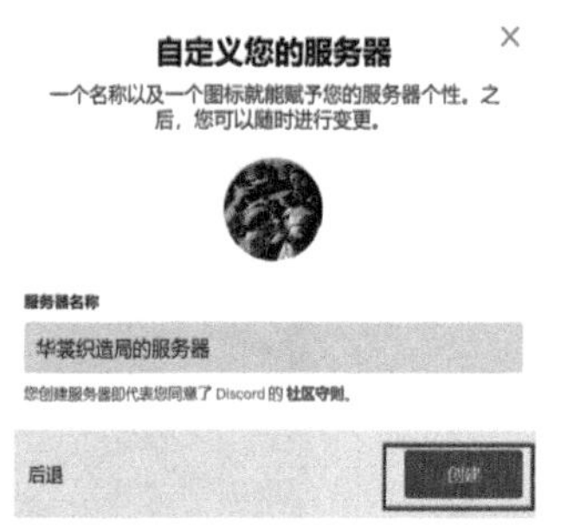

图 2-9 “创建”按钮

图 2-10 最新创建的服务器

07 在左侧可以任意切换已经进入的服务器或频道，如图 2-11 所示。

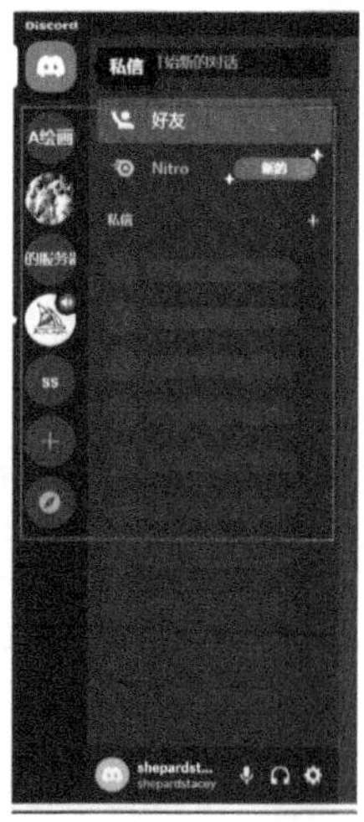

图 2-11 切换服务器或频道

3. 邀请 Midjourney 机器人进入用户的服务器

邀请 Midjourney 机器人进入当前服务器的具体操作步骤如下。

01 进入 Midjourney 的服务器，单击任意一个频道，在右侧的成员名单中，单击 Midjourney Bot 机器人图标，将其添加至用户自己创建的服务器。如果没有显示成员名单，则需要单击最上面搜索框左侧的“显示成员名单”图标，如图 2-12 所示。

02 在显示的成员名单中找到 Midjourney Bot 机器人，鼠标左键单击 Midjourney Bot 机器人图标，如图 2-13 所示。

图 2-12　“显示成员名单”图标

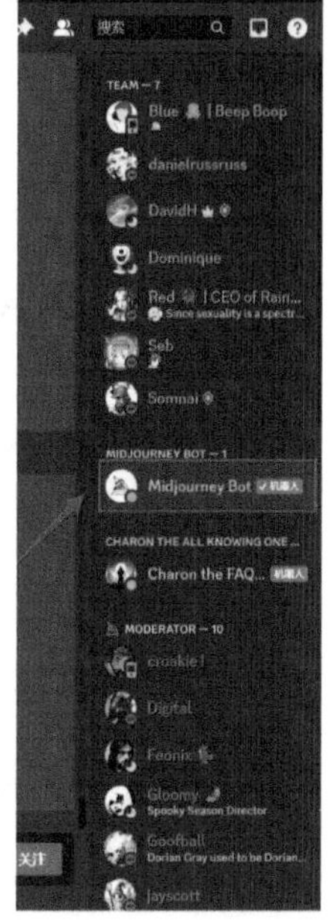

图 2-13　Midjourney Bot 机器人图标

03 单击“添加至服务器”按钮，如图 2-14 所示。

04 单击“选择一个服务器”列表旁的按钮，选择并单击想要添加 Midjourney Bot 机器人的服务器，如图 2-15 所示。

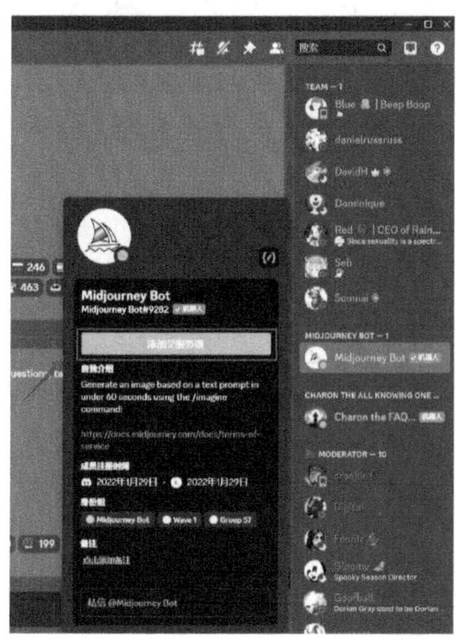

图 2-14　“添加至服务器”按钮

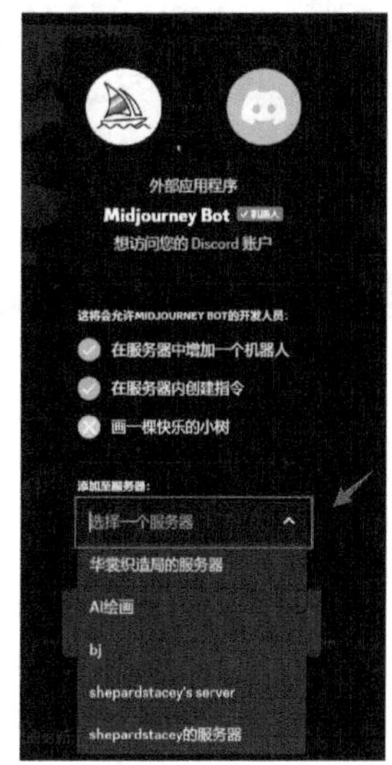

图 2-15　“选择一个服务器”列表

05 以添加至“华裳织造局的服务器”为例，选择好后单击“继续”按钮，如图 2-16 所示。

06 按要求单击“授权”按钮，如图 2-17 所示。

图 2-16 “继续”按钮

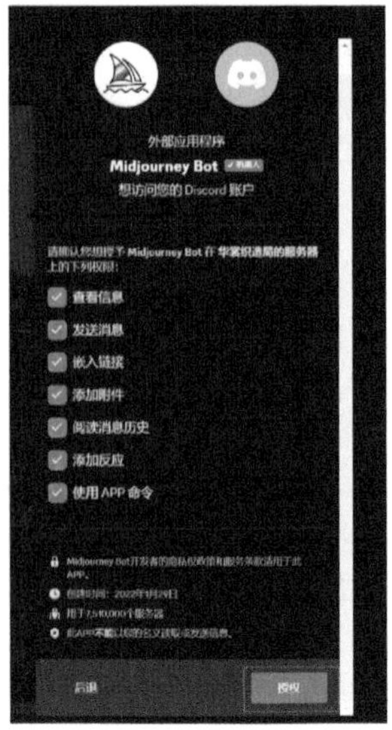

图 2-17 “授权”按钮

07 按要求进行真人验证，如图 2-18 所示。

08 验证后即添加完成，单击“前往华裳织造局的服务器”按钮，如图 2-19 所示。

图 2-18 真人验证

图 2-19 “前往华裳织造局的服务器”按钮

09 前往服务器后，看到 Midjourney Bot 机器人出现在服务器的成员列表内，即可开始使用，如图 2-20 所示。

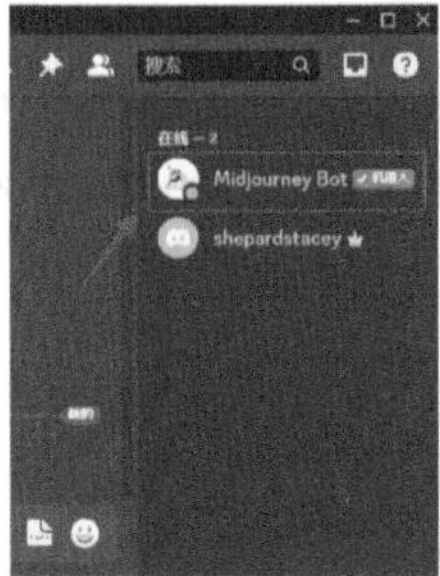

图 2-20 Midjourney Bot 机器人进入服务器

2.1.2 Midjourney 付费订阅方法

本节主要讲 Midjourney 付费订阅的方法，因为目前 Midjourney 官方已禁止免费试用，需付费开通会员才能使用。同时本节也为无法直接充值的读者提供了新的解决方案。

1. 通过/subscribe 指令付费订阅

通过指令付费订阅的具体操作步骤如下。

01 在 Discord 指令输入框中输入“/subscribe”指令，按〈Enter〉键发送指令，如图 2-21 所示。

02 选择 Manage Account 选项，即可出现跳转到该账户的专属付费链接的提示，如图 2-22 所示。

图 2-21 /subscribe 指令

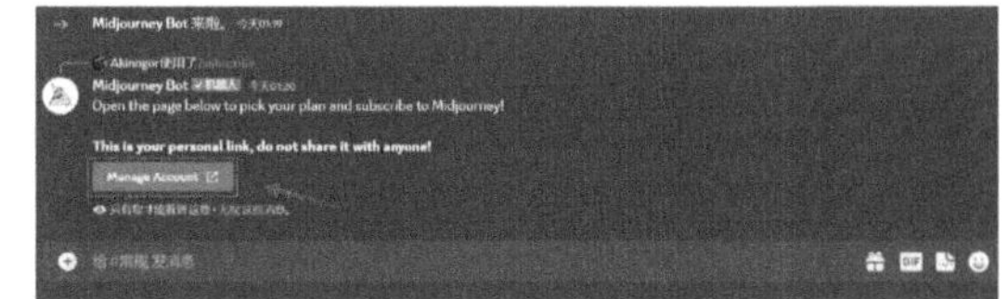

图 2-22 Manage Account 选项

03 在跳出的提示中单击“访问网站”按钮，如图 2-23 所示。

04 按提示完成真人验证，如图 2-24 所示。

图 2-23 访问网站

图 2-24 真人验证

05 可以管理自己已经订阅的计划，或者取消计划，如图 2-25 所示。

图 2-25 管理订阅与取消计划

06 在该页面可以选择 4 种会员计划中的一种订阅，其中，基本计划为每月 10 美元，每个月能出 200 张图；标准计划为每月 30 美元，每个月有 15 小时快速模式服务器使用时长额度；专业计划为每月 60 美元，每个月有 30 小时快速模式服务器使用时长额度；超级计划为每月 120 美元，每个月有 60 小时快速模式服务器使用时长额度。

这里的快速模式是指使用者向 Midjourney 发送提示语后，Midjourney 立即开始绘图。与之相对应的是 relax 模式，在该模式下，当创作者向 Midjourney 发送提示语后，Midjourney 不会立刻响应，而是在 Midjourney 的服务器空闲的时候才开始绘画。

服务器使用时长额度是指创作者绘画占用的 Midjourney 服务器时间，如果用户使用了更复杂的提示语或更高的出图质量要求，在同样的时长额度里，出图的数量就会减少。

4 种会员详情如图 2-26 和图 2-27 所示。

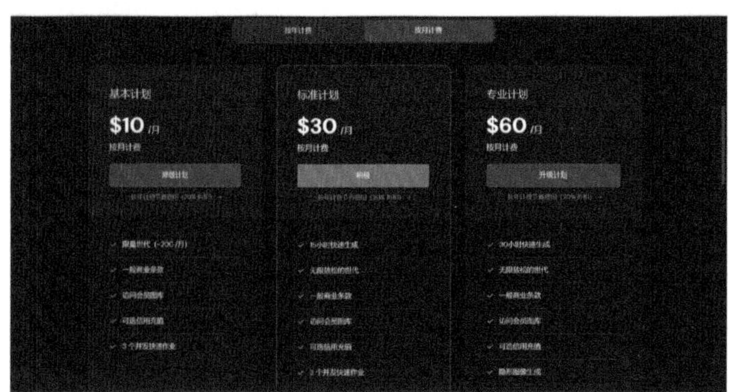

图 2-26　基本/标准/专业计划

图 2-27　超级计划

2. 登录购买的已订阅账号

有时国内使用或充值会有相关限制，包括无法充值等，可以通过购买账号来解决，但要注意，在购买期限结束后，通常需要购买新的账号，不能在原有账号继续充值，登录已购买账号的具体操作步骤如下。

01 首先登录所购买账号的邮箱，打开邮箱链接，输入账号和邮箱密码，单击“我是人类”选项完成真人验证，即可登录，如图 2-28 所示。

02 返回到 Discord 的登录界面，输入账号密码，如图 2-29 所示。

图 2-28　邮箱登录界面

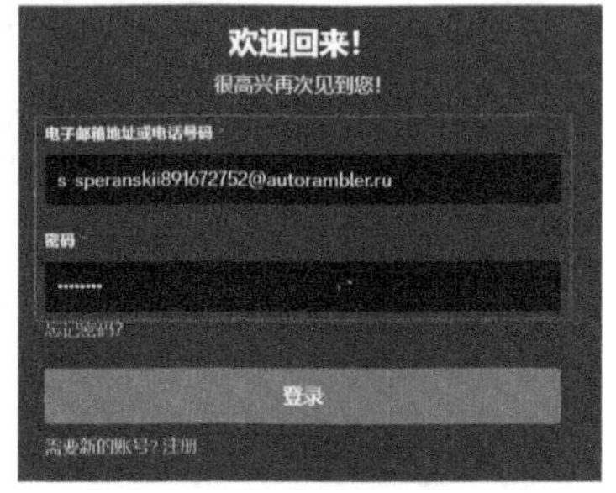

图 2-29　Discord 登录界面

03 单击“登录”按钮，如图 2-30 所示。

04 完成真人验证，如图 2-31 所示。

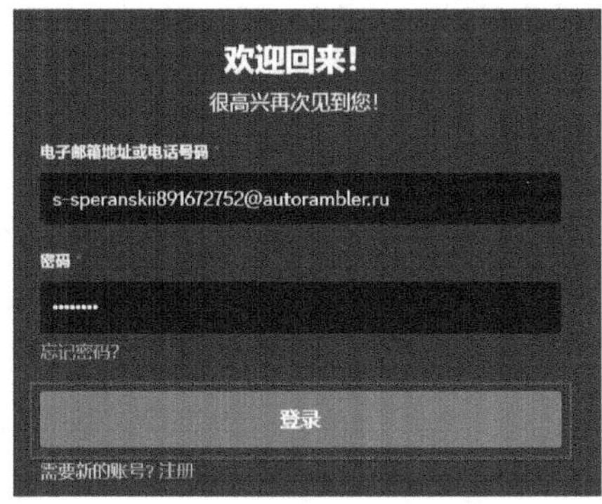

图 2-30　登录

图 2-31　真人验证

05 在验证后会出现验证邮件的提示，如图 2-32 所示。

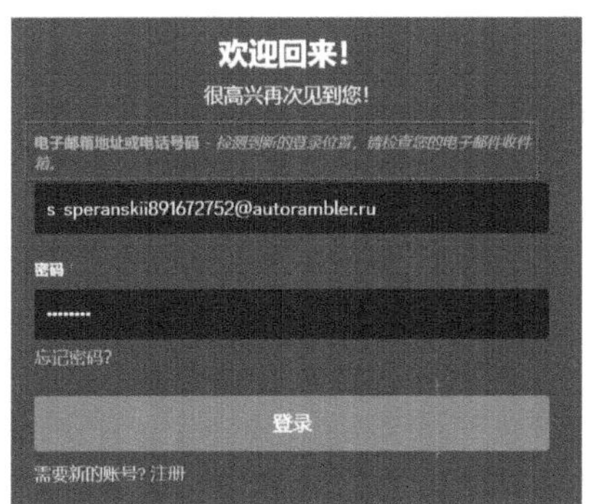

图 2-32　验证邮件提示

06 在收信箱中打开 Discord 最新发送的邮件，单击“验证登录”按钮，如图 2-33 所示。

07 跳转到 IP 地址授权的界面，单击“登录”按钮，如图 2-34 所示。

图 2-33　验证登录

图 2-34　IP 地址授权界面

08 进入到 Discord 的界面，如图 2-35 所示。

图 2-35　Discord 界面

2.1.3　认识 Stable Diffusion Web UI 常用界面

在完成 Stable Diffusion 的本地部署以及至少配置一个大模型 dreambooth 之后，便可以开始对 Web UI 的界面进行一个基础的认识了。

1. 启动界面

启动界面的设计可以被划分为 4 个主要区域：模型区、功能区、参数区和出图区，每个区域都有其特定的用途和功能，以满足用户的不同需求，如图 2-36 所示。

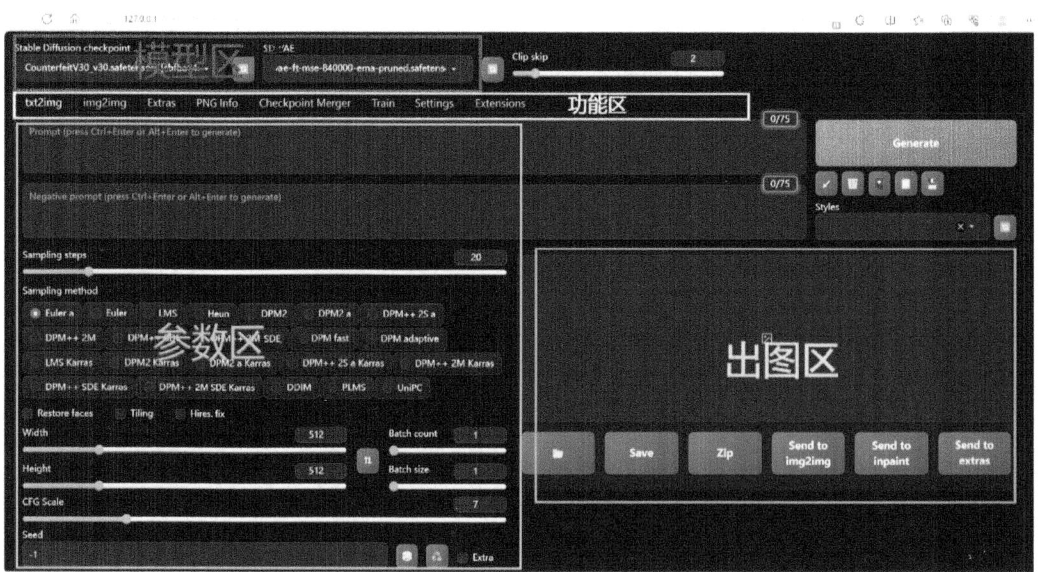

图 2-36　Web UI 启动界面

- 模型区：模型区的主要功能是让用户能够切换所需的模型。用户可以从网上下载所需的 safetensors、ckpt、pt 模型文件，并将其放置在/modes/Stable-diffusion 目录下。单击模型区的刷新箭头后，用户可以在此选择并加载新的模型。
- 功能区：功能区提供了一系列的功能选项，用户可以根据需要进行选择。安装完对应的插件后，重新加载 UI 界面将会在功能区添加对应插件的快捷入口。
- 参数区：参数区提供了一系列可调整的参数设置，这些设置会根据用户选择的功能模块而变化。例如，在使用文生图模块时，用户可以指定要使用的迭代次数、掩膜概率和图像尺寸等参数。
- 出图区：出图区是用户可以看到 AI 绘制的最终结果的地方。在这个区域，用户可以看到用于绘制图像的相关参数等信息。

2. txt2img 页面

在 txt2img（文生图）页面，用户可以输入文本、选择模型，并配置其他参数来生成图像。文本是生成图像的基础，必须提供。用户可以选择预定义的模型，或者上传自己的模型。此外，还可以选择一些其他参数，如批处理大小、生成的图像尺寸等。以下是对图 2-37 中一些参数的详细说明。

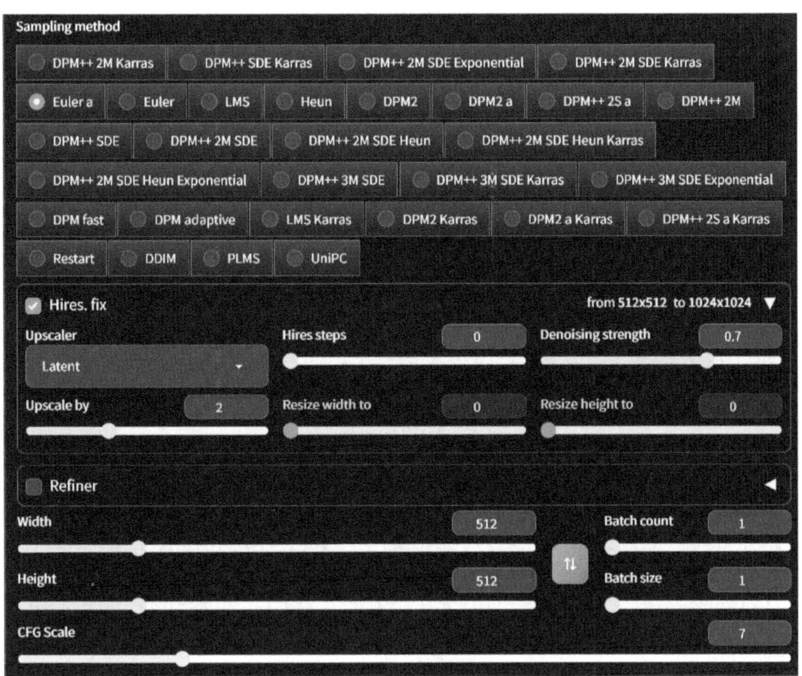

图 2-37　文生图参数区域

- Sampling steps（迭代步数）：此参数允许指定图像生成的迭代次数。较多的迭代次数可能会生成更好的图像质量，但也需要更长的时间来完成生成。
- Sampling method（采样方法）：此参数允许选择用于生成图像的采样方法。默认情况下，

该参数设置为“Euler a”，但也可以选择 DPM++这些新加入的系列选项，这将使生成的图像细节内容更丰富。

- Restore faces（面部修复）：如果绘制面部图像，可以选择此选项。当头像是近角时，选择此选项可能会导致过度拟合和虚化，因此在远角时选择此选项更为适合。
- Tiling（可平铺）：用于生成一个可以平铺的图像。
- Highres. fix（高清修复）：此选项使用两步过程生成图像，首先以较小的分辨率创建图像，然后在不改变构图的情况下改进其中的细节。
- 选择此选项会有如下 6 个新的参数。
- Upscale（放大算法）：选择不同的算法进行放大，不同算法图像的光影和细节会有略微差别，算法会在潜空间中对图像重新进行缩放，将其升级，然后再移回潜空间。
- Hires steps（高分迭代步数）：在图像移回潜空间后对其进行重新迭代，迭代次数会影响图像的质量以及保留程度。
- Denoising strength（重绘幅度）：决定算法对图像内容的保留程度。在 0 处，图像不会改变，而在 1 处，将会得到一个不相关的图像。
- Upscale by（放大倍数）：选择对原图进行等比例的放大和缩小，倍数越高对显卡的要求越高。
- Resize width to（调整宽度）及 Resize height to（调整高度）：手动设置图像调整后的尺寸，不能与 Upscale by 同时启用。
- Width & Height（宽度 & 高度）：此参数允许指定生成图像的高度和宽度。较大的高度和宽度需要更多的显存计算资源。
- Batch count（生成批次）：此参数允许指定模型将为每个生成的图像运行的最大迭代次数。增加这个值可以多次生成图像，但生成的时间也会更长。
- Batch size（每批数量）：此参数允许指定一次可以生成的最大图像数量。
- CFG Scale（提示词相关性）：此参数可以调整图像与提示符的一致程度。增加这个值将使图像更接近提示，但过高会使图像色彩过于饱和。参数数值越小，AI 绘图的自我空间越大，越有可能产生有创意的结果（默认为 7）。
- Seed（种子）：此参数允许指定一个随机种子，用于初始化图像生成过程。相同的种子值每次都会产生相同的图像集，这对于再现性和一致性很有用。如果将种子值保留为-1，则每次运行“文本生成图像”特性时将生成一个随机种子。

3. img2img 功能

1）img2img（图生图）：允许使用 Stable Diffusion Web UI 生成与原画像相似的构图色彩的画像，或者指定一部分内容进行变换。与 txt2img 相比，img2img 新增了图像放置区域和一个重绘幅度（Denoising strength）参数设置。以下是对图 2-38 中相关参数的说明。

- Resize mode（调整大小模式）：此参数主要用于调整图像尺寸后以何种模式保证图像的输

出效果，可选项包括拉伸、裁剪、填充和 just resize（调整尺寸）。

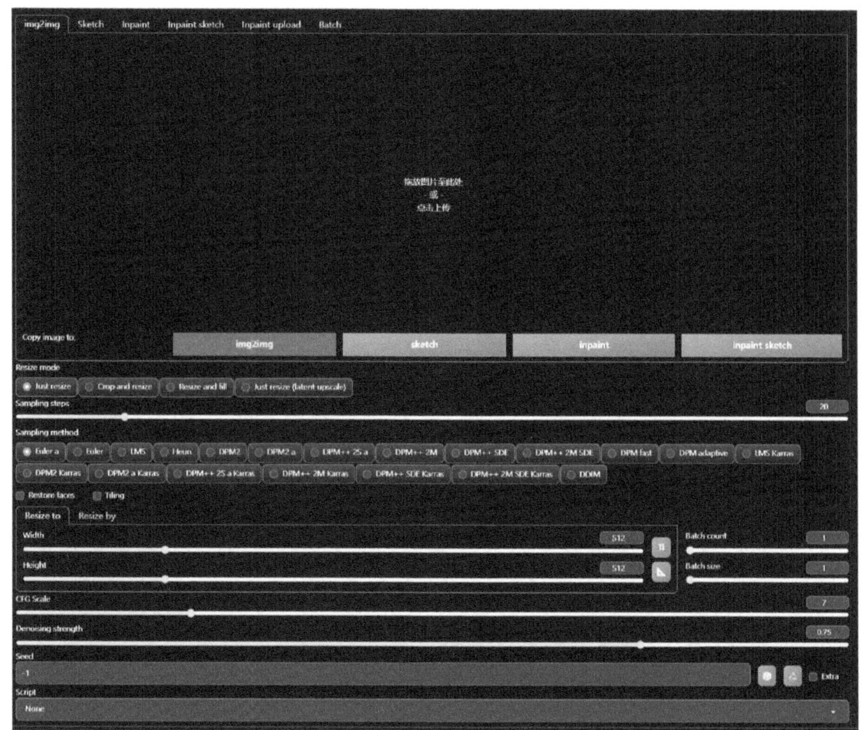

图 2-38　图生图参数区域

- Denoising strength（重绘幅度）：此参数决定图像模仿的自由度，数值越高，越能自由发挥，数值越低，生成的图像与参考图像越接近。通常，当数值小于 0.3 时，基本上就是在原图上加个滤镜。

2）Sketch（涂鸦）：允许使用 Stable Diffusion Web UI 中的画笔在图像中进行绘制。如果想在图像的某处具体位置增添物体，可以通过涂鸦的方式画出大概形状，再配合提示词辅助进行生成。

3）Inpaint（局部重绘）：允许使用 Stable Diffusion Web UI 将图像中被手工遮罩的部分重新绘制。如果找到了一张整体尚可、细节较差的图，可以单击这个按钮开始局部重绘。Web UI 会自动生成一个遮罩层，可以用鼠标在图像上涂抹需要修复的区域。然后单击“生成”按钮，Web UI 会根据遮罩层和原图生成一个新的图像，并显示在右侧。官方提供了基于 1.5 版本专门的 Inpaint 修复模型。

4）Inpaint sketch（涂鸦重绘）：允许使用 Stable Diffusion Web UI 中的画笔在图像中进行重新绘制。该功能结合了局部重绘以及涂鸦功能，可以通过调整画笔颜色以及形状更好的对图像进行局部更改。相较于局部重绘，该功能会对画出的蒙版形状进行参考，对比涂鸦功能，涂鸦重绘会对原图进行重绘更改，而涂鸦只会在原图增添物品。

5）Inpaint upload（上传重绘蒙版）：允许在 Stable Diffusion Web UI 中手动上传图像以及蒙版。该功能会对蒙版内或蒙版外的图像进行重绘，常用于较为精细的修改。

6）Batch（批处理）：主要用于图片的批量处理。

2.2 Midjourney 描述语基础参数详解

本节将从 Midjourney 基础的图像生成和保存功能讲起，读者通过描述语和常用的参数指令，即可生成属于自己的第一幅 AI 绘画作品。

2.2.1 图像生成及保存

图像生成及保存是 AI 绘画最基础的功能，通过本节学习，读者可以按照步骤体验 AI 绘画从生成到保存的基本流程。

1. 基本 prompt 指令生成

使用 prompt 指令生成的具体操作步骤如下。

01 在对话框输入“/imagine”指令。在输入时，一般输入前几个字母就会自动弹出来完整的指令，使用时更加方便，如图 2-39 所示。

图 2-39　输入“/imagine”指令

02 单击指令部分，会自动装上 prompt 的指令，prompt 是关键词的意思，也就是用户输入的文字，如图 2-40 所示。

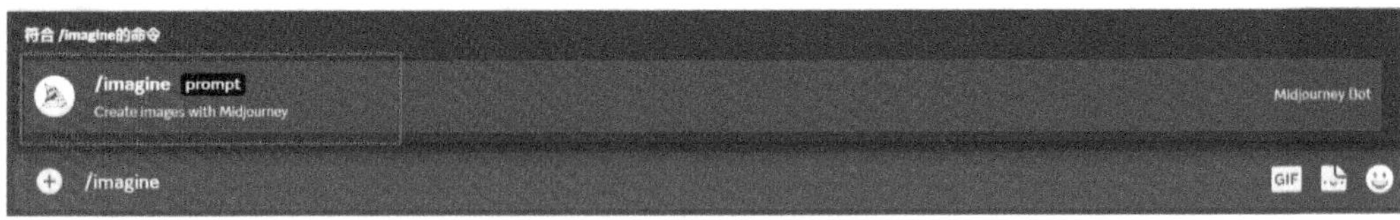

图 2-40　prompt 指令

03 prompt 所在的蓝色框就是关键词的输入框，如图 2-41 所示。

图 2-41　关键词输入框

04 用户在蓝色输入框内输入英文关键词，就可以生成想要的图像。用户可以使用翻译软件将想法翻译成英文，比如生成一个男孩，如图 2-42 所示。

图 2-42　输入英文关键词

05 输入关键词之后，按〈Enter〉键发送，看到 Waiting to start（等待开始）提示，稍等一下，就会开始生成，如图 2-43 所示。

图 2-43　等待生成

06 开始生成后会显示生成的百分比，如图 2-44 所示。

07 等待一下，图像就会完成生成，如图 2-45 所示。

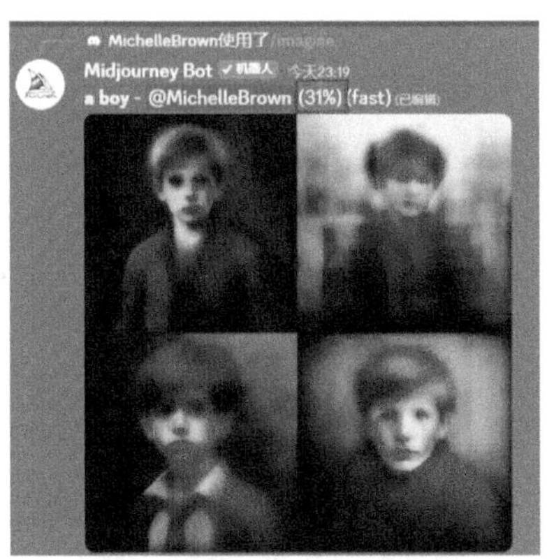

图 2-44　生成百分比

图 2-45　生成结束

2. 初次生成提示

如果用户是第一次生成图像，可能会出现以下界面，单击 Accept ToS 按钮接受即可，如图 2-46 所示。

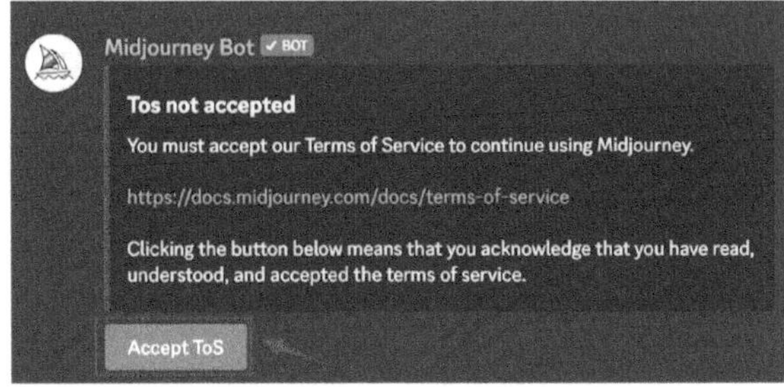

图 2-46　Accept ToS 按钮

3. 图像按钮详解

生成图像后可以使用多种功能，具体介绍如下。

1）用户可以看到生成的 4 张图像，下面有两排按钮，例图中的 1、2、3、4 是图像的顺序，对应 U 和 V 后面的顺序数字，如图 2-47 所示。

2）U（Upscale）按钮用于放大图像功能，放大后图像的分辨率会提高，U1、U2、U3、U4，代表选一张图来放大，方便用户保存和编辑，如图 2-48 所示。

3）V（Variations）按钮用于根据用户选择的图像进行变化，创建 4 幅新的图像，它们的整体风格、颜色、构图与用户选择的图像相似，如图 2-49 所示。

图 2-47　图像顺序

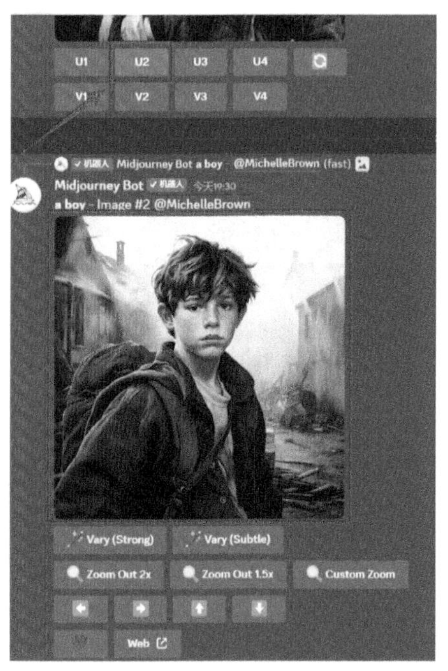

图 2-48　放大图像

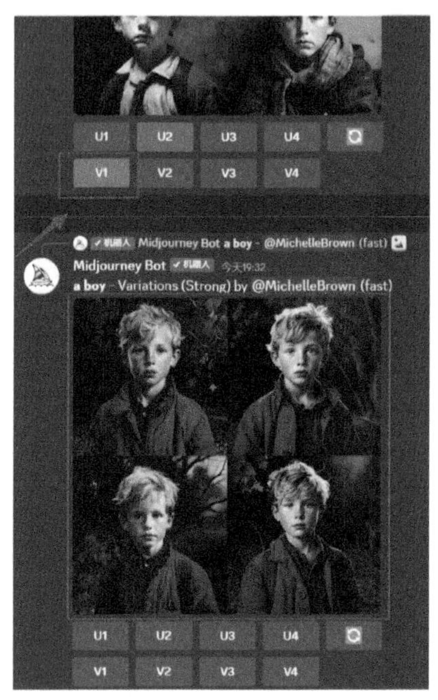

图 2-49　图像变化

4）旋转按钮：用于重新生成图像，会创建 4 幅全新的图像，如图 2-50 所示。

5）放大后的图像下面还有继续变化的选项，为所选图像创建更强烈或微妙的变化，生成新的可选择的四联图，如图 2-51 所示。

6）Zoom Out 用于缩小图像，在不更改原始图像内容的情况下扩展画布的原始边界。新展开的画布将使用提示和原始图像的指导进行填充。可以选择 2 倍、1.5 倍和自定义，如图 2-52 所示。

7）平移按钮可以沿所选方向展开图像的画布，而不更改原始图像的内容。新展开的画布将使用提示和原始图像的指导进行填充，如图 2-53 所示。

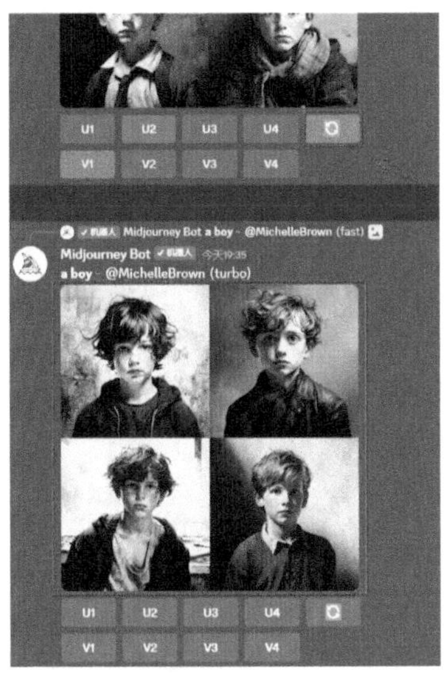

图 2-50　重新生成图像

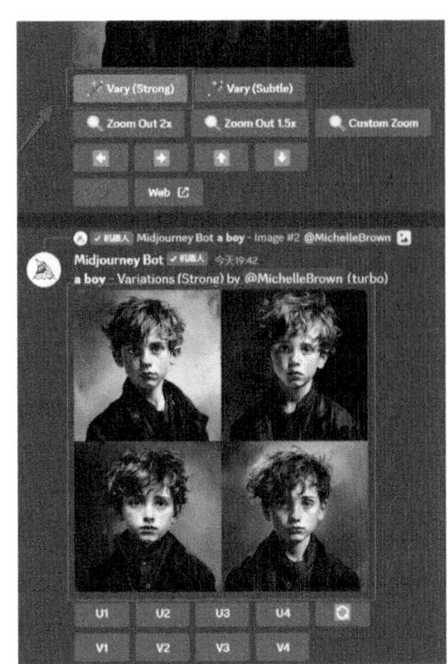

图 2-51　继续变化

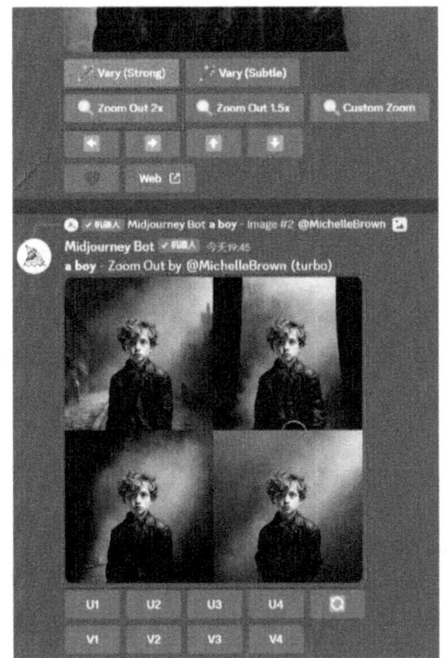

图 2-52　扩展画布

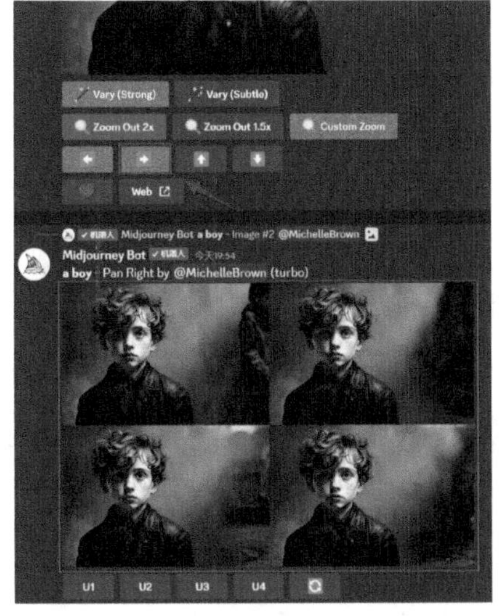

图 2-53　平移展开画布

4. 放大浏览图像

用户可以单击图像进行放大查看，也可以单击“在浏览器中打开”选项，进一步放大浏览，如图 2-54 所示。

5. 保存图像

在用户想保存的图像上单击鼠标右键，可以看到保存图像的选项，有时响应会偏慢，耐心等待后即可保存到用户想保存的文件夹。注意，选择保存路径时不要更改图像名称，待保存后再修改，如图 2-55 所示。

图 2-54　放大浏览

图 2-55　保存图像

2.2.2　设置和预设

本节要讲 Midjourney 的设置和预设功能。调整好适合的模型可以使出图的基础风格不偏离用户的想法，而预先设置好常用参数，可以极大地提升出图效率。

1. 查看预设

查看预先设置的指令的具体操作步骤如下。

01 在 Midjourney 输入框输入“/settings”指令，单击即可进入图像的偏好预先设置界面，如图 2-56 所示。

02 灰色按钮是用户没有选择的功能，绿色按钮是正在生效的功能，如图 2-57 所示。

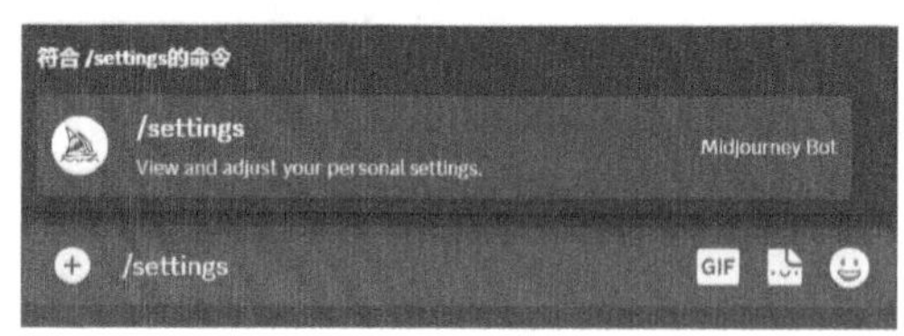

图 2-56　/settings 指令

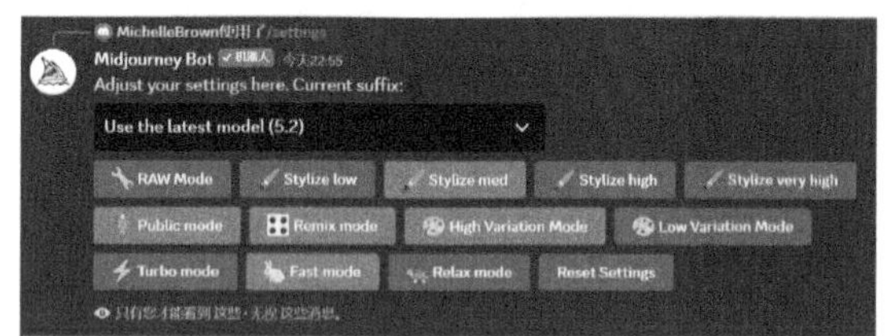

图 2-57　预先功能设置

2. 模型版本选择

模型版本默认是最新版本，版本 2 或 3，更加抽象，具有艺术的朦胧感；版本 4，写实、真实细腻；版本 5，更写实、AI 感再次降低，如图 2-58 所示。

3. Niji 模型

在众多模型中，Niji 模型是动漫二次元风格专用模型，如图 2-59 所示。

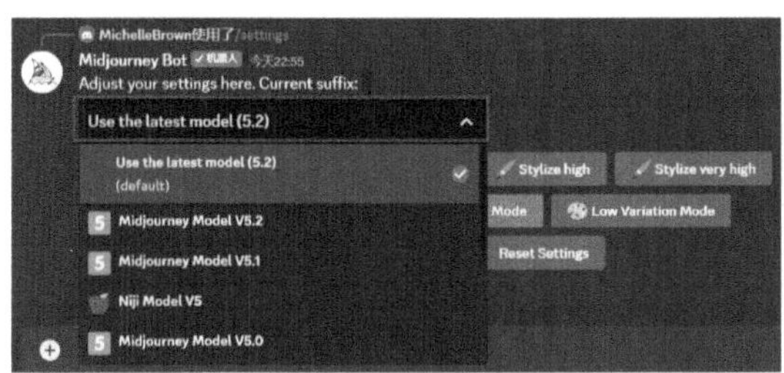

图 2-58　模型版本选择

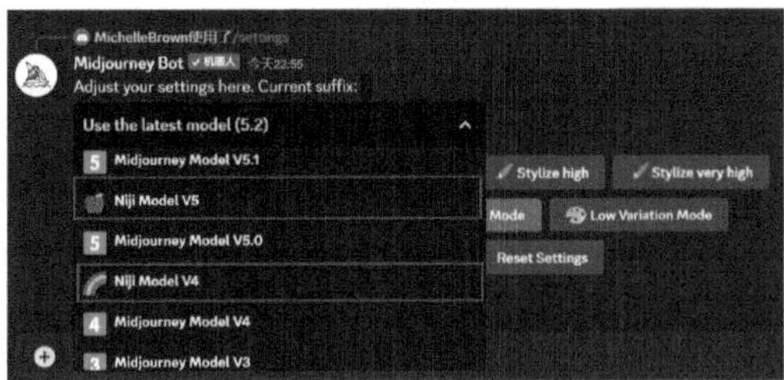

图 2-59　Niji 模型

4. RAW 模式

使用 5.1 或 5.2 版本可以打开 RAW 模式，RAW 模式可以使画面细节更丰富，更偏向高级摄影风格，如图 2-60 所示。

5. Stylize 模式

Stylize 模式代表风格化程度，风格化越强，图像越具有创造性、越抽象，如图 2-61 所示。

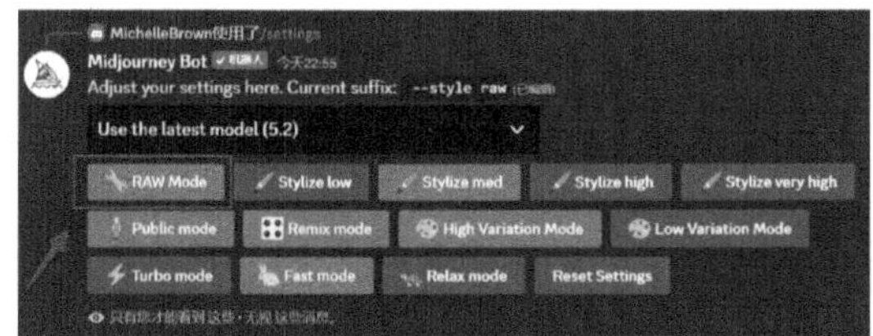

图 2-60　RAW 模式

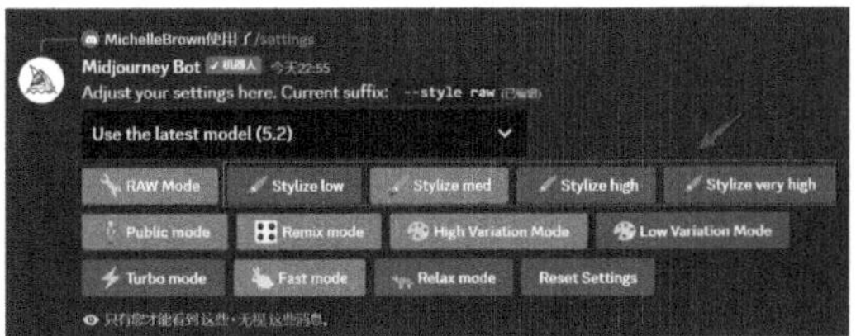

图 2-61　Stylize 模式

6. Public 模式

Public 模式代表公开模式，用户生成的图会出现在其他频道。只有专业会员或以上级别才可以使用与公开模式对应的隐私模式，隐私模式保证只有本人才能看到生成的作品，如图 2-62 所示。

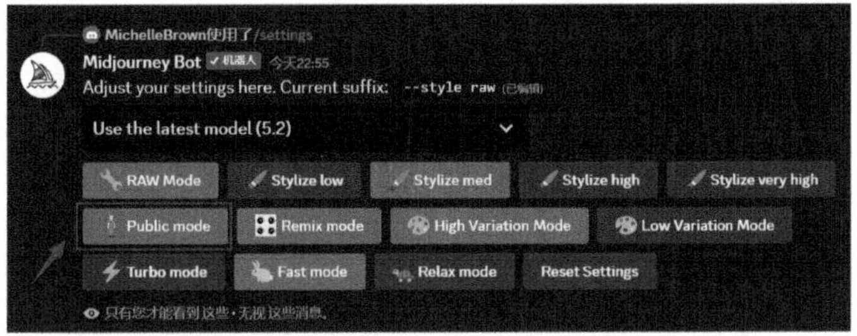

图 2-62　Public 模式

7. Remix 模式

开启 Remix 模式可以更改变体之间的提示、参数、模型、纵横比，然后采用图像的原始构图，将其用于新作业的一部分，也就是生成图像时可以用 V 和 Vary 功能重新改变关键词再继续生成，如图 2-63 所示。

Remix 模式的描述框如图 2-64 所示。

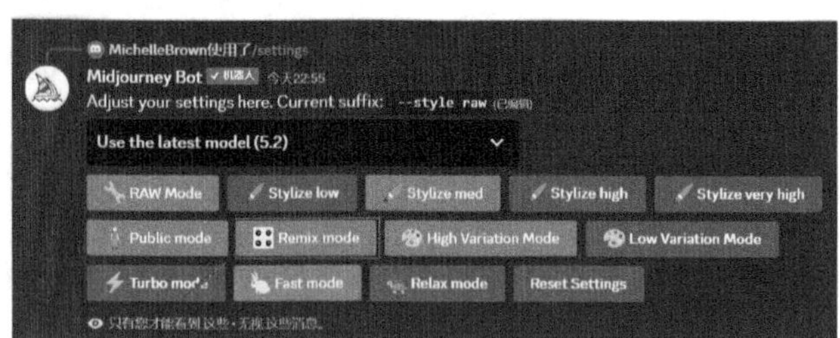

图 2-63 Remix 模式

图 2-64 Remix 模式描述框

8. 变化模式

切换高变化模式和低变化模式，如图 2-65 所示。

9. Turbo（涡轮）模式、Fast（快速）模式和 Relax（轻松）模式切换

Fast（快速）模式会消耗快速出图时间。基本会员每月 200 张 Fast（快速）出图时间，标准会员每月 15 小时 Fast（快速）出图时间，专业会员每月 30 小时 Fast（快速）出图时间，超级会员每月 60 小时 Fast（快速）出图时间，而 Turbo（涡轮）模式将提升 4 倍的出图速度，但对快速出图模式时长的消耗只是原先的 2 倍，而不是 4 倍如图 2-66 所示。

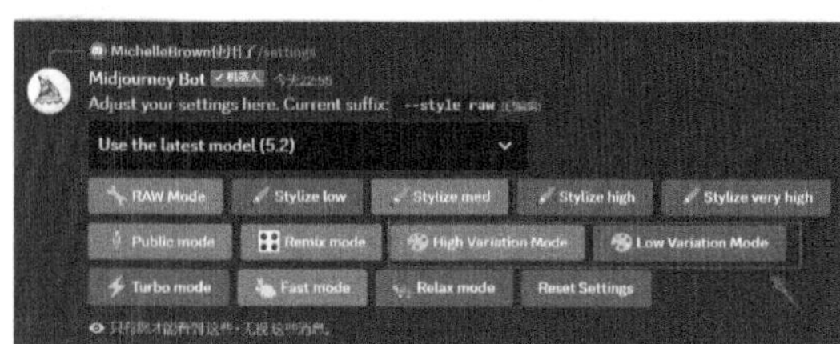

图 2-65 变化模式

图 2-66 出图模式切换

10. Reset Settings 设置

Reset Settings 用于将系统重置为默认设置，如图 2-67 所示。

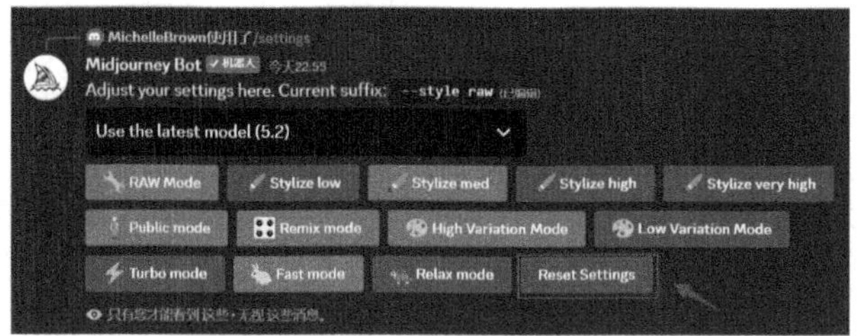

图 2-67 恢复默认设置

2.2.3 语法结构

只用某些词或者一句话生成的照片会很难符合用户的要求，为了生成的照片更细节，更加符合用户的需求，需要学习 Midjourney 描述词的语法结构。

1. 语法结构

Midjourney 描述词基本的语法结构：参考图链接+文字描述关键词+图像后缀参数。切记，不同部分之间要输入一个空格，以防止系统无法识别指令，如图 2-68 所示。

图 2-68　语法结构

2. 参考图链接

参考图链接的使用可以使得生成的图像不偏离所参考的大致效果，具体操作步骤如下。

01 用户首先直接将参考图拖入到输入框内，如图 2-69 所示。

02 按〈Enter〉键发送，成功发送图像后的状态如图 2-70 所示。

图 2-69　拖入参考图

图 2-70　发送参考图

03 发送后用鼠标右键单击用户的参考图，在弹出的快捷菜单中选择“复制链接”命令，即可复制链接，如图 2-71 所示。

04 用户可以将链接粘贴到对话框，作为出图的参考图，如图 2-72 所示。

图 2-71　复制链接

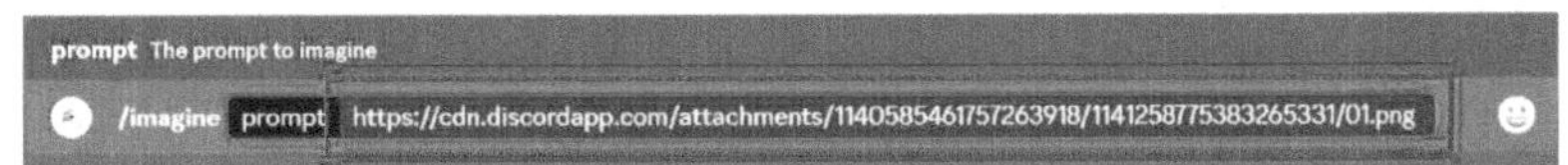

图 2-72　粘贴链接

3. 文字描述关键词

文本描述关键词的常用结构：主要元素（主题、角色、环境、关键特点）+风格元素（构图、灯光、镜头、材质、艺术风格）。

创作者可以充分发挥想象力来写文字描述，不同的段落由英文的逗号或者句号隔开，并用“+”号融合需要融合的元素。

模仿别人的关键词可以让创作者更快上手 Midjourney 绘画。但在不同的关键词里面也许会有影响出图权重更高的关键词，只有通过控制少量关键词变化的实际测试，才可以更好地理解 Midjourney 对各种关键词的出图效果。为了让大家更快入门，本书将在后续章节专门帮助大家解决“关键词”这个难题。

4. 常用后缀参数介绍

（1）宽高比

--arw:h 或--aspect w:h:w 是宽，h 是高，如--ar 9 : 16 就可以生成宽高比为 9 : 16 的图像。注意，冒号必须使用英文的格式，ar 后面必须输入空格再输入比例数值。

（2）风格化图像

--stylize 数值或--s 数值：数值的范围是 0~1000，设置的数值越高，生成的图像将越具风格化。

（3）风格差异

--chaos 数值：生成 4 幅风格各不相同的图像，数值的范围是 0~100，设置的数值越高，生成的图像之间的风格差距越大。

（4）停止生成百分比

--stop 数值：数值必须在 10~100 之间，按生成完成度的百分比停止生成图像。数值越小，生成的图像也就越模糊抽象。

2.2.4 常用参数指令

常用的参数指令属于 Midjourney 的基础功能，掌握更多的基础功能，可以在后续对软件和生成图像的控制程度及使用效率上更加得心应手。

1. /fast

/fast 指令可以切换到快速模式，如图 2-73 所示。

2. /relax

/relax 指令可以切换到放松模式，如图 2-74 所示。

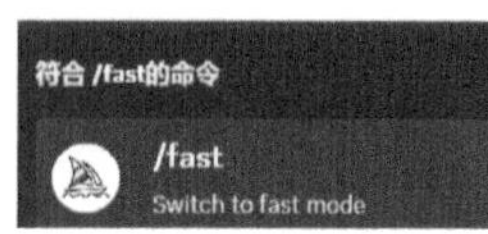

图 2-73 /fast 指令

图 2-74 /relax 指令

3. /prefer suffix

/prefer suffix 指令可以添加固定的后缀，具体操作步骤如下。

01 输入“/prefer suffix”指令，如图 2-75 所示。

02 单击 new_value 按钮，如图 2-76 所示。

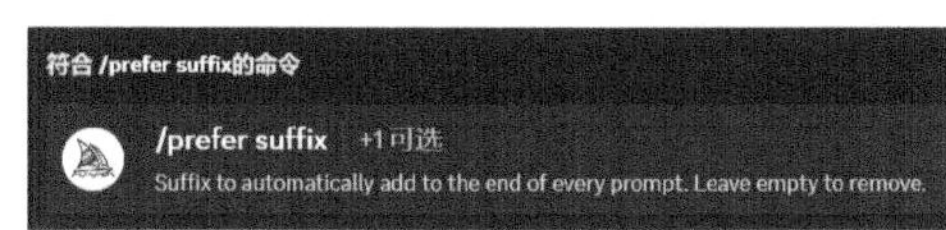

图 2-75　/prefer suffix 指令

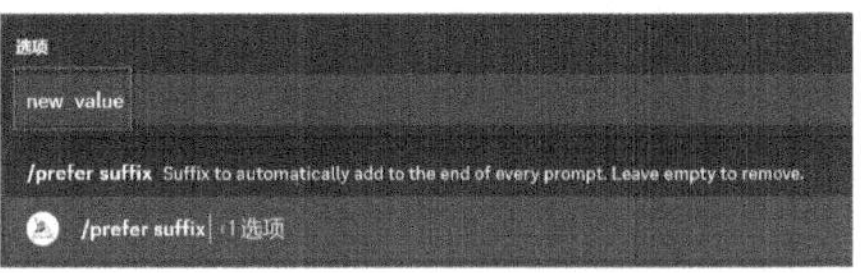

图 2-76　new_value 按钮

03 出现设置固定后缀的输入框，如图 2-77 所示。

04 在输入框中可以设置始终常用的后缀参数，以“可爱、9 比 16 比例（cute --ar 9：16 ）”的参数为例子，如图 2-78 所示。

图 2-77　后缀输入框

图 2-78　添加后缀

05 此时，在描述词输入框中输入“a boy”（一个男孩），如图 2-79 所示。

06 生成图像时，可以发现机器人自动在末尾加了预先设置的后缀，如图 2-80 所示。

图 2-79　输入描述词

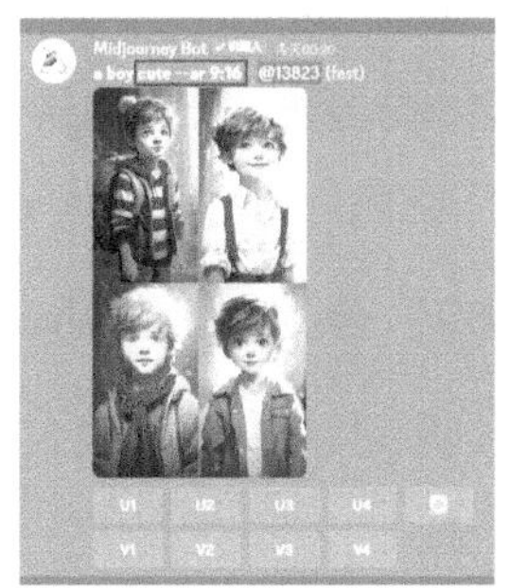

图 2-80　添加后缀效果

07 取消预先设置的后缀也很简单，再次输入“/prefer suffix”指令，直接按〈Enter〉键发送，如图 2-81 所示。

08 再次生成图像时，后面不会再添加任何设置的后缀，如图 2-82 所示。

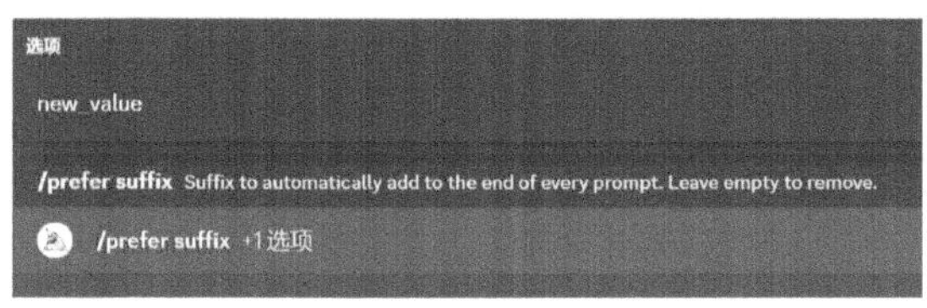

图 2-81　清空后缀

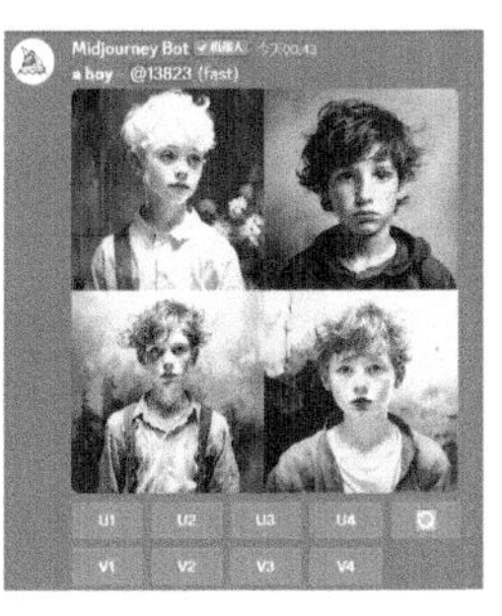

图 2-82　清空后缀效果

4. /public

/public指令中，对于专业计划订阅者可以切换到公共模式，公共模式生成的图像在画廊中对任何人可见，如图2-83所示。

5. /stealth

/stealth指令中，对于专业计划订阅者可以切换到隐身模式，如图2-84所示。

图2-83　/public指令

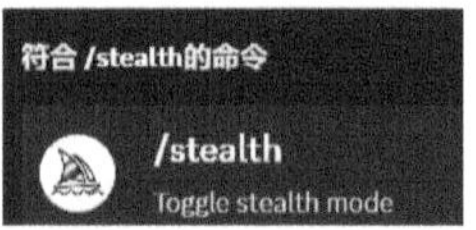

图2-84　/stealth指令

6. /prefer option set

/prefer option set指令可以创建或管理自定义的预设后缀选项，具体操作步骤如下。

01 输入“/prefer option set”指令，如图2-85所示。

02 在option输入框可以输入自定义的预设名称，如图2-86所示。

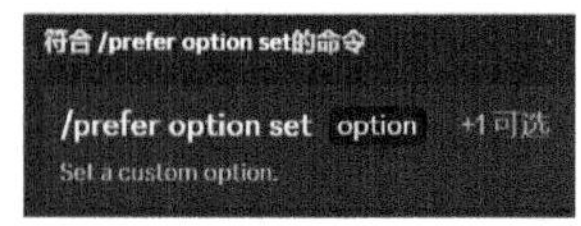

图2-85　/prefer option set指令

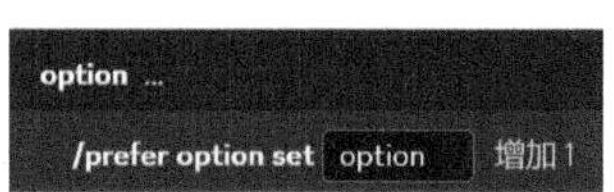

图2-86　自定义预设名称

03 单击“增加1”选项，出现value选项，如图2-87所示。

04 单击value选项可以在value输入框中输入自定义的预设名称对应的自定义后缀参数，如图2-88所示。

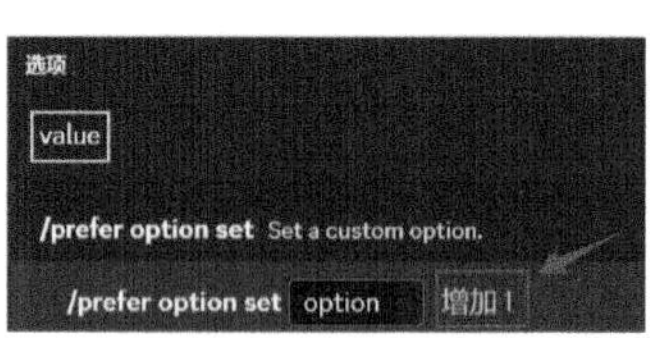

图2-87　设置预设后缀

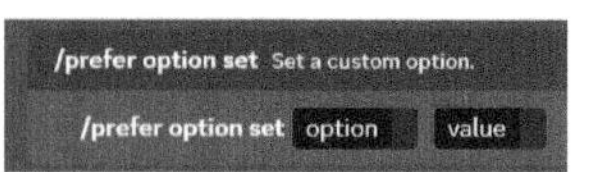

图2-88　value输入框

05 此时，将名称设置为121，将参数设置为cute --ar 9：16，如图2-89所示。

06 在生成图像时，可以直接使用预设的名称作为后缀，如图2-90所示。

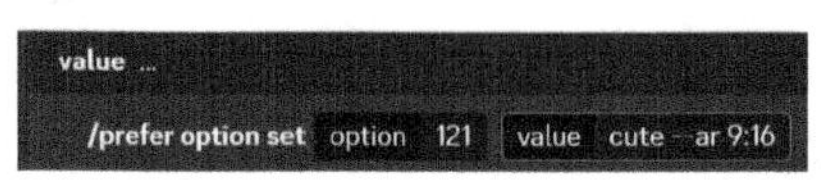

图2-89　设置预设后缀名称与参数

图2-90　使用预设后缀

07 生成的图像会自动把参数替换为预设的参数，如图2-91所示。

08 如果想取消自定义的后缀预设，再次输入“/prefer option set”指令，在 option 输入框输入预设的名称，直接按〈Enter〉键发送，如图 2-92 所示。

图 2-91　使用预设后缀效果

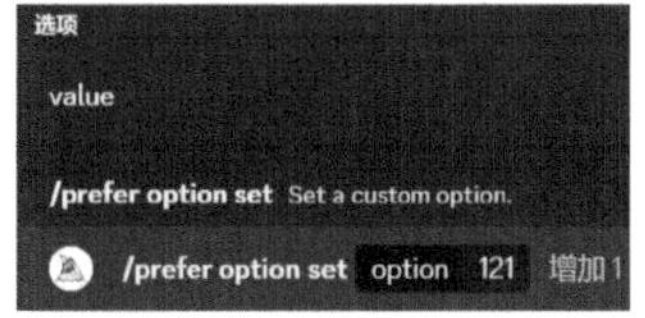

图 2-92　取消预设后缀

7. /prefer option list

/prefer option list 指令可以查看当前的自定义后缀选项，如图 2-93 所示。

8. /prefer remix

/prefer remix 指令可以切换混音模式，混音模式开启时可以在重生成或变化图像时修改描述语，如图 2-94 所示。

图 2-93　查看当前自定义后缀选项

图 2-94　混音模式

9. /info

/info 指令可以显示个人资料、订阅状态、剩余时间和当前正在运行的作业信息，具体操作步骤如下。

01 输入“/info”指令，如图 2-95 所示。

02 单击/info 指令发送，即可看到显示的信息界面，如图 2-96 所示。

图 2-95　/info 指令

图 2-96　个人资料等信息界面

10. /show

/show 指令在 jobid 输入框内输入所生成图像的 Job ID，可以重新恢复图像，具体操作步骤如下。

01 输入“/show”指令，如图2-97所示。

02 单击生成图像右侧的“更多”图标，如图2-98所示。

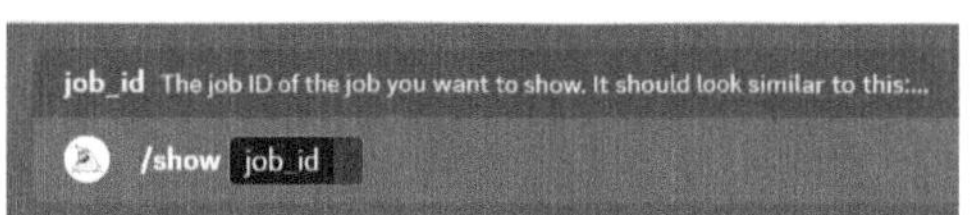

图2-97 /show指令

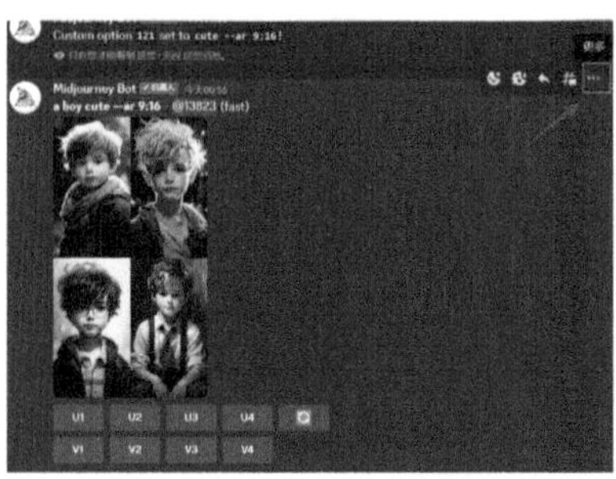

图2-98 “更多”图标

03 单击“信封”图标，可以在Midjourney的私信中找到该图像的Job ID，如图2-99所示。

04 在私信中可以看到该图像的Job ID，复制Job ID的编号，如图2-100所示。

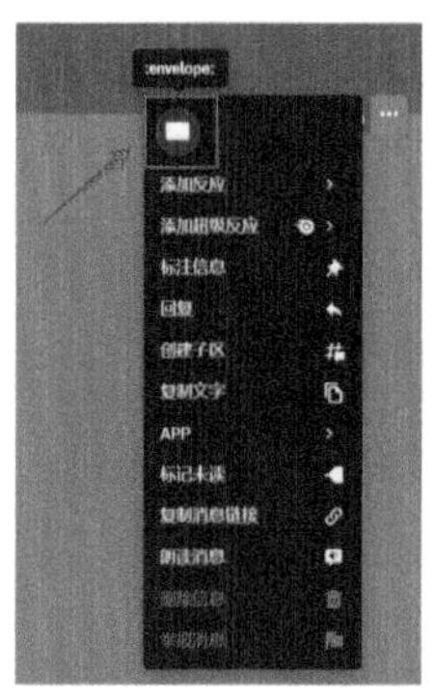

图2-99 “信封”图标

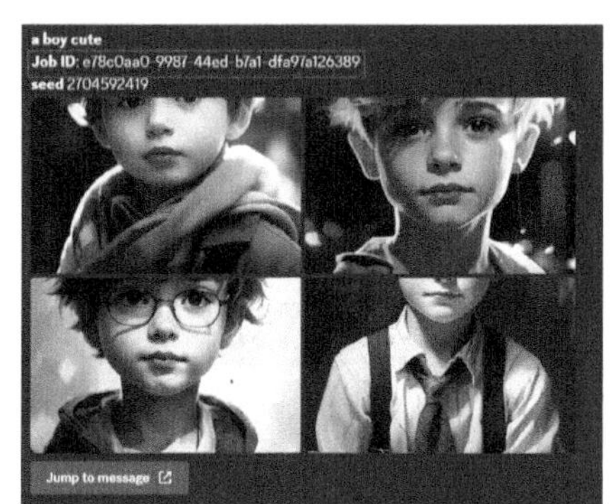

图2-100 复制Job ID编号

05 在Job ID输入框内输入Job ID的编号，按〈Enter〉键发送，即可再次恢复图像，如图2-101所示。

06 重新恢复的工作图像如图2-102所示。

图2-101 输入Job ID编号

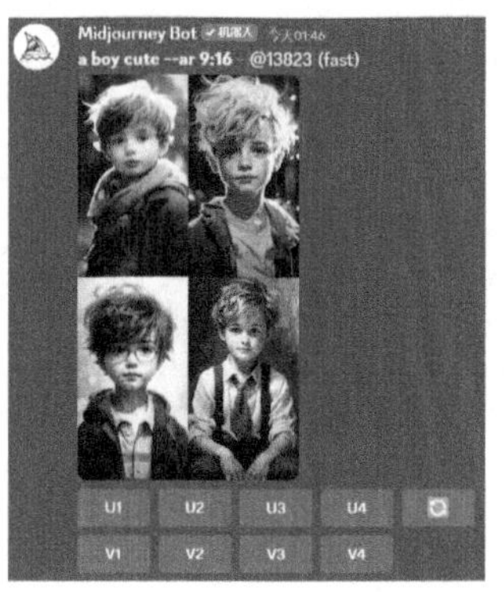

图2-102 重新恢复的工作图像

11. /help

/help 指令可以显示有关 Midjourney 的信息和提示，具体操作步骤如下。

01 输入“/help”指令，如图 2-103 所示。

图 2-103　/help 指令

02 有关 Midjourney 相关的信息和提示，如图 2-104 所示。

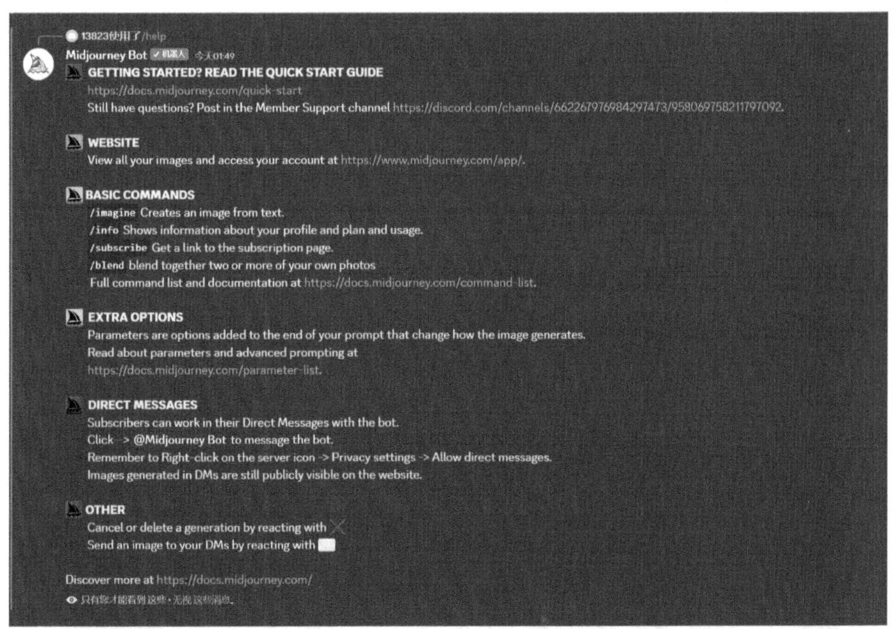

图 2-104　Midjourney 相关的信息和提示

2.3 Stable Diffusion 描述语参数详解

在大概了解 Stable Diffusion 的基础界面后，便可以开始尝试生成第一张 AI 绘画了。接下来将通过实例从文生图、图生图以及如何规范地写 prompt 来控制图像，提升图像的细节，从而迅速了解 Stable Diffusion 的作图流程。

2.3.1 尝试通过文本操控图像

首先通过最基础的文生图来制作图像，这里使用一款二次元赛璐璐风格的大模型 counterfeitV30 以及对应 vae 进行演示，可以根据已有的下载模型进行选择，具体操作步骤如下。

01 将提示词输入到文生图的正向提示框中，一般会将一些有关质量的词组放在最前面，如“best quality，masterpiece，Highly detailed，absurdres”，然后再添加所描述的主体，例如一个穿着水手服的粉色长发女孩，那么需要输入“1girl，sailor_shirt，long hair，pink hair”。区别于

Midjourney 的自然语言文本，Stable Diffusion 更多的是将自然语言拆分成一个一个的词组，这样正向提示词就暂时写好了，如图 2-105 所示。

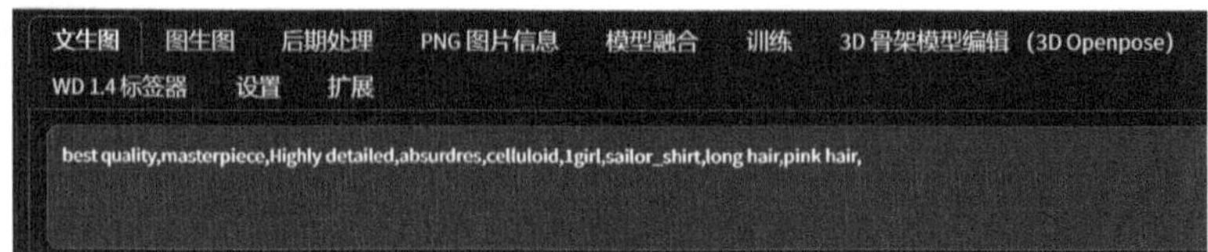

图 2-105　输入正向提示词

02 用户可以直接单击生成，接下来生成图像区域就会根据提示词不断演化来进行去噪操作，生成的时间与显卡的配置有关，显卡性能越高，出图的速度也会越快。当进度条完成后，图像会显示在出图区域，单击也可进行放大查看，同时会自动保存在本地，单击下方黄色文件夹就可以看到过往所生成的所有图像，如图 2-106 所示。

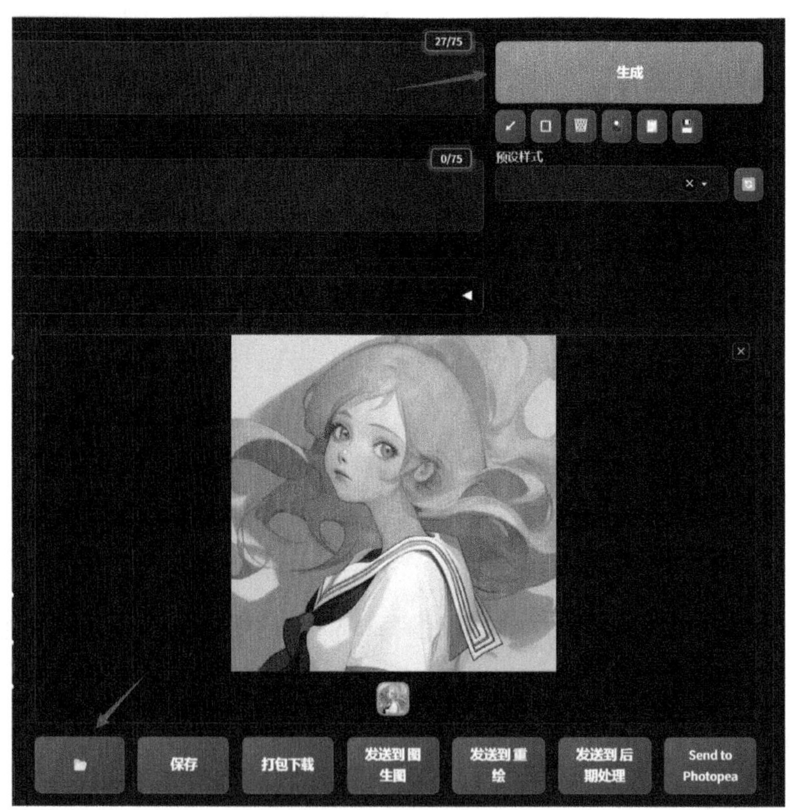

图 2-106　生成与保存

03 接下来可以加入负向提示词来去除画面中不想要的物体或者改善画面的低质量，如“badhandv4，EasyNegative，ng_deepnegative_v1_75t，rev2-badprompt，verybadimagenegative_v1.3，negative_hand-neg，bad-picture-chill-75v”，如图 2-107 所示。

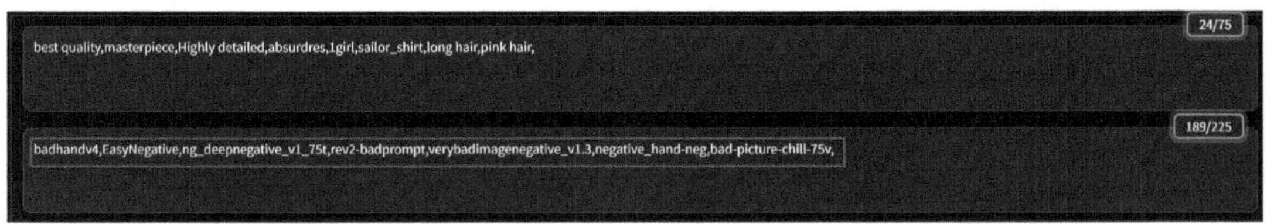

图 2-107　输入负向提示词

04 此时可以发现画面中人物的脸部细节提高了很多，但仍有一些不合理的地方，例如头发有多处连接不上，由于 Stable Diffusion 本身是扩散模型，并非是理解了图像画什么、怎么画，而是通过反向扩散的方法直接生成图像，所以这些不合理的地方是绝大部分模型无法避免的，但不用太过纠结，如图 2-108 所示。

图 2-108　图像展示（1）

05 如果想保持同一张图的情况下需要更高精度的图像，则可以先单击绿色小图标保存之前图像的种子，用于复现上一张图像。然后单击“高分辨率修复（Hires. fix）”选项，放大算法选择 R-ESRGAN 4x+Anime6B（对于动漫图像的修复比较好），最后再设置“重绘幅度”为 0.2，幅度越大与原图区别也越大。接下来就可以单击“生成”按钮等待图像效果，可以发现，生成速度明显慢了很多，对显卡的算力要求更高，如图 2-109 所示。

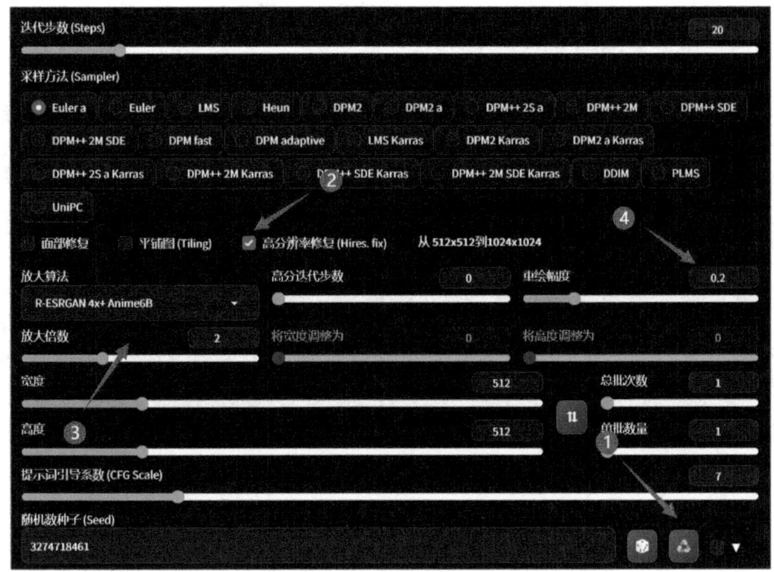

图 2-109　高分辨率修复

可以很直观地发现，图像的整体细节以及分辨率都有了很大的提升，图像的像素也是原先的两倍，在图像的下方也会展示当前图像的正向提示词、负向提示词、尺寸、种子等其他信息，这些会附带在图像的信息之中，如图 2-110 所示。

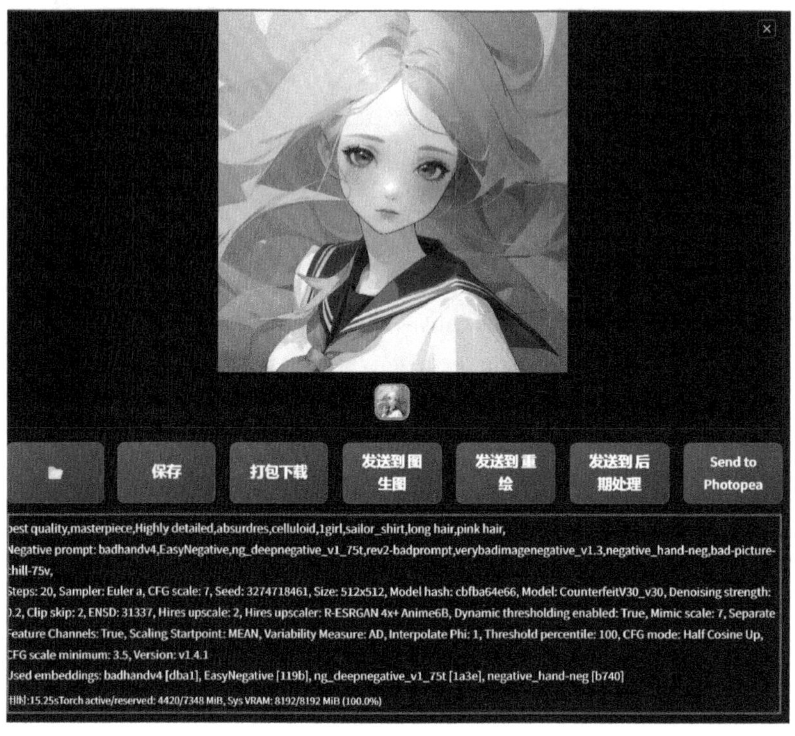

图 2-110　图像信息

创作者也可以通过 PNG 图像信息来展示图像信息，单击“发送到文生图”或“发送到图生图”可以快速复现该图像，如图 2-111 所示。

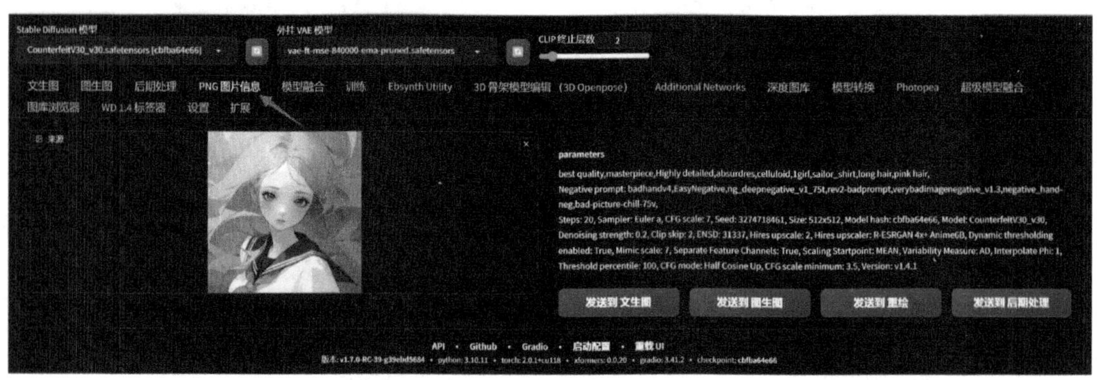

图 2-111　PNG 图像信息

通过高清放大，可以在保持原图画面的基础上增添更多细节，而不仅仅只是分辨率的提升，如果不想原图有较大改动，重绘幅度不易过大，最终效果如图 2-112 所示。

图 2-112　图像展示（2）

2.3.2　应用图生图功能

下面可以试一试图生图的功能，具体操作步骤如下。

01 相比于文生图界面，图生图界面多出了一个可放置图像的区域，其除了会参考文本内容外，也受到所放入的参照图像的影响，如图 2-113 所示。

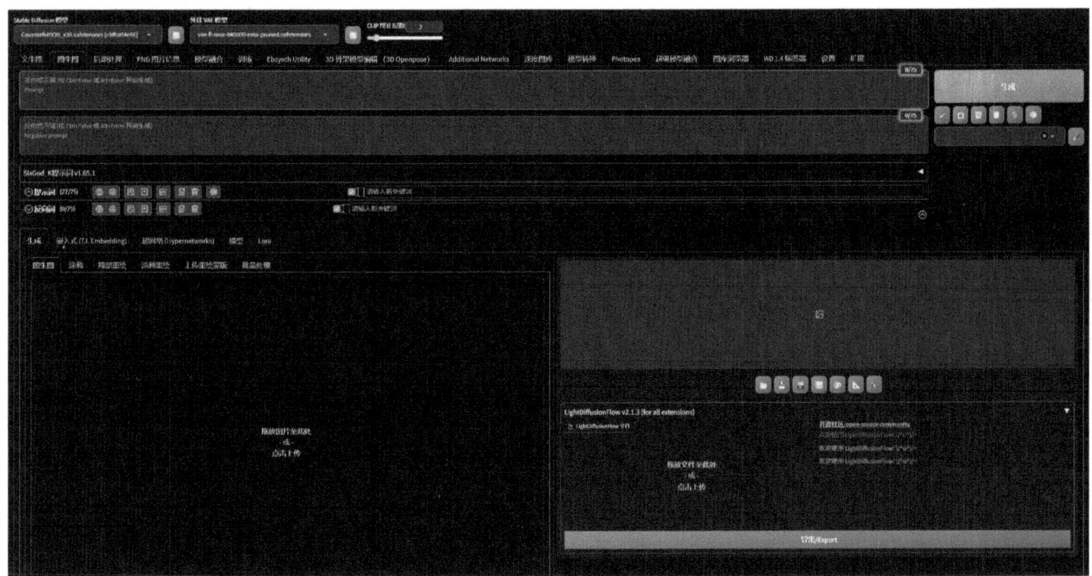

图 2-113　图生图界面

02 接下来尝试一下将刚才所生成的动漫女孩的眼睛从蓝色变成黑色。首先将刚才生成的图像放入选框中，然后保持刚才的其他参数不变，只在正向提示词文本框中加入 black eyes，然后单击“生成”按钮，如图 2-114 所示。

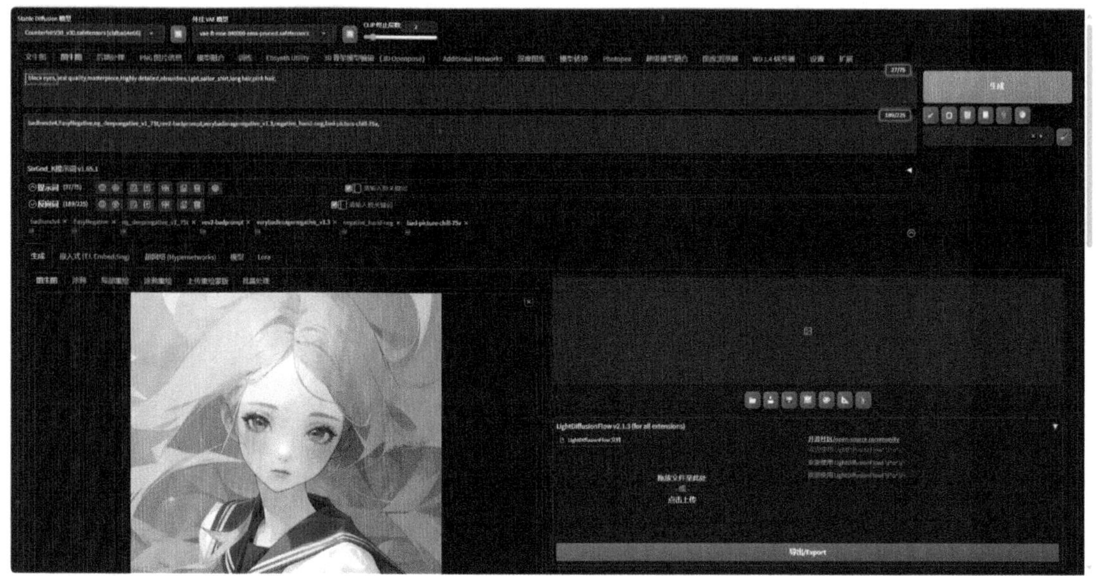

图 2-114　更改提示词

03 可以看到生成的图像与原图的构图相似，也有体现正向提示词新加入的 black eyes，但在很多细节上又相较于原图有很多的改变，这是因为下方默认的重绘幅度为 0.75，重绘幅度越大，与原图相差就越大，AI 自由发挥的空间就越大，如图 2-115 所示。

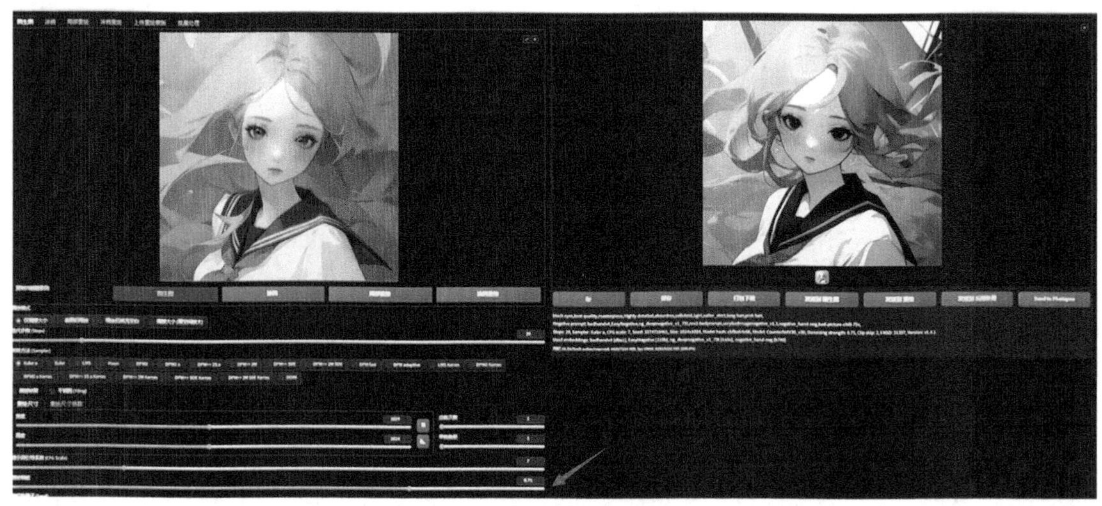

图 2-115　重绘幅度

04 如果只想改变眼睛的颜色，而其他地方需要保持原样的情况，就可以用到图生图的另一个界面——局部重绘，如图 2-116 所示。

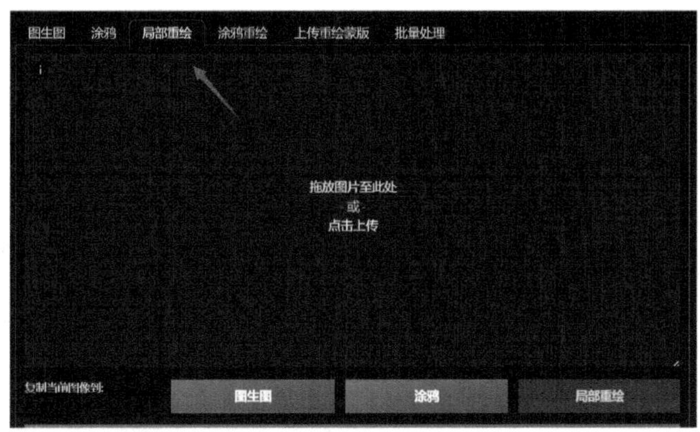

图 2-116　局部重绘区域

05 比如这里想让刚才那张图中的人物闭上眼睛，此时就可以放入图像后选择右边的画笔调整大小，然后对需要更改的部分绘制一个蒙版，那么之后所生成的内容只会对所绘制的蒙版内进行更改，再把提示词加上 closed eyes，然后再次单击“生成”按钮，如图 2-117 所示。

图 2-117　添加蒙版与更改提示词

06 最终的效果图像中，角色只闭上了双眼，而其他地区并没有有发生任何改变，如图 2-118 所示。

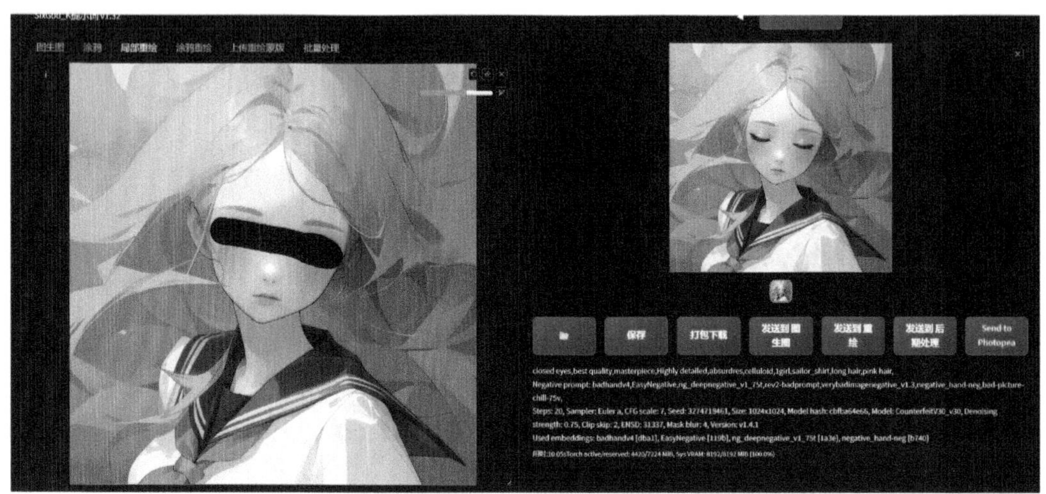

图 2-118　图像展示（3）

07 通过刚才的操作，读者们已经大概了解局部重绘的用法，如果想给这张图像再加一些元素，比如一个金色的耳坠，英文为 gold earrings，可以先将其加入正向提示词当中，然后再用到图生图的另一个区域——涂鸦重绘。

08 单击“涂鸦重绘”按钮之后，再单击右上角调色板的图标，然后可以吸取或者选择想要的颜色，之后就跟局部重绘的使用方法一样，用画笔画出想更改的区域，单击“生成”按钮，如图 2-119 所示。

图 2-119　更改画笔颜色与添加蒙版

09 相较于单纯的局部重绘，涂鸦重绘加强了对颜色的控制，当局部重绘的颜色老是达不到想要的效果时，不妨也可以尝试涂鸦重绘，最终的效果如图 2-120 所示。

图 2-120 图像展示（4）

2.3.3 基本提示词写法

目前 AI 制图主要是通过文本来决定生成的图像，提示词的合适与否对最终图像生成的质量和效果也有较大的影响，所以好的、规范提示词写法十分重要。这里介绍一种语序，即通过引导词+焦点+环境（+修饰词）的方式书写。

引导词就像是一个指南针，它指引着创作者的创作方向。它可以分为 3 个子部分：基础引导词、风格词和效果词。基础引导词就像是创作者的目标，它定义了创作者想要达到的质量标准，如“顶级作品”或者“最高品质”；风格词则是创作者的工具，它帮助创作者选择适合的艺术风格，如“素描”“油画”或者“浮雕”；效果词则是创作者的调色板，它让创作者可以选择适合的光效，如“优秀照明”“镜头光晕”或者“景深”。

焦点就像是创作者的画布上的主角。它可以是一个人物、一座建筑、一个景物等。为了让主角更加生动和真实，创作者需要对其进行详细的描述。例如，如果主角是一个人物，那么创作者可能需要描述他的面部特征、发型、身材、服装以及姿态等。没有角色时，可以将环境中的重要点，如巨大的瀑布（waterfall）、盛开的向日葵（sunflower）、古老的时钟（clock）等进行描述。

环境就像是创作者的舞台。没有舞台，主角就无法展现出他的魅力。没有环境描述时，容易生成纯色背景或者与效果标签相关的背景，且焦点会显得很大。环境词汇会形成环绕焦点周边充斥整个画面的场景，如郁郁葱葱的森林（forest）、彩虹（rainbow）、阳光（sunlight）、湖泊（lake）、彩色玻璃（colored glass）等。

修饰词通常与效果词类似，用于丰富场景，如彩虹（rainbow）、闪电（lightning）、流星

（meteor）等。如果焦点描述过少，修饰词写在引导词末做效果词时，可能会导致场景权重过大而丢失焦点。

在生成艺术图像的过程中，权重控制起着至关重要的作用，它决定了所期望的元素是否能得到 AI 的足够重视。最基本的权重控制方法是调整提示语在咒语中的位置，位置越靠前的词汇越受到重视。也可以通过给提示语加括号来调整权重。例如，（1castle:1.5）就是直接给词条赋予权重，数字就是权重大小。数字越大，权重越大，默认为 1，通常在 0~2 之间。

在 webui 中，( )可以使其中内容的权重乘以 1.1，[ ]可以使其中内容除以 1.1。虽然多重括号也能生效，但这种方法效率低且不优雅。例如，((((castle))))有 4 个括号，使 castle 的权重增加到了 1.4641。

因此，这里推荐使用（提示语:权重数）的方式来进行权重调整。具体操作方法是选中一组词，然后按方向键上下完成权重的调整。这样可以更有效地控制每个元素在生成图像中的重要性，具体操作步骤如下。

01 这里通过一个例子来展示，正向提示词输入“最佳质量，杰作，基于物理的渲染，生动的色彩，墨水，水彩，1 女孩，身材修长，汉白玉发光皮肤，中式连衣裙，汉服，唐装，波波头，腰带，长发，刘海辫子，闭着一只眼睛，微笑，花海，日落，中国风格，绽放的效果，细致美丽的草原上有花瓣、花朵、蝴蝶、项链、微笑、花瓣，周围漂浮着沉重的花瓣流动（best quality，masterpiece，physically-based rendering，Vivid Colors，ink，water color，1girl，slender，white marble glowing skin，china_dress，hanfu，tang style，pibo，waistband，long hair，braided bangs，one eye closed，smile，flower ocean，sunset，chinese_style_loft，bloom effect，detailed beautiful grassland with petal，flower，butterfly，necklace，smile，petal，surrounded by heavy floating petal flow,）”。

同时，再加入基础的负向提示词“nsfw，logo，text，badhandv4，EasyNegative，ng_deepnegative_v1_75t，rev2-badprompt，verybadimagenegative_v1.3，negative_hand-neg，mutated hands and fingers，poorly drawn face，extra limb，missing limb，disconnected limbs，malformed hands，ugly，（其中 badhandv4，EasyNegative，ng_deepnegative_v1_75t，verybadimagenegative_v1.3，negative_hand-neg 这些是 embedding 模型，需要自行去模型网站下载，可以改善出图的质量）”，如图 2-121 所示。

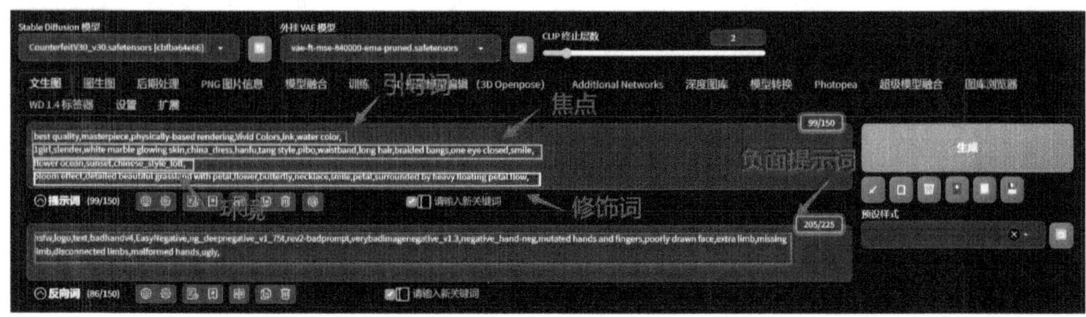

图 2-121　提示词输入

02 创作者可以在一开始用低分辨率的图同时生成多张来进行挑选，再运用上一节保存种子的方法挑出最满意的几张图进行高清重绘放大，这里选择一次生成 4 张图，单击“生成”按钮，如图 2-122 所示。

03 可以看到，在图 2-122 中，有比较满意的，也有不太满意的，其中第一张和第四张比较符合先前提示词所描述的，而第二张和第三张却把花海错误的理解成了花和海洋，并且蝴蝶也没体现出来，这里选择图 2-122 中第四张图保存种子，同时加强蝴蝶的权重为 1. 3，再次单击“生成”按钮，如图 2-123 所示。

图 2-122　图像展示（1）

图 2-123　图像展示（2）

04 保存种子后进行多次生图是在原图种子数据的相邻种子数据进行取图，图 2-123 中除了第一张与先前图像相似之外，其他都有较大的差别，而当创作者对权重进行调整修改后，创作者发现蝴蝶有了，但却出现权重溢出的现象，这一现象的表现为权重设置过大，导致原本的修饰词挣脱了词条的束缚，溢出到了其他元素中。在这里就表现为人物的发饰受到了影响，变成了类似蝴蝶的形状，当创作者将某个元素权重调到 1. 5 及以上时，画面“污染”就会更加严重，也容易造成崩坏，所以不建议调得过高，如图 2-124 所示。

05 除此之外，创作者也可以只调整先后顺序来看看变化，将蝴蝶放到最前面，可以发现相较于直接提升权重，调整先后顺序对整个图像的占比较小，在这里只对人物的发饰进行了影响，而并没有直接出现蝴蝶，但同时也对人物的衣服姿势、背景造成了一部分影响，相当于间接提高了蝴蝶的权重，从而又降低了其他部分的权重，如图 2-125 所示。

图 2-124　图像展示（3）

图 2-125　图像展示（4）

2.3.4 符合语言学的文本写法

在 Web UI 的文本理解中，可以发现一种逻辑性的存在。这种逻辑性在进行蝴蝶实验时得到了明确的证明，即 AI 在理解描述时会按照一定的顺序进行，也就是说，词组的先后顺序会影响其权重。因此，创作者可以将 tags（标签）视为一篇小作文来进行构思和编写，可以借助作文的逻辑来思考词组的构成，以及借助作文的行文来帮助创作者确定关键词的排列顺序。

在语言学中，描述一个事物时，通常会采用“目标、定义、细节”的方式进行描述。例如，描述一幅画时，通常会先指出这是一幅画，然后说明这是一幅怎样的画，最后再详细描述画的具体情况；描述一个人时，通常会先指出这是一个人，然后说明这是一个怎样的人，最后再详细描述人的具体情况（如样貌、穿着、正在做什么等）；描述一个背景时，通常会先指出这是一个背景，然后说明这是一个怎样的背景，最后再详细描述背景的具体情况（如背景中有什么东西、有什么特色等）；描述背景中的物体时，通常会先指出这是一个物体，然后说明这是一个怎样的物体，最后再详细描述物体的具体情况。

通过这种逻辑思维方式，创作者可以对画面中的每个元素进行由大到小、有序的描述。例如，在描述一幅画时，创作者可以先概述整幅画，然后详述画面中的主要目标（包括目标的数量、类别、具体表现、特效和修饰等），接着详述次要目标（包括目标的数量、类别、具体表现、特效和修饰等），以此类推。在描述每个目标时，还可以进一步细分其各个元素，并对每个元素使用三段法进行详细描述。例如，在描述人物时，可以先概述人物的整体情况（如长相、衣着等），然后详述人物的各个部分（如五官、头发等）。通过这种方式，创作者可以将整幅画中的所有元素都进行详细分析和描述。

通过以上方法，不仅可以将整幅画中所有元素都进行详细分析和描述，并且还能确保每个元素都能用三段法进一步追索细节。这样就能确保对整幅画有一个全面而深入的理解。通过下述例子来更好地理解这种文本逻辑。

一幅画，这是一幅生动的水彩画，画中描绘的是一个男孩在海滩上的情景（masterpiece，top quality，ultra HD 8k wallpaper，vivid watercolor painting，1 boy located on a beach）。

男孩是一位身着休闲装的冲浪者，他正站在海滩上的岩石旁（1 casually dressed surfer boy，alone，full body，the boy standing next to a rock on the beach）。

他有着阳光般的笑容，健康的肤色和明亮的蓝眼睛，他的头发是棕色的，短短的，被海风吹得凌乱。他戴着一顶棒球帽和一条鱼骨项链（The boy has a sunny smile，healthy skin tone and bright blue eyes，brown short hair tousled by the sea breeze，wearing a baseball cap and a fishbone necklace）。

他穿着一件黄色的 T 恤和一条蓝色的短裤，T 恤和短裤上都有鲜艳的图案（the boy is wearing a yellow T-shirt and blue shorts，both adorned with vibrant patterns）。

海滩上有沙子、贝壳和海浪。沙滩上散落着各种贝壳，海浪轻轻拍打着岸边，阳光照耀在海面上，反射出耀眼的光芒。整个海滩都在闪烁着金色的光芒（sand and shells on the beach，

Various shells scattered on the beach, waves gently lapping the shore, sunlight, dazzling reflections, shimmer, goldenglow)。

最终效果如图 2-126 所示。

图 2-126　男孩图像展示

2.3.5　分布渲染

在 Web UI 中，有一种特殊的语法可以让创作者在同一幅画中分别绘制不同的提示，这就是分步渲染。这种语法的格式是［A：B：step］，其中 A 和 B 代表不同的内容，step 代表步数。当 step 大于 1 时，表示步数；当 step 小于 1 时，表示总步数的百分比。

例如，［a boy with a blue shirt:red cap:0.3］表示在前 30%的步数中，画出一个穿着蓝色衬衫的男孩，在后 70%的步数中，画出一个戴着红色帽子的男孩。可以理解为，AI 先画出一部分蓝色衬衫的男孩，然后在此基础上画出红色帽子。

此外，还有两种额外的写法：[:B:step]和[A：:step]。前者将 A 设置为空，即只在 step 后绘制 B 的内容；后者将 B 设置为空，即只绘制 A 的内容直到 step。

这种方法非常适合生成图像之中的图像。例如，可以先画出一个穿着 T 恤的男孩，然后再画出 T 恤中的苹果图案。如果这个过程中 T 恤和苹果的顺序反了，那么就只会在画面中加入苹果而不是加在衣服中。

需要注意的是，在使用这种语法时，需要反复检查括号的使用。另外，分步渲染在绘制时存

在一定的延后性。例如，在设定男孩渲染 50 步、背景渲染后 50 步的情况下，男孩的渲染可能会在 60 步时才基本完全结束。这可能是因为 AI 对男孩的判断主要集中在面部，而头发、装饰等细节可能被判断为环境而继续进行渲染。

尝试通过这种方法写一段正向提示词（提示词中的括号可不成对出现，程序均可识别），例如 extremely detailed CG unity 8k wallpaper)，(((masterpiece)))，(((best quality))，((ultra-detailed))，(best illustration)， (best shadow)，((an extremely delicate and beautiful))，dynamic angle，standing，solo，[impasto:1.3)，a detailed cute girl with blue eyes and long wavy curly black hair wearing a detailed red dress with a white belt)，beautiful detailed eyes:1.2)， (cute face:1.2)，expressionless，(upper body，legs)，(red umbrella:1.3)：:0.5]，： (flat color)， (dark rainy background)，((medium saturation)))，(surrounded by raindrops)，((surrounded by puddles)),surrounded by city lights,(shining),Rain):0.5]。

在前 70%的步数中，画出一个穿着红裙子、手里拿着一把红色雨伞的女孩，在后 30%的步数中，画出雨滴和城市灯光。可以理解为，AI 先画出一部分红裙子的女孩，然后在此基础上画出雨滴和城市灯光，如图 2-127 所示。

图 2-127　图像展示（1）

又比如正向提示词为（extremely detailed CG unity 8k wallpaper)，(((masterpiece)))，(((best quality))，((ultra-detailed))，(best illustration)， (best shadow)，((an extremely delicate and beautiful))，dynamic angle，standing，solo， [impasto:1.3)，a detailed cute girl with blue eyes and long wavy curly black hair wearing a detailed blue dress with a white belt)，beautiful detailed eyes:1.2)，(cute face:1.2)，expressionless，(upper body，legs)：:0.5],： (flat color)，(bright garden background)，((high saturation)))， (surrounded by flowers)，((surrounded by butterflies))，surrounded by trees，(shining)，Sunshine):0.5]。

在前 50%的步数中，画出一个穿着蓝色连衣裙的女孩，在后 50%的步数中，画出花园、花朵、蝴蝶和树木。可以理解为，AI 先画出一部分蓝色连衣裙的女孩，然后在此基础上画出花园和其他元素，如图 2-128 所示。

图 2-128　图像展示（2）

2.4 如何反推借鉴参考优秀作品

反推是 Midjourney 的图生文功能，会根据图像的画面信息进行分析，并生成描述词。合理运用反推功能，可以帮助读者更好地借鉴其他优秀作品。

2.4.1 describe 反推出关键词

利用 describe 指令反推出关键词的具体操作步骤如下。

01 输入“/describe”指令，在 image 输入框中上传图像，如图 2-129 所示。

02 将图像直接拖入到输入框内，如图 2-130 所示。

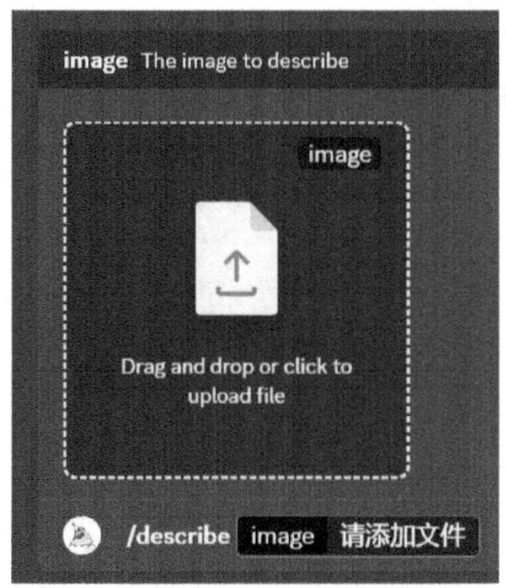

图 2-129　/describe 指令

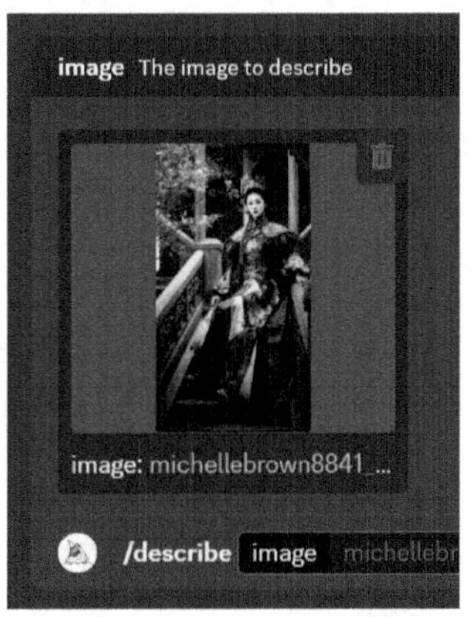

图 2-130　拖入图像

03 按〈Enter〉键上传后，Midjourney 会根据给的图像反推出 4 条完整的提示词，如图 2-131 所示。

04 单击旋转图标，可以重新反推生成 4 条新的关键词，如图 2-132 所示。

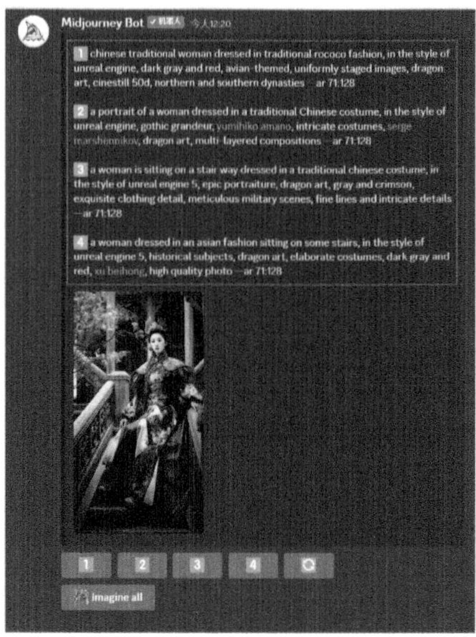

图 2-131 反推提示词

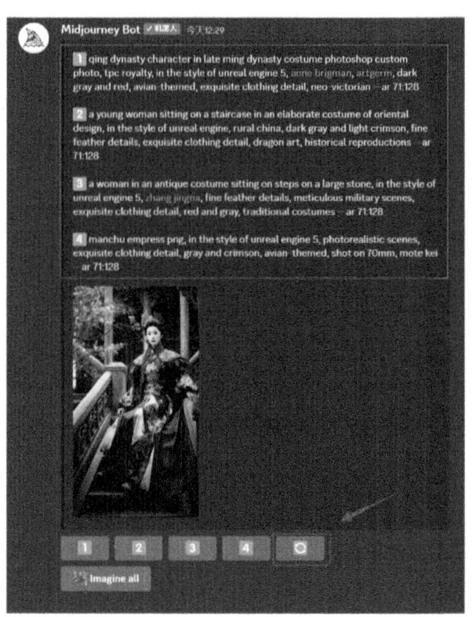

图 2-132 重新反推关键词

2.4.2 反推生成图像

利用反推的关键词快速生成图像的具体操作步骤如下。

01 界面下方的数字代表 4 条关键词，单击即可用该条关键词生成图像，如图 2-133 所示。

02 通过 Imagine all 按钮可以将 4 条关键词全部生成图像，如图 2-134 所示。

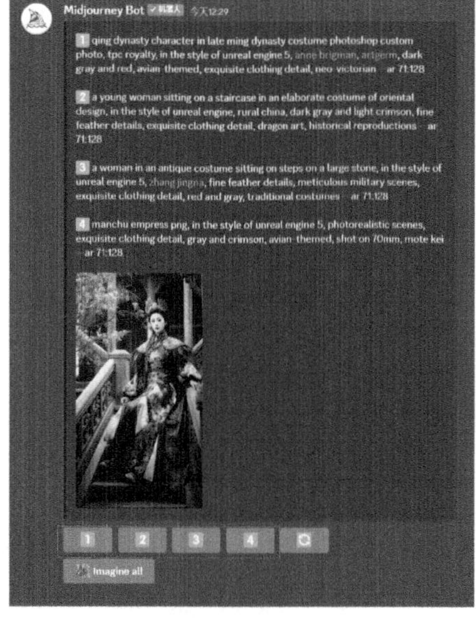

图 2-133 4 条关键词

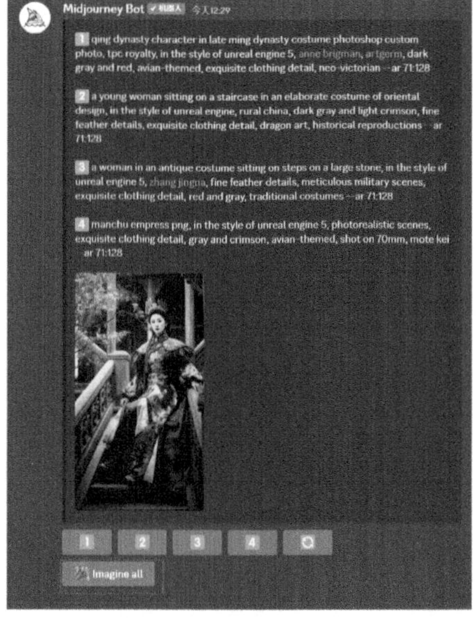

图 2-134 全部生成图像

03 4 条关键词的图像正在生成中，如图 2-135 所示。

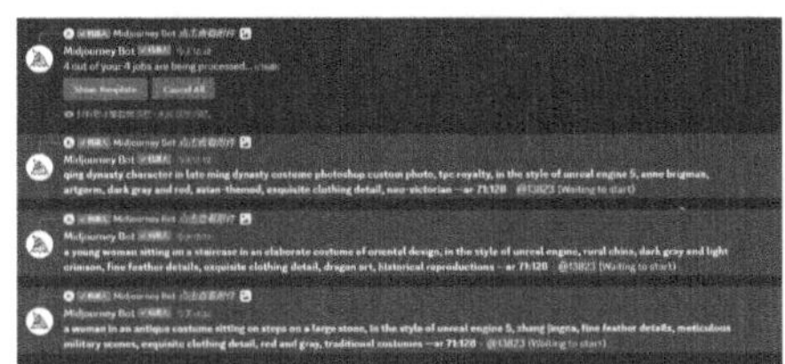

图 2-135　图像正在生成中

04 稍等一下，4 条关键词分别对应的 4 联图的图像就生成完毕，如图 2-136 所示。

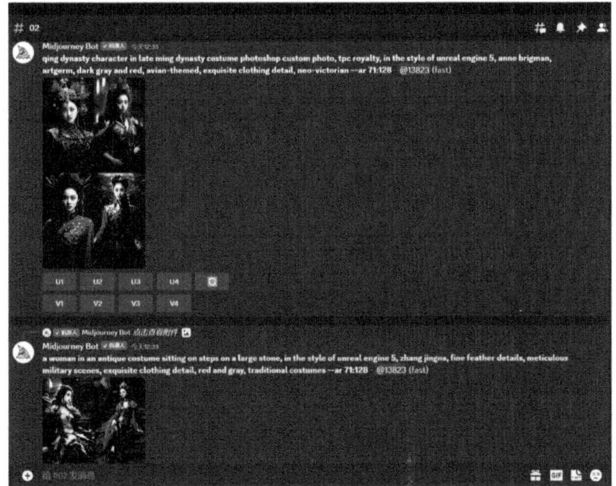

图 2-136　图像生成完毕

第3章 两种方法打造个人专属风格作品

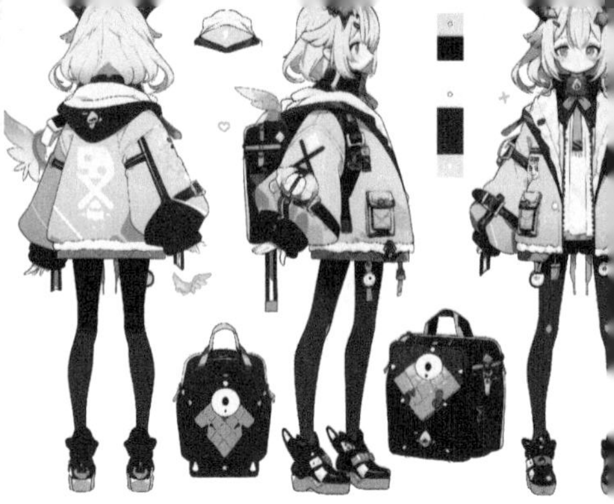

本章专为系列化的 AI 作品创作提供解决方案，通过 Midjourney 的垫图技巧和 Stable Diffusion 的模型训练来固定用户创作的作品风格，打造可成体系的作品集。系列化的作品可以更好地展示创作者的想象力和创造力，因为它们可以提供更多的时间和空间来探索和发展一个主题或一个故事。系列化作品还可以在自媒体平台吸引更多的观众，并且可以在不同的媒体平台上进行推广和营销。

3.1 Midjourney 垫图详解

本节主要通过 Midjourney 的垫图、控制 seed 值以及系列化的指令 3 种方法生成统一风格的作品，这 3 种方法并不需要太多额外的时间和资源来制作，也不需要更多的计划任务和协调工作来确保整个系列作品保持一致性，从而可以批量高效地生产出系列化的作品。

3.1.1 如何垫图生成统一风格

垫图就是添加参考图，可以使用图像的一部分来影响作业的构图、风格和颜色等，可以单独使用图像生图，也可以使用图像+文本组合生图。

1. 单独使用图像生成图像

不添加其他指令，单独使用图像生成图像的具体操作步骤如下。

01 使用至少两张图像（png、jpg 或 gif 格式），将图像拖入到输入框并发送，如图 3-1 所示。

02 复制图像链接（即单击鼠标右键，在弹出的快捷菜单中选择“复制链接”命令），如图 3-2 所示。

图 3-1　拖入图像

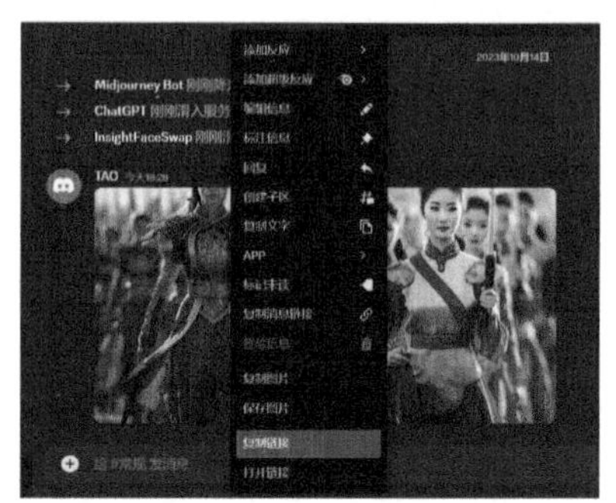

图 3-2　复制图像链接

03 将图像链接粘贴到 prompt 输入框，注意，两个链接中间需要用空格隔开，如图 3-3 所示。

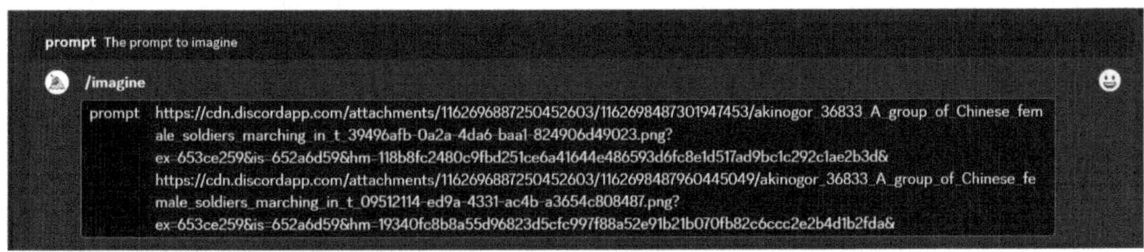

图 3-3　粘贴图像链接

04 按〈Enter〉键发送，即可获得融合后的图像，如图 3-4 所示。

图 3-4　融合后的图像

2. 图像+文本组合生成图像

使用一张或多张图像链接+文本，图像与文本中间也需要用空格隔开，图像链接需要放在指令的最前面，关键词之间需用逗号隔开，如图 3-5 所示。

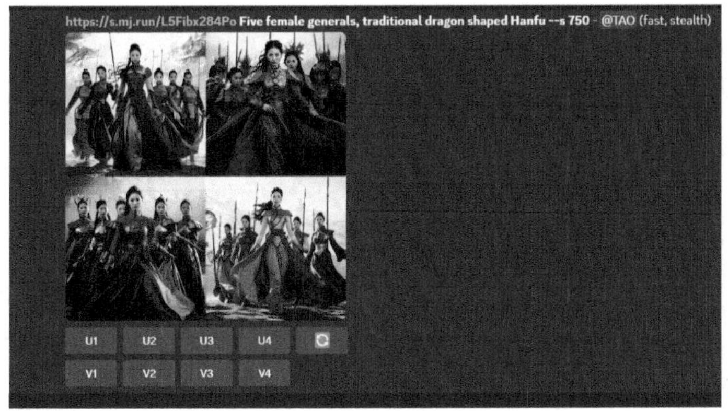

图 3-5　图像+文本组合生成图像

3. 图像+文本+参数组合生成图像

“图像+文本+参数”的组合生成图像需要注意：参数前要用两个短横线--，除了生图常用的后缀指令，还有图生图专属的控制图像权重的指令--iw，数值范围是 0.5~2，此数值默认为 1。数值越小，提示语对生成图像的效果影响越大；数值越大，与原图越相近，提示语的影响效果越小，如图 3-6 所示。

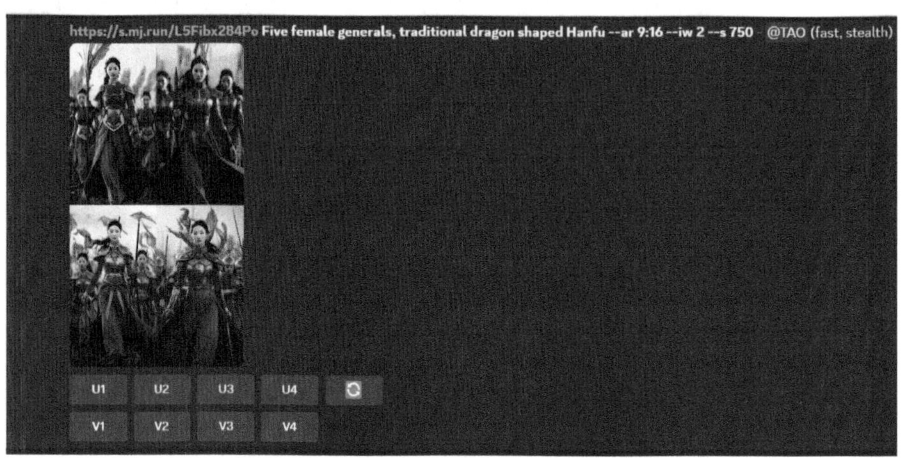

图 3-6　图像+文本+参数组合生成图像

3.1.2　如何轻松混合多张图像

Blend 功能与直接输入图像链接混合图像的效果是一样的，并且功能性不如直接使用链接垫图，该功能存在的意义在于优化出一个简单的操作界面，在并不需要更多细节操作的情况下直接融合多张图像，具体操作步骤如下。

01 输入 /blend 指令，就可以同时上传 2~5 张图，默认是 2 张。为保证图像融合的效果，尽量上传和所需求图像同比例的图像，如图 3-7 所示。

02 分别将想要融合的图像拖到下方的方框内，如图 3-8 所示。

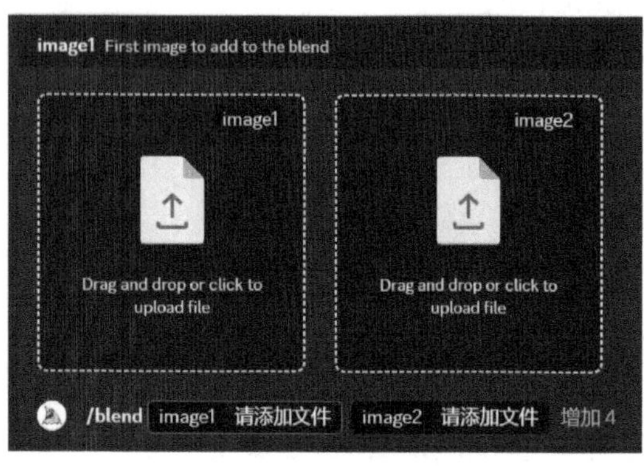

图 3-7　/blend 指令

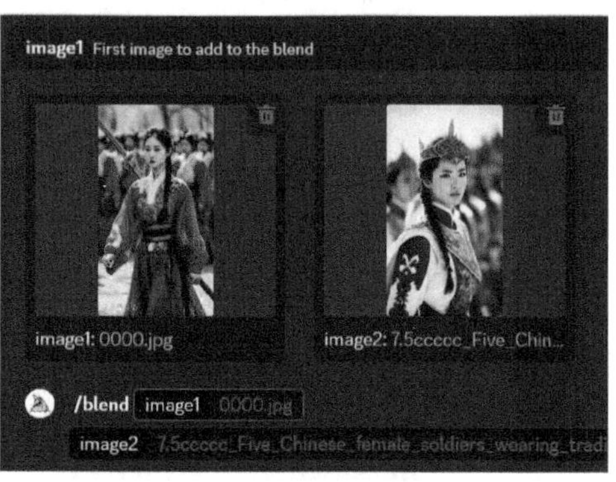

图 3-8　拖入图像

03 然后按〈Enter〉键，就可以将这两张图融合在一起，如图 3-9 所示。

04 如果用户想添加多张图，可以单击“增加”按钮，如图 3-10 所示。

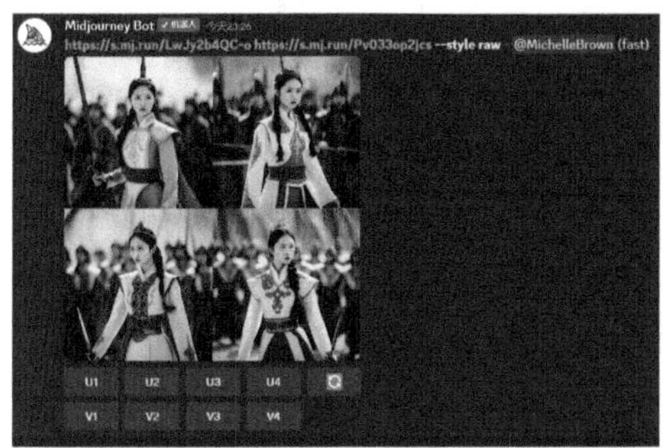

图 3-9　融合图像

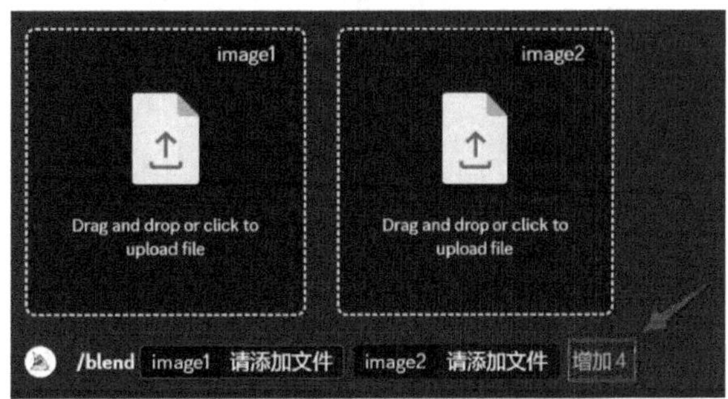

图 3-10　添加多张图

05 单击 image3、image4 或 image5 继续添加，最多添加 5 张图，5 张图以上则需要使用图像链接垫图的方式，如图 3-11 所示。

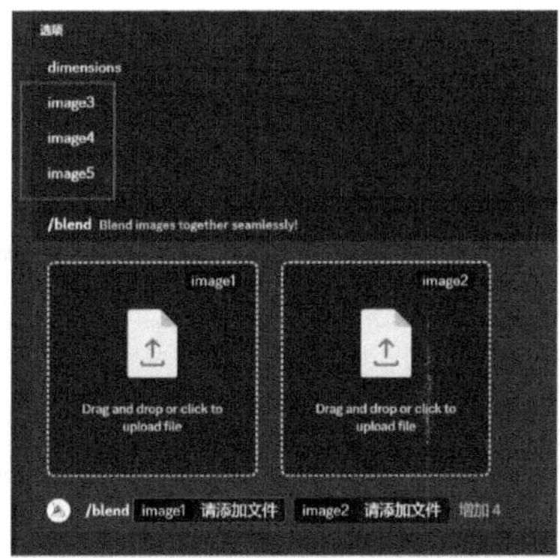

图 3-11　继续添加

06 继续增加后，Midjourney 会为用户提供所需数量的图像上传框，如图 3-12 所示。

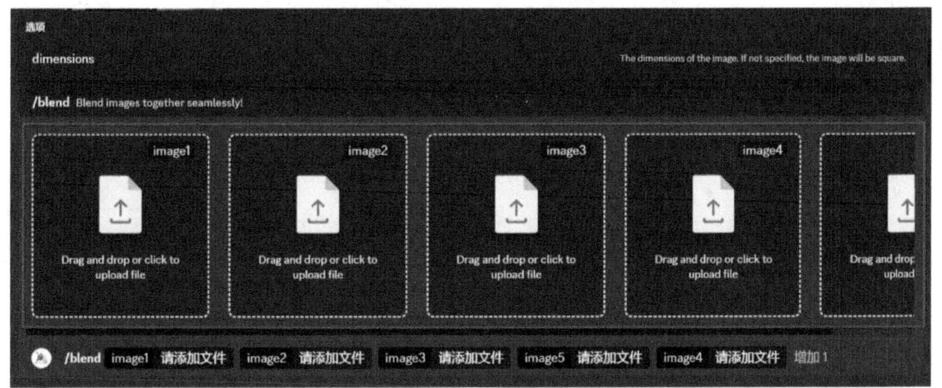

图 3-12　图像上传框

07 用户单击“增加”按钮后，还会弹出设置图像比例的 dimensions 指令，如图 3-13 所示。

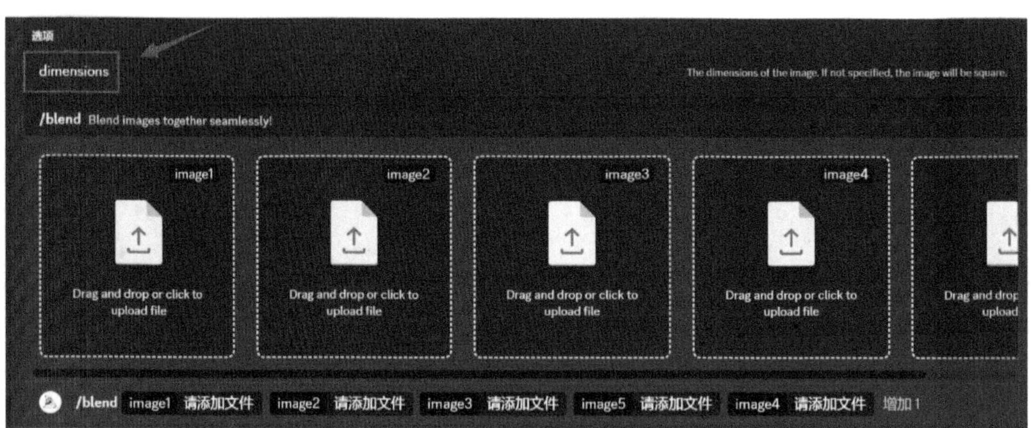

图 3-13 dimensions 指令

08 单击 dimensions 指令，会弹出 3 个比例的选项，Portrait 代表 2：3 比例；Square 代表 1：1 比例；Landscape 代表 3：2 比例。如果用户想生成其他比例的图像，就需要使用图像链接垫图的方式，如图 3-14 所示。

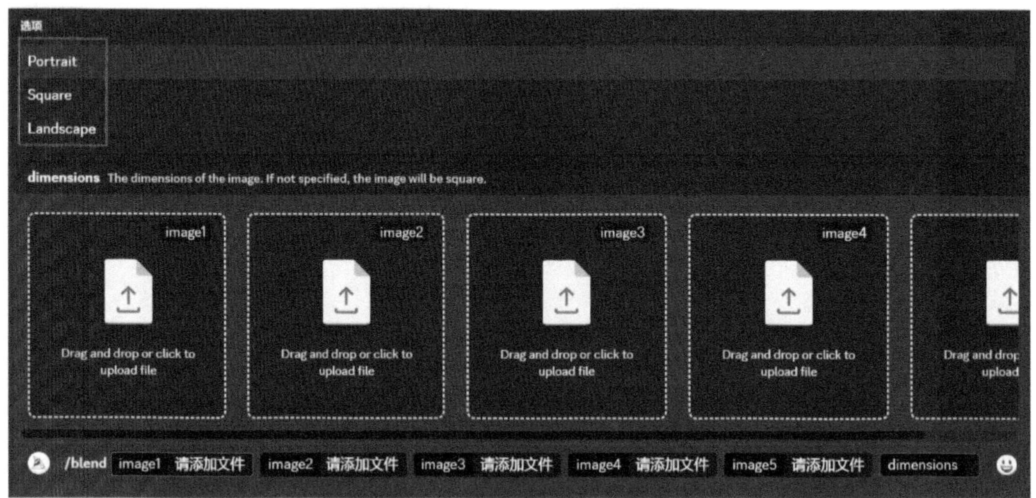

图 3-14 dimensions 指令自带的比例

3.1.3 如何创作稳定的人物角色

很多 Midjourney 用户在生成效果感觉很好的图像时，想继续把这张图像的部分保留，也就是在该图像的基础上进行修改，本节将通过学习在 seed 基础上作画来解决这个问题，让生成的角色更加稳定，增加作品的一致性和连续性，具体操作步骤如下。

01 选择用户满意的图像（seed 值只有四联图的 seed 值），依次单击“更多”“信封”图标，如图 3-15 所示。

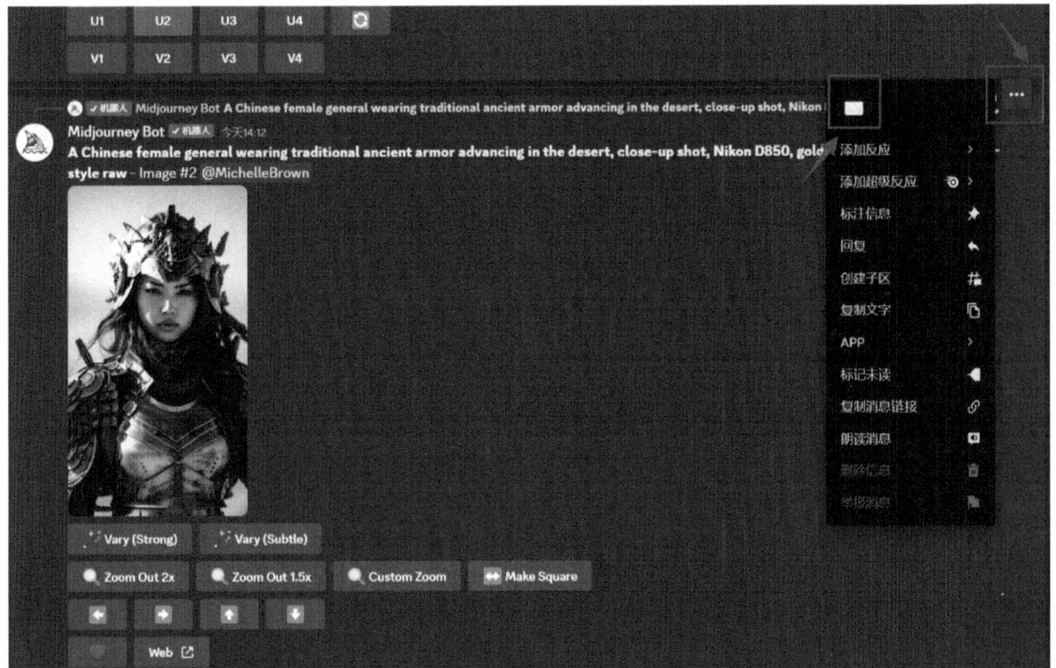

图 3-15　“信封”图标

02 如果没看到信封图标，可以选择“添加反应”选项，如图 3-16 所示。

03 选择“添加反应”选项后，在众多图标中找到“信封”图标并单击，如图 3-17 所示。

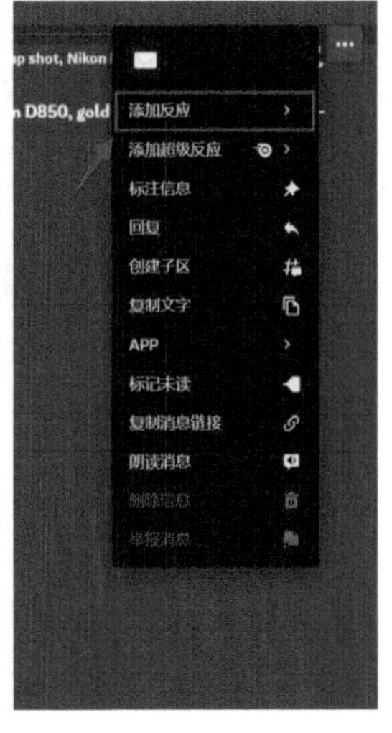

图 3-16　“添加反应”选项

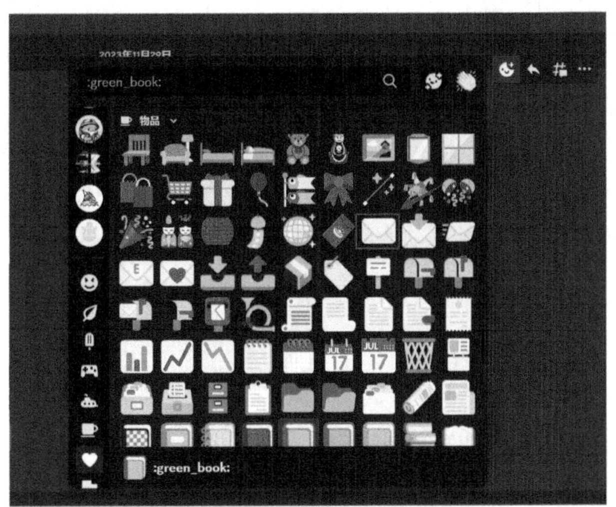

图 3-17　找到“信封”图标

04 单击“信封”图标后，用户就可以在 Midjourney 的私信找到该图像的 seed 编号，seed 值也被称为图像的唯一标识，如图 3-18 所示。

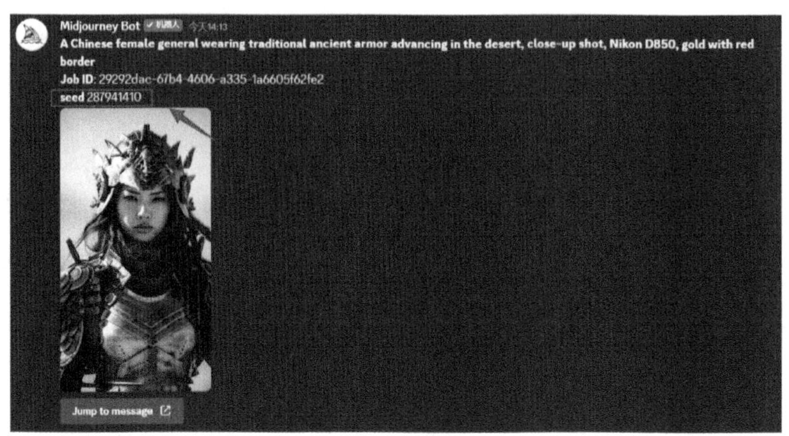

图 3-18　seed 编号

05 由于 seed 值只有四联图的 seed 值，所以用户单张的 seed 编号和该图的四联图 seed 编号是相同的，如图 3-19 所示。

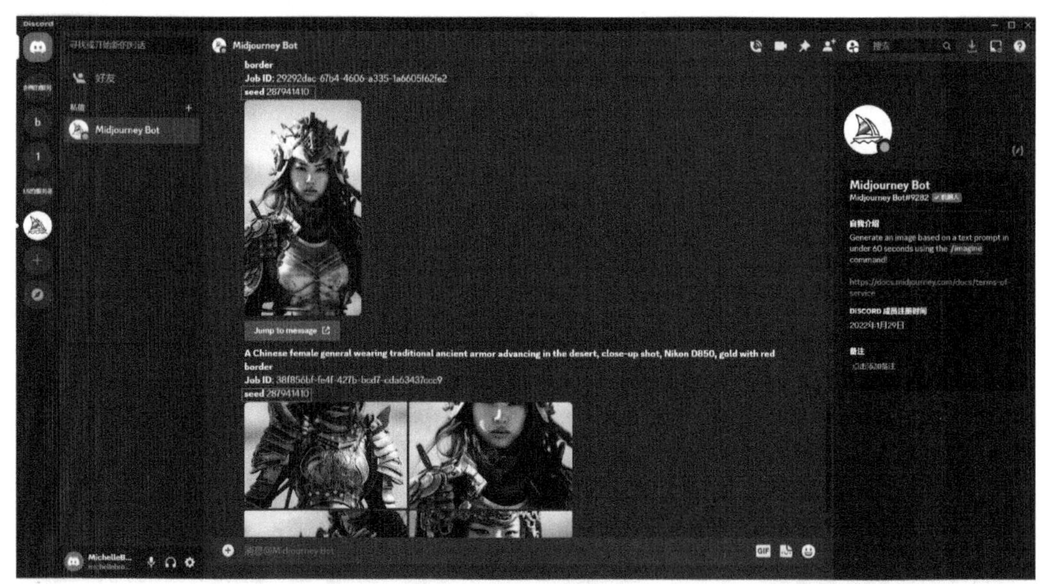

图 3-19　相同的 seed 编号

06 复制 seed 编号，在微调的新描述词后面加上“--seed 编号”的后缀，就可以在 seed 的基础上创作新的图像，相比不带 seed 种子直接生成的图，相似度会更高，如图 3-20 所示。

07 如果用户想让生成的图像更像原图，可以在使用 seed 值的同时，加上该参考图像的链接，如图 3-21 所示。

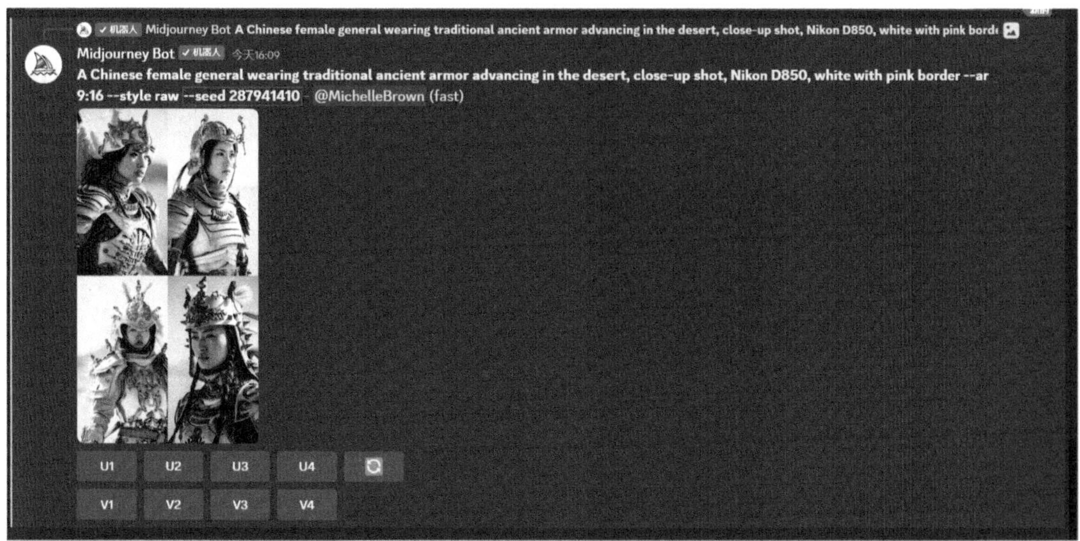

图 3-20　在 seed 的基础上创作

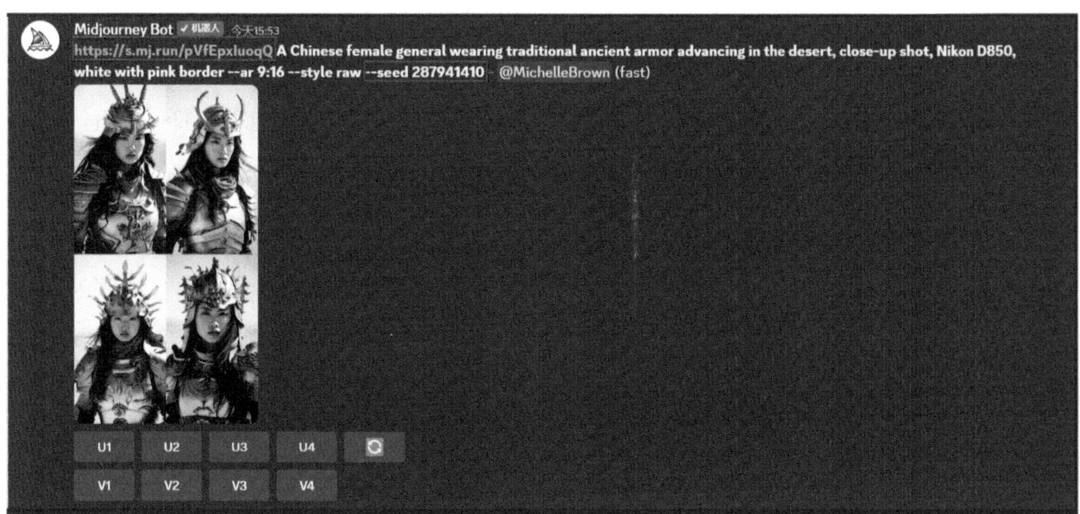

图 3-21　综合利用参考图像的链接和 seed 值创作

3.1.4　如何给同一个角色赋予不同的表情和动作

在设计连续的人物角色小卡片时，需要生成一个包含多种动作的人物角色卡片，或者生成一个包含多种表情的人物角色卡片，本节将学习使用描述指令来快速创造拥有不同动作或表情的同一角色的卡片图。

1. 给同一角色赋予不同的动作

给同一角色赋予不同的动作使用对应的描述指令即可，具体操作步骤如下。

01 在描述词中可以使用“多种不同的动作”，如 6 种不同的动作（six different movements）指令，获得连续的人物动作，如图 3-22 所示。

02 还可以使用其他替换词，比如在描述词中使用“多种不同的姿势面板”，如 6 种不同的姿势面板（6 panels with different poses）指令，也可以获得连续的人物动作，如图 3-23 所示。

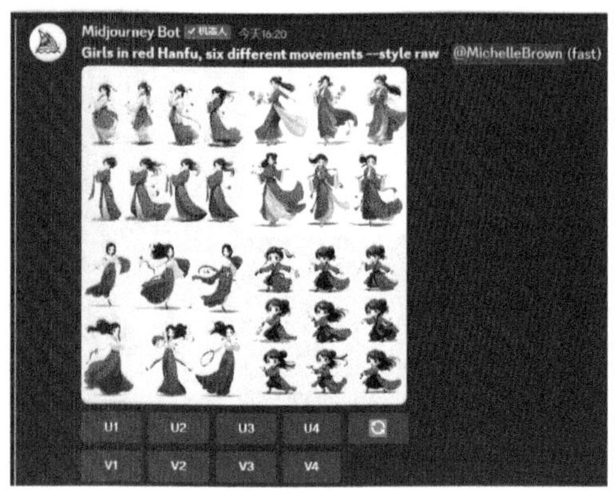

图 3-22 “多种不同的动作”指令

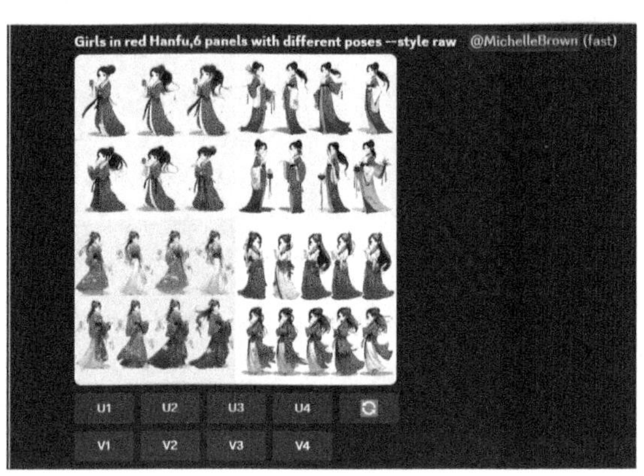

图 3-23 “多种不同的姿势面板”指令

2. 给同一角色赋予不同的表情

给同一角色赋予不同的表情可以在描述词中使用“多种不同的表情面板”，如 3 种不同的表情面板（three different expression panels）等指令，获得连续的人物表情，如图 3-24 所示。

图 3-24 “多种不同的表情面板”指令

3.1.5 如何设计一个虚拟动漫角色

“二次元”文化是一种由动漫、漫画、游戏等载体创造的虚拟世界，其与现实世界迥然有别。二次元虚拟动漫设计可以提供一个独特的创作空间，让创作者们在其中发挥个人的想象力

和创造力。通过二次元虚拟动漫设计，创作者们可以构建一个完整的虚拟世界，包括人物、场景、故事等，从而让观众沉浸其中并产生共鸣，本节将学习设计一个虚拟动漫角色，具体操作步骤如下。

01 在设置之中将模型调整为动漫专属的 Niji 模型，如图 3-25 所示。

02 在描述语后添加 role sheet 指令，就可以生成包括正面、背面、部分细节配饰的动漫角色，如图 3-26 所示。

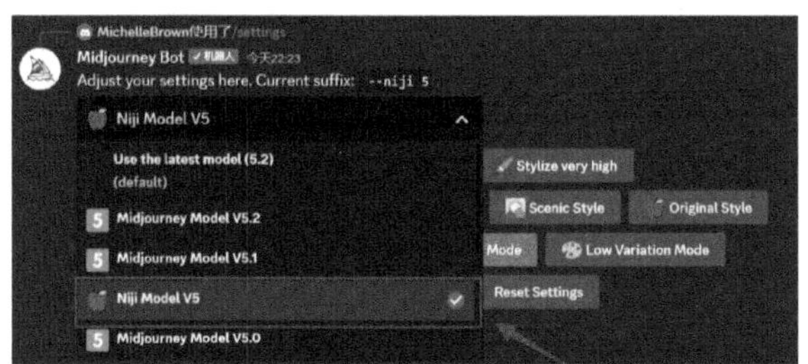

图 3-25　模型调整

图 3-26　role sheet 指令

03 虚拟动漫角色效果展示 1 如图 3-27 所示。

04 虚拟动漫角色效果展示 2 如图 3-28 所示。

图 3-27　效果展示图 1

图 3-28　效果展示图 2

05 虚拟动漫角色效果展示 3 如图 3-29 所示。

06 虚拟动漫角色效果展示 4 如图 3-30 所示。

图 3-29　效果展示图 3

图 3-30　效果展示图 4

3.2 Stable Diffusion 模型详解

Stable Diffusion 模型详解的相关内容如下。

3.2.1 全部模型类型总结及使用方法

在 AI 绘画中，通常会使用两种类型的模型：大模型和用于微调大模型的小型模型（小模型）。

大模型通常指的是标准的 latent-diffusion 模型，它包含完整的 TextEncoder、U-Net、VAE。由于微调大模型需要强大的显卡和计算能力，因此许多人选择使用小型模型。这些小型模型通过作用在大模型的不同部分，简单地修改大模型，以达到预期的效果。

常见的用于微调大模型的小型模型包括 Textualinversion（通常称为 Embedding 模型）、Hypernetwork 模型和 LoRA 模型。此外，还有一种称为 VAE 的模型，它类似于滤镜，会影响画面的色彩和一些微小的细节。大模型本身就包含了 VAE，但是一些融合模型的 VAE 可能会出现问题，需要使用外置 VAE 进行修复。

目前，常见的 AI 绘画用模型后缀名有 ckpt、pt、pth、safetensors 以及特殊的 PNG、WEBP 图像格式。这些后缀名都代表了标准的模型，但是从后缀名无法判断具体是哪一种类型的模型。

其中，ckpt、pt 和 pth 这 3 种是 pytorch 的标准模型保存格式，由于使用了 Pickle，可能存在一定的安全风险。而 safetensors 则是一种新型的安全模型格式，可以通过工具与 pytorch 的模型进行任意转换。由于不同类型的模型有不同的作用位置，因此在使用这些模型文件时必须清楚这些模型的类别，并正确地使用对应的方法才能使模型生效。

1. Dreambooth 大模型

Dreambooth 大模型常见格式为 ckpt，一个完整的 ckpt 包含 Text Encoder、Image Auto Encoder&Decoder 和 U-Net 这 3 个结构。其中 U-Net 是 SD 的主要架构，U-Net 中有 12 个输入层，1 个中间层和 12 个输出层。根据 GitHub 用户 ThanatosShinji 的测算，U-Net 总参数量约为 8.59 亿（859M）。该大模型大小在 GB 级别，常见有 2GB、4GB、7GB 模型。模型大小不代表模型质量，存放位置如图 3-31 所示。

› sd-webui-aki › sd-webui-aki-v4 › sd-webui-aki-v4 › models　　在 models 中搜索

名称	修改日期	类型	大小
ESRGAN	2023/5/25 20:11	文件夹	
GFPGAN	2023/5/25 20:11	文件夹	
hypernetworks	2022/12/20 21:18	文件夹	
karlo	2023/5/25 20:11	文件夹	
LDSR	2022/11/1 23:19	文件夹	
Lora	2023/7/11 20:09	文件夹	
LyCORIS	2023/6/20 15:20	文件夹	
RealESRGAN	2023/5/25 20:11	文件夹	
roop	2023/6/28 12:58	文件夹	
ScuNET	2023/5/25 20:11	文件夹	
Stable-diffusion	2023/7/3 16:53	文件夹	
SwinIR	2023/5/25 20:11	文件夹	
torch_deepdanbooru	2023/5/25 20:11	文件夹	
VAE	2023/5/25 20:18	文件夹	

图 3-31　Dreambooth 大模型存放位置

2. Embedding 模型

Embedding 模型（Textualinversion）的常见格式为 pt、png 图像、webp 图像，大小一般在 KB 级别，存放位置如图 3-32 所示，使用时参照图 3-33 中的步骤。

› sd-webui-aki › sd-webui-aki-v4 › sd-webui-aki-v4　　在 sd-webui-aki-v4 中搜索

名称	修改日期	类型	大小
.cache	2023/5/25 20:23	文件夹	
.git	2023/7/13 16:39	文件夹	
.github	2023/6/12 13:48	文件夹	
.launcher	2023/6/5 17:05	文件夹	
__pycache__	2023/6/29 14:28	文件夹	
config_states	2023/5/25 20:26	文件夹	
configs	2023/5/25 20:21	文件夹	
detected_maps	2023/4/7 22:34	文件夹	
embeddings	2023/6/20 15:24	文件夹	
extensions	2023/7/3 17:03	文件夹	
extensions-builtin	2023/6/29 14:28	文件夹	
git	2023/5/25 20:11	文件夹	
html	2023/6/29 14:28	文件夹	
interrogate	2023/5/25 20:11	文件夹	

图 3-32　Embedding 模型存放位置

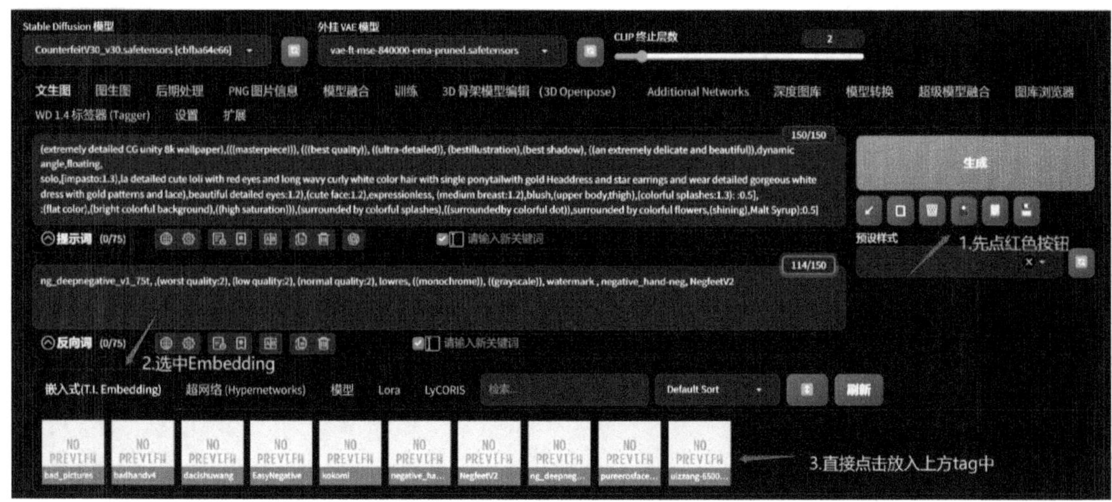

图 3-33　Embedding 模型使用方法

3. Hypernetwork 模型

Hypernetwork 模型常见格式为 pt，大小一般在几十兆到几百兆不等。由于这种模型可以自定义的参数非常之多，一些特殊效果的 Hypernetwork 模型可以达到 GB 级别，存放位置如图 3-34 所示。

› sd-webui-aki › sd-webui-aki-v4 › sd-webui-aki-v4 › models ›　　在 models 中搜索

名称	修改日期	类型	大小
adetailer	2023/5/25 20:25	文件夹	
BLIP	2023/4/15 17:52	文件夹	
Codeformer	2023/5/25 20:11	文件夹	
ControlNet	2023/4/15 12:52	文件夹	
deepbooru	2023/5/25 20:11	文件夹	
deepdanbooru	2023/2/24 17:07	文件夹	
ESRGAN	2023/5/25 20:11	文件夹	
GFPGAN	2023/5/25 20:11	文件夹	
hypernetworks	2022/12/20 21:18	文件夹	
karlo	2023/5/25 20:11	文件夹	
LDSR	2022/11/1 23:19	文件夹	
Lora	2023/7/11 20:09	文件夹	
LyCORIS	2023/6/20 15:20	文件夹	

图 3-34　Hypernetwork 模型存放位置

4. LoRA 模型

LoRA 模型全称为 Low-Rank Adaptation，Low-Rank 是重点，即本质上 LoRA 是通过训练比原来模型小很多的低秩矩阵来达到学习特定画风和人物的目的。然后推断（inference）过程中，将 LoRA 部分的权重与原权重相加，达到生成特定画风和人物的效果。LoRA 的一大特点在于易于训练，如果训练原模型的训练维度是 d×d 的矩阵 $\boldsymbol{W}$，那么 LoRA 则是训练一个（d,r）的矩阵 $\boldsymbol{A}$ 和（r,d）的矩阵 $\boldsymbol{B}$。因为 r 是远小于 d 的，所以训练 LoRA 参数量更少，文件的大小（128dim

的 LoRA 为 147MB）也比最小的 ckpt（1.99GB）小了 10 多倍。该模型常见格式为 pt、ckpt，大小一般在 8~144MB 不等，存放位置如图 3-35 所示。

sd-webui-aki › sd-webui-aki-v4 › sd-webui-aki-v4 › models　　在 models 中搜索

名称	修改日期	类型	大小
adetailer	2023/5/25 20:25	文件夹	
BLIP	2023/4/15 17:52	文件夹	
Codeformer	2023/5/25 20:11	文件夹	
ControlNet	2023/4/15 12:52	文件夹	
deepbooru	2023/5/25 20:11	文件夹	
deepdanbooru	2023/2/24 17:07	文件夹	
ESRGAN	2023/5/25 20:11	文件夹	
GFPGAN	2023/5/25 20:11	文件夹	
hypernetworks	2022/12/20 21:18	文件夹	
karlo	2023/5/25 20:11	文件夹	
LDSR	2022/11/1 23:19	文件夹	
Lora	2023/7/11 20:09	文件夹	
LyCORIS	2023/6/20 15:20	文件夹	
RealESRGAN	2023/5/25 20:11	文件夹	

图 3-35　LoRA 模型存放位置

LoRA 模型目前有两种使用方法，第一种使用方法是通过插件 Addtional Networks 方式使用，最多可以同时使用 5 个 LoRA 模型，如图 3-36 所示。

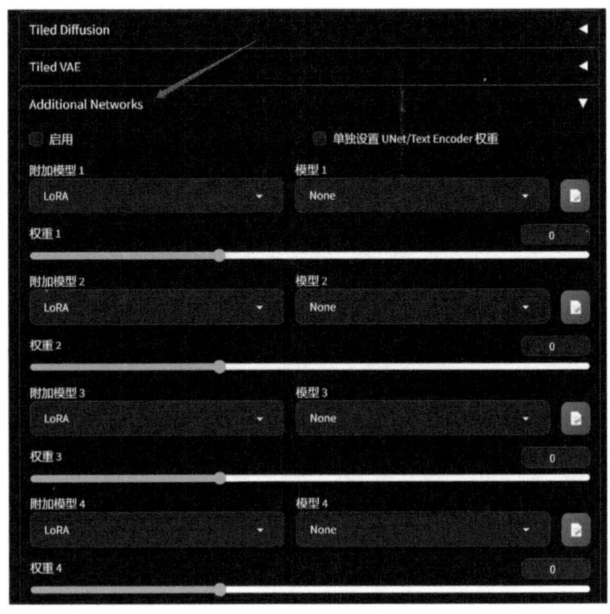

图 3-36　LoRA 模型使用方法（1）

另一种使用方法是在新版本中原生支持 LoRA。模型需要放在 models/LoRA 文件夹。使用方法如图 3-37 所示，单击一个模型以后会向提示词列表添加类似这么一个 tag，<LoRA:模型名:权重>也可以直接用这个 tag 调用 LoRA 模型。

图 3-37　LoRA 模型使用方法（2）

5. VAE 模型

VAE 模型常见格式为 pt，正常情况下，每个模型都是自带了一个 VAE 的。在一个大模型的内部，它本身是带有 VAE 权重的。而 Web UI 中可选择的称为“外挂 VAE 模型”。只有在大模型内的 VAE 出问题了、坏了，或者是创作者不满意的情况下，才需要使用外部手动选择的 VAE 权重。选择了外挂 VAE 模型后，大模型内本身带有的 VAE 则会完全失效。该模型存放位置如图 3-38 所示。

sd-webui-aki › sd-webui-aki-v4 › sd-webui-aki-v4 › models　　在 models 中搜索

名称	修改日期	类型	大小
GFPGAN	2023/5/25 20:11	文件夹	
hypernetworks	2022/12/20 21:18	文件夹	
karlo	2023/5/25 20:11	文件夹	
LDSR	2022/11/1 23:19	文件夹	
Lora	2023/7/11 20:09	文件夹	
LyCORIS	2023/6/20 15:20	文件夹	
RealESRGAN	2023/5/25 20:11	文件夹	
roop	2023/6/28 12:58	文件夹	
ScuNET	2023/5/25 20:11	文件夹	
Stable-diffusion	2023/7/3 16:53	文件夹	
SwinIR	2023/5/25 20:11	文件夹	
torch_deepdanbooru	2023/5/25 20:11	文件夹	
VAE	2023/5/25 20:18	文件夹	
VAE-approx	2023/5/25 20:11	文件夹	

图 3-38　VAE 模型存放位置

3.2.2　LoRA 模型训练

LoRA 模型是在原有的模型中嵌入新的数据层，不用对整个模型进行修改就能达到不错的效

果，所以从训练时间、模型大小和质量都相对较高，想快速实现风格化以及人物形象的固定，训练 LoRA 模型无疑是最优的选择，目前多数 LoRA 训练脚本基本都是基于 GitHub 社区中 bmaltais 所制作的 kohya_ss 项目，下面将介绍其最基本的训练流程。

1. 安装训练脚本

01 由于国内作者对该项目进行了汉化整合，在这里选择下载国内作者的版本。在 GitHub 社区中搜索 lora-scripts 进入对应的代码页，下滑可找到作者的安装说明，如图 3-39 所示。

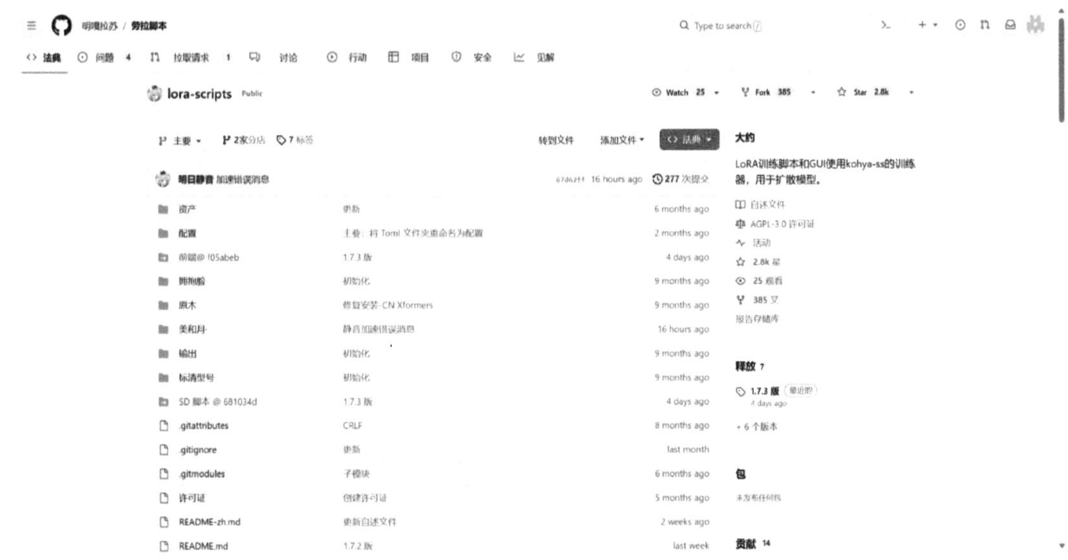

图 3-39　训练脚本项目页面

必需的依赖项在之前部署 Stable Diffusion 中已经安装过，不用重复安装，如图 3-40 所示。

README.md

用法

克隆带有子模块的存储库

```
git clone --recurse-submodules https://github.com/Akegarasu/lora-scripts
```

必需的依赖项

Python 3.10.8 和 Git

窗户

安装

运行将自动为您创建一个 venv 并安装必要的 deps。 install.ps1

火车

编辑，然后运行它。 train.ps1

Linux目录

安装

运行将创建一个 venv 并安装必要的 deps。 install.bash

火车

训练脚本不会为您激活 venv。您应该先激活 venv。 train.sh

```
source venv/bin/activate
```

编辑，然后运行它。 train.sh

图 3-40　安装说明页面

02 按〈Windows〉键，搜索 PowerShell，单击鼠标右键，在弹出的界面中选择“以管理员身份运行”选项，如图 3-41 所示。

图 3-41 运行 PowerShell

03 输入如下代码 Set-ExecutionPolicy Unrestricted，并填写 A，如图 3-42 所示。

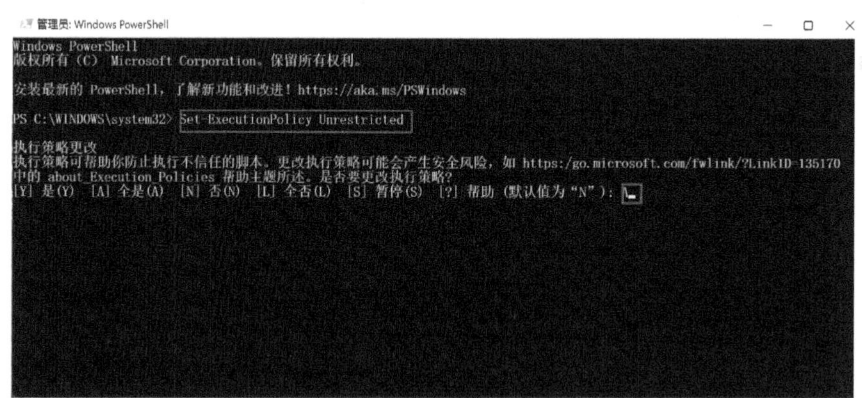

图 3-42 输入代码

04 在想安装的位置先创建一个 train 文件夹（不建议安装在 C 盘，最好放在其他盘中），并在文件夹内建立一个名为 kohya_ss 的文件夹，因为等下的脚本需要在 kohya_ss 文件夹位置下运行，当然也可以自己修改下面的名字，如图 3-43 所示。

图 3-43　创建文件夹

5）按照 02 的方法，用管理员身份再次打开 PowerShell，用 CD 切换所在盘以及目录，再输入 git clone --recurse-submodules https://github. com/Akegarasu/lora-scripts，如图 3-44 所示。

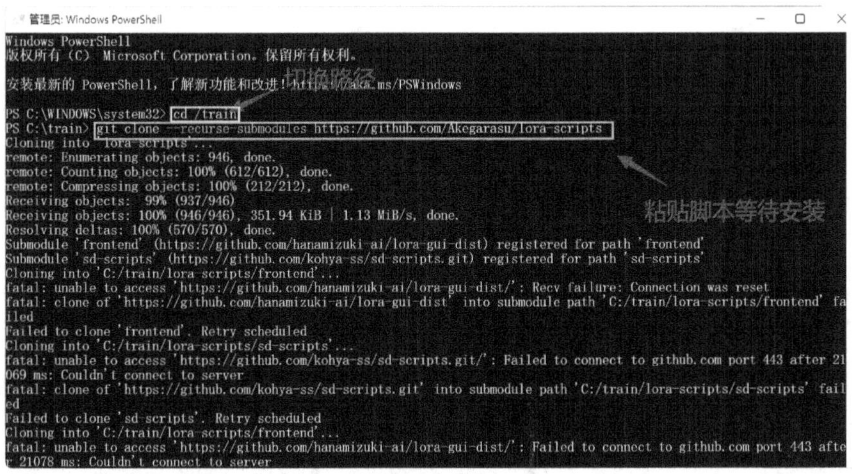

图 3-44　切换路径

6）安装完以后，通过右键单击使用 PowerShell 运行 lora-scripts 文件夹下的 install-cn. ps1 文件，如图 3-45 所示。

此电脑 › Windows (C:) › train › kohya_ss › lora-scripts　　在 lora-scripts 中搜索

名称	修改日期	类型
mikazuki	2023/10/3 19:37	文件夹
output	2023/10/3 19:37	文件夹
sd-models	2023/10/3 19:37	文件夹
sd-scripts	2023/10/3 19:38	文件夹
.gitattributes	2023/10/3 19:37	txtfile
.gitignore	2023/10/3 19:37	txtfile
.gitmodules	2023/10/3 19:37	txtfile
gui.py	2023/10/3 19:37	Python source file
install.bash	2023/10/3 19:37	BASH 文件
install.ps1	2023/10/3 19:37	Windows PowerShe...
install-cn.ps1	2023/10/3 19:37	Windows PowerShe...
interrogate.ps1	2023/10/3 19:37	Windows PowerShe...
LICENSE	2023/10/3 19:37	文件
README.md	2023/10/3 19:37	MD 文件

没有预览。

图 3-45　运行 install-cn. ps1

输入 y 并按〈Enter〉键等待安装所需要的环境依赖，如图 3-46 所示。

图 3-46　安装环境依赖

7）如果安装过程中没有任何问题，会出现安装完成提示，如图 3-47 所示。之后运行该脚本将自动在浏览器生成一个页面，如图 3-48 所示。

图 3-47　安装完成提示

图 3-48　训练脚本页面

2. 训练器主要参数

作者将 LoRA 训练的界面分为了两种模式，其中新手模式中只设置了最主要参数，包括学习率、优化器、批次大小、网络结构等，满足训练的最基本要求，界面如图 3-49 所示。

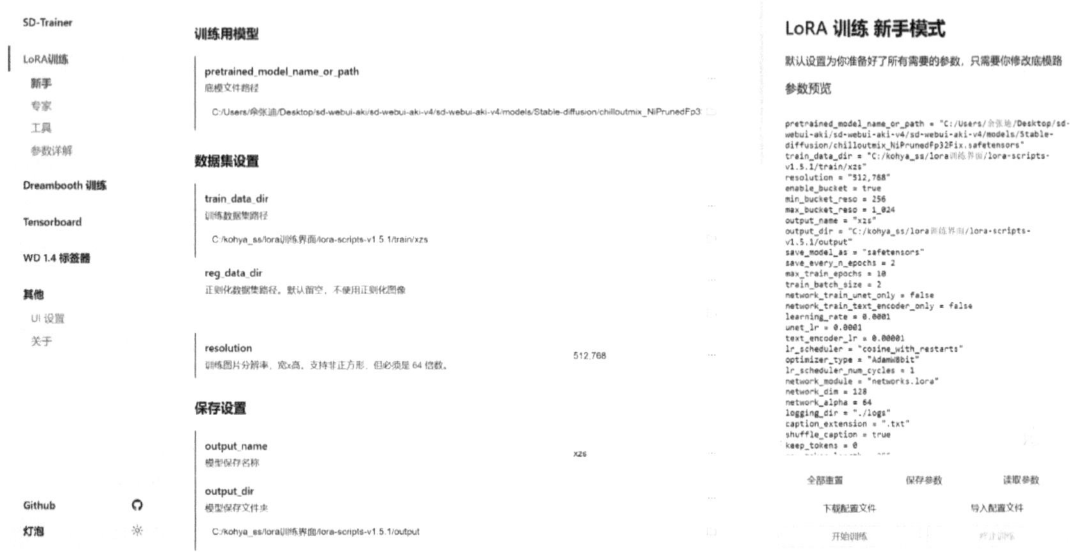

图 3-49　新手模式界面

专家模式则包含所有可调参数，可以更加细微地在训练过程中调整模型，界面如图 3-50 所示。

下面对一些参数的功能进行基础介绍。

图 3-50　专家模式界面

训练器脚本常用参数介绍如下。

1）在靠前的选项中可以选择训练种类，目前可以选择训练 sd 或者 sdxl 的模型，在 sdxl 推出过后，仍有许多人选择 sd1.5 版本，因为相对而言更加稳定，需要的计算机配置相对于 sdxl 也更低一点，而且 sdxl 不支持原有的底模和 Lora 模型，都需要重新训练，但由于 sdxl 的出图精度更高，未来仍是主流的选择。下方是选择所训练时的底模，尽量选择非融合模型，泛用性会更好，如图 3-51 所示。

图 3-51　选择底模文件路径

2）在训练神经网络时，学习率调整策略（lr_scheduler）中的学习率是一个非常重要的参数。它决定了创作者在优化过程中每一步更新模型参数的幅度。如果学习率太高，可能会错过最优解；如果学习率太小，训练过程可能会非常缓慢。因此，选择合适的学习率调整策略是至关重要的。在设置 U-Net 与文本编码器学习率后，总学习率就会失效，默认学习率为 1e-4，这种表述是一种科学计数法，相当于 0.0004，而文本编码器学习率通常为总学习率的一半或十分之一效果比较好，如图 3-52 所示。

learning_rate
总学习率，在分开设置 U-Net 与文本编码器学习率后这个值失效。
1e-4

unet_lr
U-Net 学习率
1e-4

text_encoder_lr
文本编码器学习率
1e-5

图 3-52　学习率调整

3）余弦重启（cosine_with_restarts）是一种常用的学习率调整策略。它的基本思想是在训练过程中逐渐降低学习率，就像一个余弦函数那样。在训练开始时，使用较高的学习率以快速接近最优解。随着训练的进行，通过逐渐降低学习率以避免错过最优解。如果开启预热，预热步数应该占总步数的 5%～10%，如图 3-53 所示。

4）批量大小（Batch Size）也是一个重要的参数。批量大小越大，每一步的梯度估计就越准确，因此可以使用更大的学习率来加速收敛。然而，批量大小越大，所需的显存也越大。因此，在选择批量大小时需要权衡速度和显存使用，如图 3-54 所示。

图 3-53　余弦重启选择

train_batch_size
批量大小
1

图 3-54　批量大小选择

5）优化器是用来更新模型参数的算法。AdamW、Lion 和 D-Adaptation 是 3 种常用的优化器。

- AdamW 是一种改进版的 Adam 优化器，它引入了权重衰减来防止过拟合。
- Lion 是 Google Brain 发表的新优化器，它在各方面都优于 AdamW，并且占用显存更小。
- DAdaptation 是 Facebook 发表的一种自适应学习率的优化器，它可以自动调整学习率，不用手动设置，如图 3-55 所示。

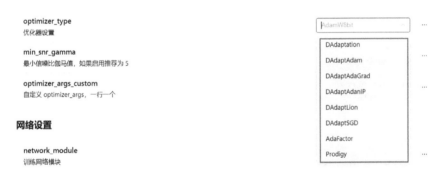

图 3-55　优化器选择

6）网络结构是决定模型性能的关键因素。LoRA、LoCon、LoHa 和 DyLoRA 是 4 种不同的网络结构，它们对应了不同的矩阵低秩分解方法。这些方法都试图通过降低模型复杂度来提高性能，如图 3-56 所示。

图 3-56　网络结构选择

7）网络维度和网络 Alpha 是两个重要的参数。网络维度和 Alpha 应该根据实际的训练集图像数量和使用的网络结构决定。网络 Alpha 在训练期间缩放网络的权重，Alpha 越小学习越慢，如图 3-57 所示。

network_dim
网络维度，常用 4~128，不是越大越好 — 32 + ···

network_alpha
常用与 network_dim 相同的值或者采用较小的值，如 network_dim 的一半 防止下溢。使用较小的 alpha 需要提升学习率。 — 32 + ···

图 3-57　网络维度和 Alpha 选择

8）Caption Dropout 是一种用于防止过拟合的技术。在训练神经网络时，通常会使用大量的标签（caption）来指导模型的学习。然而，如果模型过度依赖这些标签，可能会导致过拟合，即模型在训练数据上表现良好，但在未见过的数据上表现较差。为了防止这种情况，可以使用 Caption Dropout 技术。具体来说，Caption Dropou 包括两个参数：caption_dropout_rate 和 caption_tag_dropout_rate。caption_dropout_rate 控制丢弃全部标签的概率，即对一个图像概率不使用 caption 或 class token。caption_tag_dropout_rate 则是按逗号分隔的标签来随机丢弃 tag 的概率，如图 3-58 所示。

caption_dropout_rate
丢弃全部标签的概率，对一个图片概率不使用 caption 或 class token — + ···

caption_dropout_every_n_epochs
每 N 个 epoch 丢弃全部标签 — + ···

caption_tag_dropout_rate
按逗号分隔的标签来随机丢弃 tag 的概率 — + ···

图 3-58　Caption Dropout 选择

9）噪声偏移（Noise Offset）是一种用于改善模型生成效果的技术。在生成图像时，通常会向模型输入一些随机噪声，以增加生成图像的多样性。然而，如果噪声太大或太小，可能会影响生成图像的质量。为了解决这个问题，创作者可以使用噪声偏移技术。具体来说，噪声偏移就是在训练过程中加入全局的噪声，改善图像的亮度变化范围（能生成更黑或者更白的图像）。如果需要开启，推荐设置值为 0.1，如图 3-59 所示。

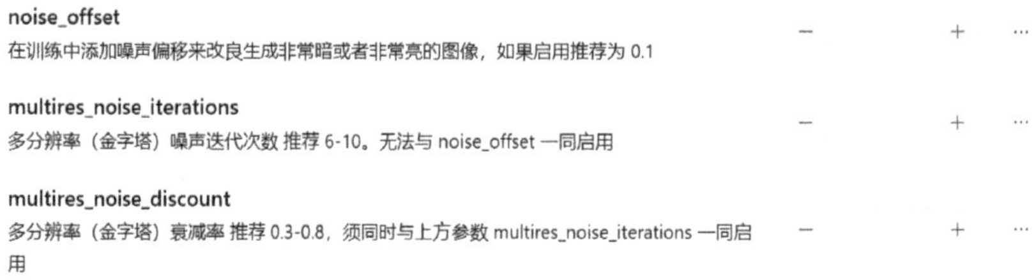

noise_offset
在训练中添加噪声偏移来改良生成非常暗或者非常亮的图像，如果启用推荐为 0.1 — + ···

multires_noise_iterations
多分辨率（金字塔）噪声迭代次数 推荐 6-10。无法与 noise_offset 一同启用 — + ···

multires_noise_discount
多分辨率（金字塔）衰减率 推荐 0.3-0.8，须同时与上方参数 multires_noise_iterations 一同启用 — + ···

图 3-59　噪声偏移选择

3. 数据集选择与处理

数据集也就是进行 AI 模型训练的素材，通常为 png 或 jpg 图像，素材集的好坏往往决定了最终模型的好坏，数据集的质量、多样性和数量都是非常重要的因素。

高质量的数据集（例如，人物细节丰富、超高分辨率）优于低质量的数据集（例如，细节不足、模糊，包括细节较少的人物建模），因为高质量的数据集可以提供更多的信息，有助于模型更好地学习和理解任务。此外，具有多角度、表情和体位的训练集优于只有正面和少量侧面的训练集，而这又优于只有正面的训练集。这是因为多角度和表情的数据可以提供更丰富的信息，有助于模型更好地理解和生成人物。同一张原图分别裁剪成远中近优于纯自动处理原图。这是因为不同的裁剪方式可以提供不同的视角和细节，有助于模型更好地理解和生成人物。

对于服装和角色，不同服装同角色的训练集放到不同概念（concept）里优于不同服装同角色的训练集放到一个 concept 里。这是因为不同的服装可能会影响模型对角色的理解，将它们放在不同的 concept 中可以帮助模型更好地区分它们。

在图像数量方面，图像数量多的训练集，可以按照需要适度提高 repeat。这是因为更多的图像可以提供更多的信息，有助于模型更好地学习和理解任务。

当训练集素材过少时，可以抽取出一小部分质量最好的图，对图进行切分来扩充细节。下面以某游戏中的角色为例进行详解，具体操作步骤如下。

01 完整图像（这里是对 3D 模型的截图），如图 3-60 所示。

图 3-60　完整图像展示

由于在模型中并没有较为复杂的背景，如果想排除对人物的干扰以及获得更好的泛用性，需要自行对图像进行抠图处理，并将背景转化为白色背景或其他，方便在之后通过 tag 去除背

景。之后由于是在3D软件之中，创作者可以通过旋转、放大以及缩小来获得该角色的各个细节，截取的比例最好统一。

02 背面以及侧面图如图3-61所示。

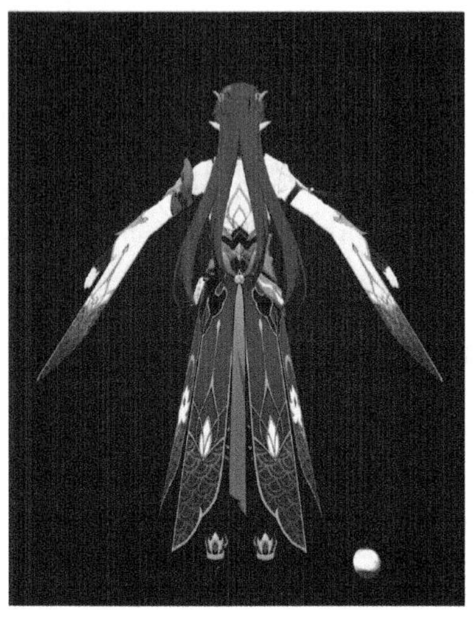
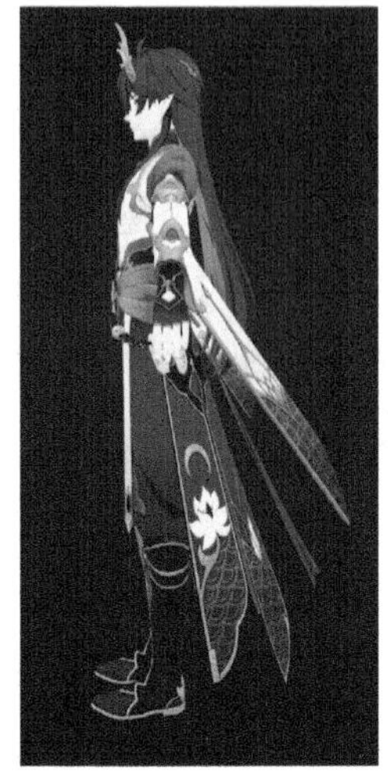

图3-61　背面以及侧面图展示

03 正面和反面特写如图3-62所示。

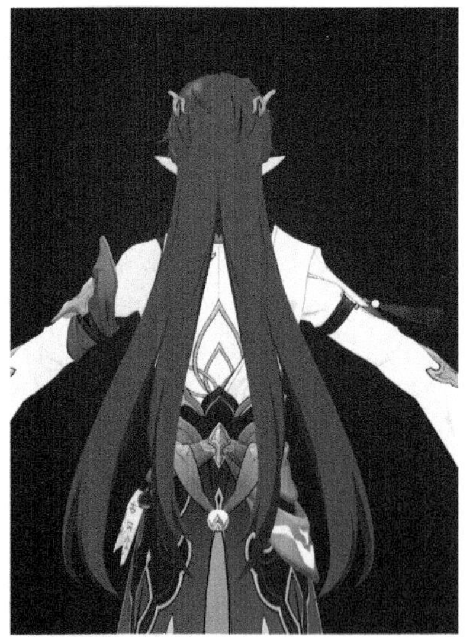

图3-62　正反面特写展示

像这样图像之间存在明显关系，一般训练出来的模型是不会有崩坏图的情况发生，其他的图像，主要是追求更多的角度，比如从背后、俯视特写、侧身等，除了视角以外，就是不同动作与表情的补全。

04 tag打标处理。打标可全标或部分标注，全是将所有的标签都用于训练。这种方法的

主要优点在于模型可以学习到更多的信息，有助于提高模型的拟合度，但可能会导致画风污染以及增加训练时长。部分标注的优点是可以提高模型的泛化性，但由于缺少部分标签，在训练过程中，损失函数可能无法真实地反馈模型的拟合程度。所以在训练过程中很可能会出现损失值在较高位振动的情况。因此，在使用这种训练方法时，不看损失率，只看试渲染图。

自定义剔除部分特征是一种灵活且高效的处理标签的方法。它可以根据具体需求删除不必要或不相关的标签，并设置触发词以提高模型调用效率。可以将人物的特征删掉的部分，如 pointy ears，hair_between_eyes，blue eyes 等。如果想把人物和某些特征绑定绑定，那就把相关特征 tag 也删掉，如 horns，multicolored hair 等，如图 3-63 所示。

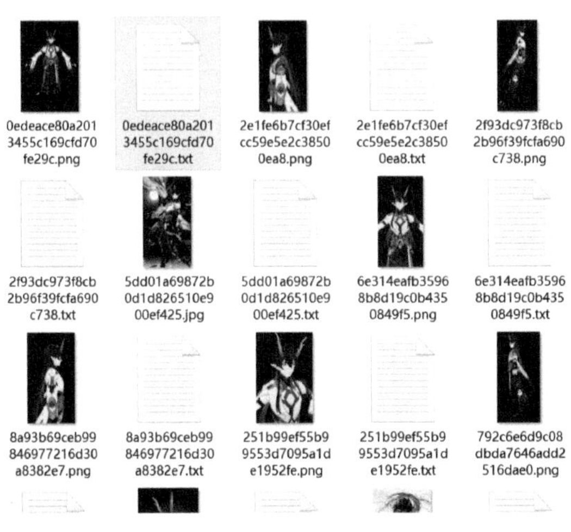

1boy, pointy ears, male focus, horns, solo, multicolored hair, black hair, gloves, fingerless gloves, full body, earrings, blue eyes, jewelry, looking at viewer, long hair, detached sleeves, black gloves, simple background, gradient hair, standing, black background

图 3-63　标签选择

必须保留的部分比如人物动作（stand、sit、lying、holding），人物表情（smile、close eyes 之类），背景（simple_background、black_background），视角类型（full_body、upper_body、close_up 之类）等，总而言之就是如果是训练文本出现的 tag，那么在进行 Lora 模型的使用时就可以对其进行更换，反之没有打上的 tag 就会固化在模型里不可进行更换。

4. 开始训练

01 打开训练器，选择好训练的类型、底模及 vae，这里训练的模型是 LoRA 就选择 LoRA，动漫底模通常选择 anything-v5，而真人类的一般选择 chilloutmix NiPrunedF，这两个底模训练出来的模型泛用性通常比较好，如图 3-64 所示。

02 打开训练器脚本文件目录，找到 train 文件夹，在里面新建一个文件夹，名字可根据模型名字来取。在新建的文件夹中再建立一个文件夹，文字的名字需要按照“数字_名字”的格式，然后将刚刚准备好的素材以及对应 tag 全部放入其中，如图 3-65 所示。

03 训练数据集路径需要选择刚刚存放素材的上级目录，也就是刚刚设置的“数字_名字”的上一层文件夹，resolution 通常为 64 的倍数，通常为 512×512 或 512×768，其他参数暂时保持默认，如图 3-66 所示。

model_train_type
训练种类
sd-lora

pretrained_model_name_or_path
底模文件路径
C:/Users/…/Desktop/sd-webui-aki/sd-webui-aki-v4/sd-webui-aki-v4/models/Stable-diffusion/anything-v5-PrtRE.safete

vae
(可选) VAE 模型文件路径，使用外置 VAE 文件覆盖模型内本身的
C:/User…/Desktop/sd-webui-aki/sd-webui-aki-v4/sd-webui-aki-v4/models/VAE/anything-v4.0.vae.pt

v2
底模为 sd2.0 以后的版本需要启用

图 3-64　选择底模和 VAE 路径

« Windows (C:) › kohya_ss › lora训练界面 › lora-scripts-v1.5.1　　在 lora-sc

名称	修改日期	类型
frontend	2023/8/4 18:28	文件夹
git	2023/8/4 18:28	文件夹
huggingface	2023/8/4 18:28	文件夹
logs	2023/10/8 15:45	文件夹
mikazuki	2023/10/4 17:04	文件夹
output	2023/10/5 15:19	文件夹
python	2023/8/15 18:02	文件夹
sd-models	2023/10/4 17:04	文件夹
sd-scripts	2023/10/4 17:04	文件夹
toml	2023/10/4 17:04	文件夹
train	2023/10/8 15:36	文件夹
venv	2023/10/4 14:02	文件夹
.gitattributes	2023/10/4 17:04	txtfile
.gitignore	2023/10/4 17:04	txtfile

« kohya_ss › lora训练界面 › lora-scripts-v1.5.1 › train ›　　在 train 中搜

名称	修改日期	类型
qinglong	2023/10/9 15:53	文件夹

« kohya_ss › lora训练界面 › lora-scripts-v1.5.1 › train › qinglong ›　　在 qinglong 中

名称	修改日期	类型
20_qinglong	2023/10/8 15:37	文件夹

图 3-65　创建文件夹格式

数据集设置

train_data_dir
训练数据集路径
C:/kohya_ss/lora训练界面/lora-scripts-v1.5.1/train/qinglong

reg_data_dir
正则化数据集路径。默认留空，不使用正则化图像

prior_loss_weight
正则化 - 先验损失权重
1

resolution
训练图片分辨率，宽x高。支持非正方形，但必须是 64 倍数。
512,768

enable_bucket
启用 arb 桶以允许非固定宽高比的图片

min_bucket_reso
arb 桶最小分辨率
256

max_bucket_reso
arb 桶最大分辨率
1024

bucket_reso_steps
arb 桶分辨率划分单位，SDXL 可以使用 32
64

图 3-66　数据集设置

04 给模型取个名字，并设置好模型保存的文件夹，其他参数可保持不变，如图 3-67 所示。

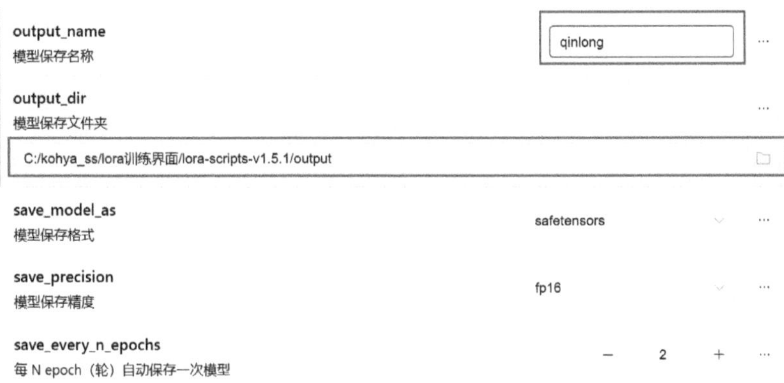

图 3-67　保存设置

05 max_train_epochs 除以 save_every_n_epochs 就是最终获得的模型数量，保存的模型数量越多，得到好模型的概率就会越大，但也不是越多越好，这样会增加训练的时长以及容易导致过拟合。train_batch_size 的设置根据显存来决定，batch size 越大梯度越稳定，也可以使用更大的学习率来加速收敛，但是占用显存也更大。一般而言，两倍的 batch_size 可以使用两倍的 UNet 学习率，但是 TE 学习率不能提高太多，如图 3-68 所示。

图 3-68　模型数量设置

06 学习率默认为 1e-4，文本编码器学习率通常为 U-Net 学习率的一半或十分之一，当启用 U-Net 学习率之后 learning_rate 将会失效，当发现模型欠拟合时可以提高学习率，而过拟合时则需要降低学习率，如图 3-69 所示。

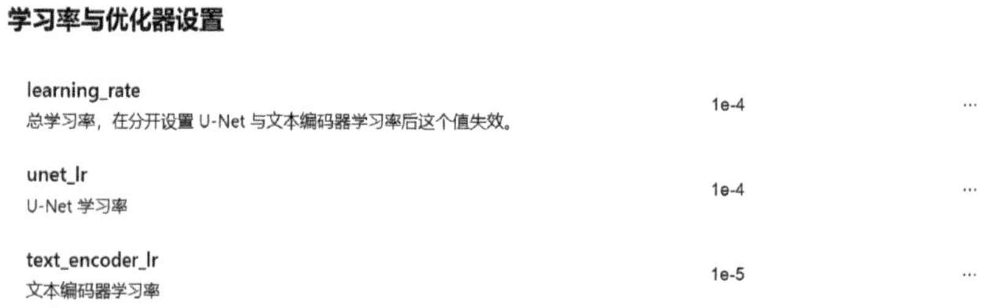

学习率与优化器设置

learning_rate
总学习率，在分开设置 U-Net 与文本编码器学习率后这个值失效。
1e-4

unet_lr
U-Net 学习率
1e-4

text_encoder_lr
文本编码器学习率
1e-5

图 3-69　学习率设置

07 动漫的网络维度常设置在 32，人物设置在 32～128 实物，而风景通常大于等于 128，如图 3-70 所示。

network_dim
网络维度，常用 4～128，不是越大越好
32

network_alpha
常用与 network_dim 相同的值或者采用较小的值，如 network_dim 的一半 防止下溢。使用较小的 alpha 需要提升学习率。
32

图 3-70　网络维度设置

其他参数大多都是对模型细微的调整，到这一步便可以直接单击开始训练，等待模型训练完成。

5. 验证模型

01 当模型全部训练完成之后，将会在开始设置的输出目录中找到模型文件，创作者需要将它们剪切到 Stable Diffusion 的 LoRA 模型文件之中，如图 3-71 所示。

02 当模型放置好之后，下一步打开 Stable Diffusion，来到下方的脚本，选择 X/Y/Z 图

表，如图 3-72 所示。

« sd-webui-aki-v4 › sd-webui-aki-v4 › models › Lora › qinlong
在 qinlong 中
名称
修改日期
类型
qinlong_20230724171923-000011.safetens... 2023/7/24 17:39 SAFETENSORS 文件
qinlong_20230724171923-000012.safetens... 2023/7/24 17:41 SAFETENSORS 文件
qinlong_20230724171923-000013.safetens... 2023/7/24 17:43 SAFETENSORS 文件
qinlong_20230724171923-000014.safetens... 2023/7/24 17:44 SAFETENSORS 文件
qinlong_20230724171923-000015.safetens... 2023/7/24 17:46 SAFETENSORS 文件
qinlong_20230724171923-000016.safetens... 2023/7/24 17:48 SAFETENSORS 文件
qinlong_20230724171923-000017.safetens... 2023/7/24 17:49 SAFETENSORS 文件
qinlong_20230724171923-000018.safetens... 2023/7/24 17:51 SAFETENSORS 文件
qinlong_20230724171923-000019.safetens... 2023/7/24 17:53 SAFETENSORS 文件
qinlong_20230724171923-000020.safetens... 2023/7/24 17:55 SAFETENSORS 文件
« sd-webui-aki › sd-webui-aki-v4 › sd-webui-aki-v4 › models
在 model
名称
修改日期
类型
adetailer 2023/5/25 20:25 文件夹
BLIP 2023/4/15 17:52 文件夹
Codeformer 2023/5/25 20:11 文件夹
ControlNet 2023/4/15 12:52 文件夹
deepbooru 2023/5/25 20:11 文件夹
deepdanbooru 2023/2/24 17:07 文件夹
ESRGAN 2023/7/27 9:20 文件夹
GFPGAN 2023/5/25 20:11 文件夹
hypernetworks 2022/12/20 21:18 文件夹
karlo 2023/5/25 20:11 文件夹
LDSR 2022/11/1 23:19 文件夹
Lora 2023/9/25 19:32 文件夹
LyCORIS 2023/8/23 22:10 文件夹
RealESRGAN 2023/5/25 20:11 文件夹

图 3-71　更改模型位置

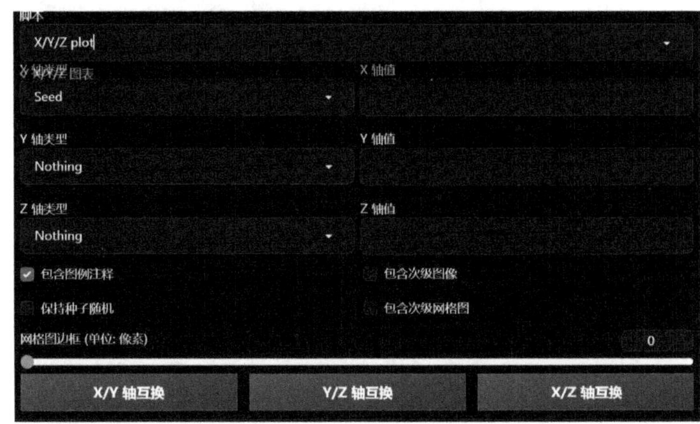

图 3-72　X/Y/Z 脚本

03 在界面上方可以选择输入刚刚训练文本中的提示词，再随便选择刚刚做好的 LoRA 模型，将其中的数字改成 NUM，再将后面的强度改成 STRENGTH，如图 3-73 所示。

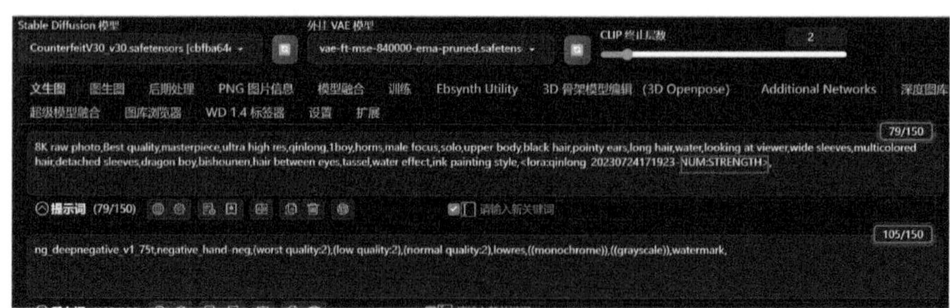

图 3-73　提示词替换

04 再次来到界面下方的脚本区域，将 X 轴和 Y 轴类型都改为 Prompt S/R。在 X 轴值框中首先在刚刚更改的 NUM 后面加上英文逗号，然后再填入模型的数字。在 Y 轴值框中同样先填入更改的 STRENGTH 再填入强度，因为 0.6 以下 LoRA 的效果不太明显，为了节省时间改为了从 0.6 开始。注意在这之间所有逗号都要为英文逗号，中文逗号将会报错，如图 3-74 所示。

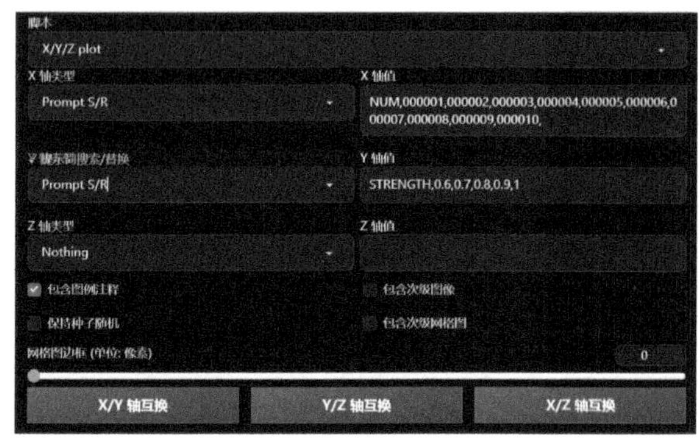

图 3-74　脚本设置

05 等待生成完成之后便可以得到一张这样的对比图表，分别展示了每个模型在不同强度的变化，便可以通过图标找到最优模型后进行保存，这样便完成了 LoRA 模型训练的全部步骤，如图 3-75 所示。

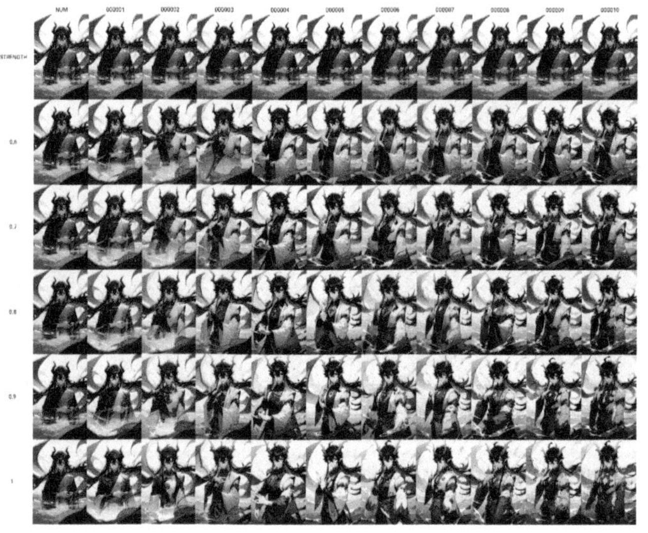

图 3-75　XY 轴对比图表

第4章 插件和风格化让作品不再单调

本章通过介绍多种 Midjourney 描述风格的实操演示和 Stable Diffusion 常用插件的使用方法，带读者认识到 Midjourney 对想象力的拓展效果，以及 Stable Diffusion 对不同风格的控制程度，学会后可以让自己的 AI 绘画作品充满想象力。

4.1 Midjourney 风格化

Midjourney 可以做出很多具有极强风格化的作品，下面为读者介绍常用的酷炫效果、材质风格、绘画风格、建筑风格、景别和镜头效果的描述语案例，帮助 AI 设计从业者拓展生成图像的想象力，辅助设计师的艺术创作。

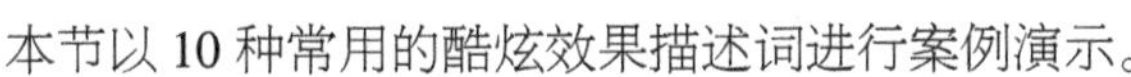

4.1.1 10 种酷炫效果图像实操演示

本节以 10 种常用的酷炫效果描述词进行案例演示。

1. 全息图效果

全息图效果的具体指令和效果图如下。

1）在描述词中使用 hologram 指令，以汽车为例，如图 4-1 所示。

2）生成效果图如图 4-2 所示。

图 4-1 使用 hologram 指令

图 4-2 全息图效果图

2. 镀铬效果

镀铬效果的具体指令和效果图如下。

1）在描述词中使用 made of chorme 指令，以汽车为例，如图 4-3 所示。

2）生成效果图如图 4-4 所示。

图 4-3　使用 made of chorme 指令

图 4-4　镀铬效果图

3. X 光透视效果

X 光透视效果的具体指令和效果图如下。

1）在描述词中使用 X-ray 指令，以汽车为例，如图 4-5 所示。

2）生成效果图如图 4-6 所示。

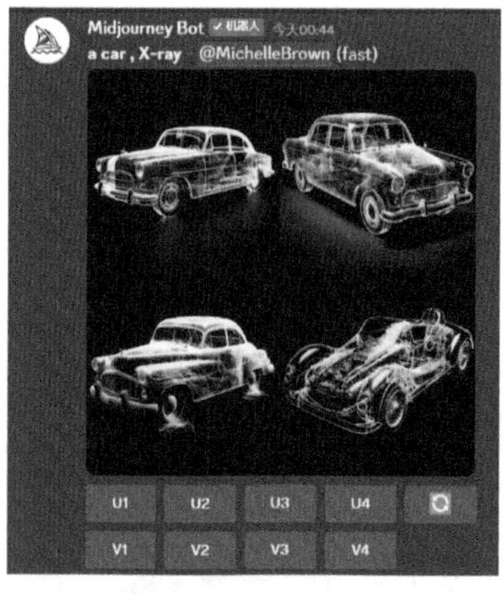

图 4-5　使用 X-ray 指令

图 4-6　X 光透视效果图

4. 生物发光效果

生物发光效果的具体指令和效果图如下。

1）在描述词中使用 bioluminescent 指令，以汽车为例，如图 4-7 所示。

2）生成效果图如图 4-8 所示。

图 4-7　使用 bioluminescent 指令

图 4-8　生物发光效果图

5. 机械效果

机械效果的具体指令和效果图如下。

1）在描述词中使用 mechanic 指令，以汽车为例，如图 4-9 所示。

2）生成效果图如图 4-10 所示。

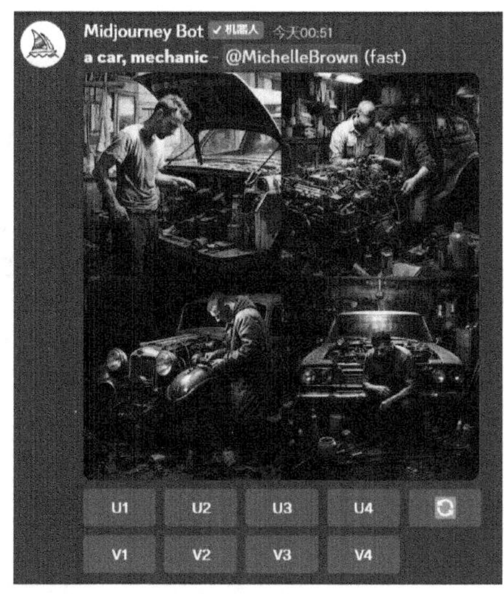

图 4-9　使用 mechanic 指令

图 4-10　机械效果图

6. 赛博朋克效果

赛博朋克效果的具体指令和效果图如下。

1）在描述词中使用 cyberpunk 指令，以汽车为例，如图 4-11 所示。

2）生成效果图如图 4-12 所示。

图 4-11　使用 cyberpunk 指令

图 4-12　赛博朋克效果图

7. 机甲效果

机甲效果的具体指令和效果图如下。

1）在描述词中使用 Gundam mecha 指令，以汽车为例，如图 4-13 所示。

2）生成效果图如图 4-14 所示。

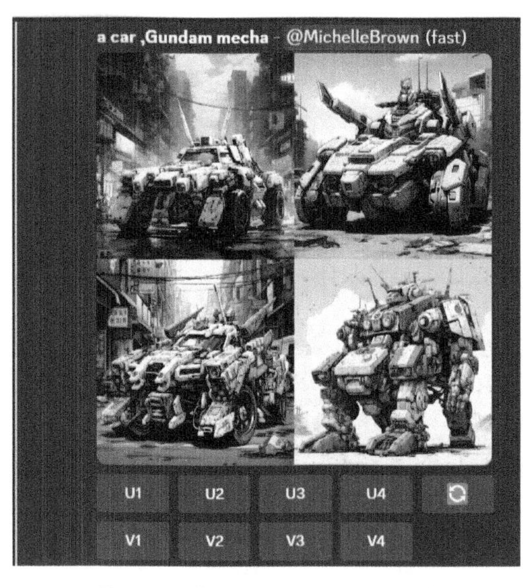

图 4-13　使用 Gundam mecha 指令

图 4-14　机甲效果图

8. 元宇宙效果

元宇宙效果的具体指令和效果图如下。

1）在描述词中使用 metaverse 指令，以汽车为例，如图 4-15 所示。

2）生成效果图如图 4-16 所示。

图 4-15　使用 metaverse 指令

图 4-16　元宇宙效果图

9. 蒸汽效果

蒸汽效果的具体指令和效果图如下。

1）在描述词中使用 steam 指令，以汽车为例，如图 4-17 所示。

2）生成效果图如图 4-18 所示。

图 4-17　使用 steam 指令

图 4-18　蒸汽效果图

10. 霓虹效果

霓虹效果的具体指令和效果图如下。

1）在描述词中使用 Neon spotlights 指令，以汽车为例，如图 4-19 所示。

2）生成效果图如图 4-20 所示。

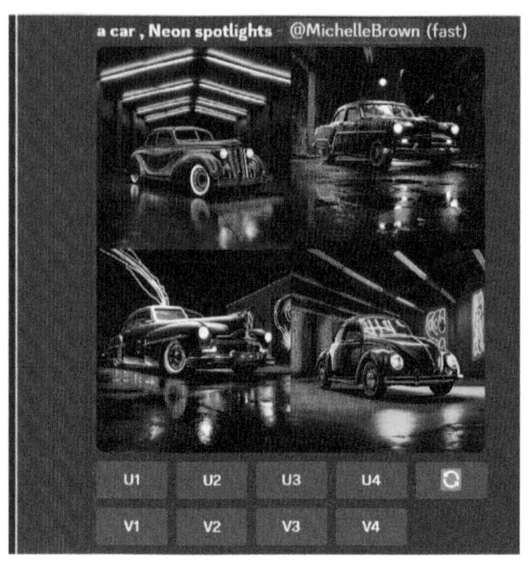

图 4-19　使用 Neon spotlights 指令

图 4-20　霓虹效果图

4.1.2　10 种材质效果图像实操演示

本节以 10 种常用的材质效果描述词进行案例演示。

1. 皮革效果

皮革效果的具体指令和效果图如下。

1）在描述词中使用 leather 指令，以外套为例，如图 4-21 所示。

2）生成效果图如图 4-22 所示。

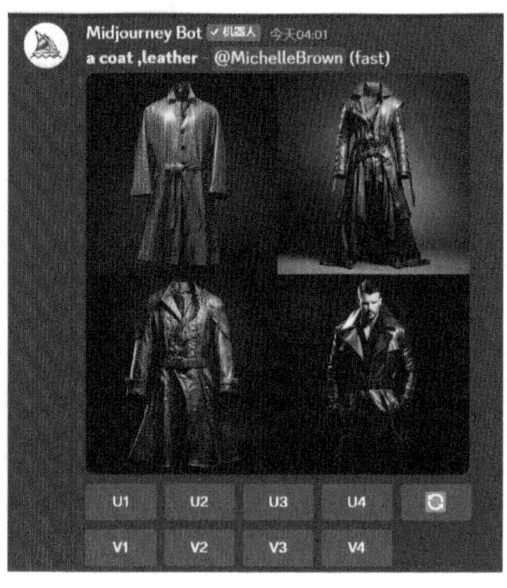

图 4-21　使用 leather 指令

图 4-22　皮革效果图

2. 陶瓷效果

陶瓷效果的具体指令和效果图如下。

1）在描述词中使用 ceramics 指令，以瓶子为例，如图 4-23 所示。

2）生成效果图如图 4-24 所示。

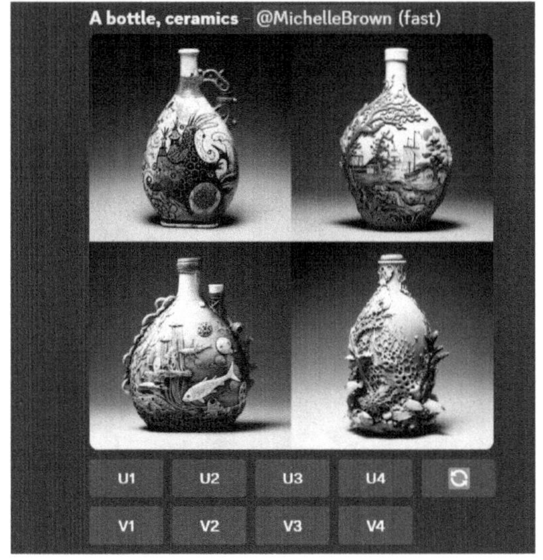

图 4-23　使用 ceramics 指令

图 4-24　陶瓷效果图

3. 混凝土效果

混凝土效果的具体指令和效果图如下。

1）在描述词中使用 concrete 指令，以肖像为例，如图 4-25 所示。

2）生成效果图如图 4-26 所示。

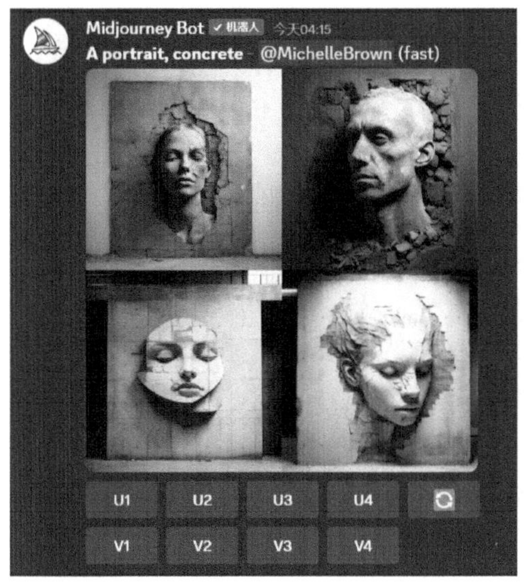

图 4-25　使用 concrete 指令

图 4-26　混凝土效果图

4. 煤炭效果

煤炭效果的具体指令和效果图如下。

1）在描述词中使用 coal 指令，以杯子为例，如图 4-27 所示。

2）生成效果图如图 4-28 所示。

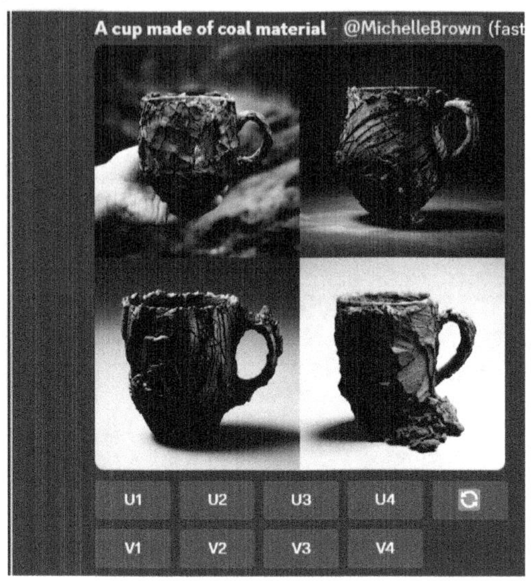

图 4-27　使用 coal 指令

图 4-28　煤炭效果图

5. 棉线效果

棉线效果的具体指令和效果图如下。

1）在描述词中使用 Cotton thread 指令，以外套为例，如图 4-29 所示。

2）生成效果图如图 4-30 所示。

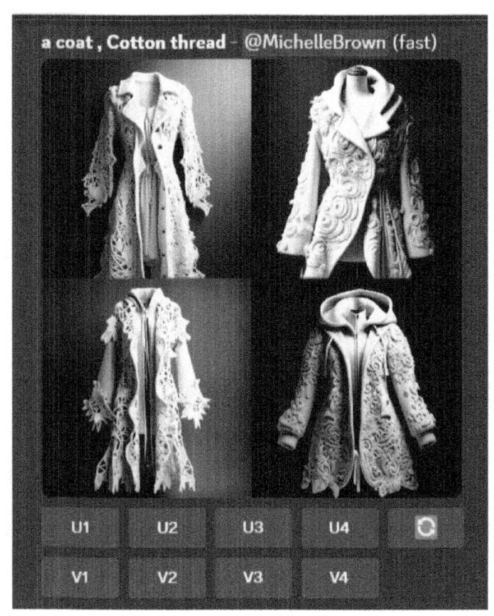

图 4-29　使用 Cotton thread 指令

图 4-30　棉线效果图

6. 金属效果

金属效果的具体指令和效果图如下。

1）在描述词中使用 metal 指令，以杯子为例，如图 4-31 所示。

2）生成效果图如图 4-32 所示。

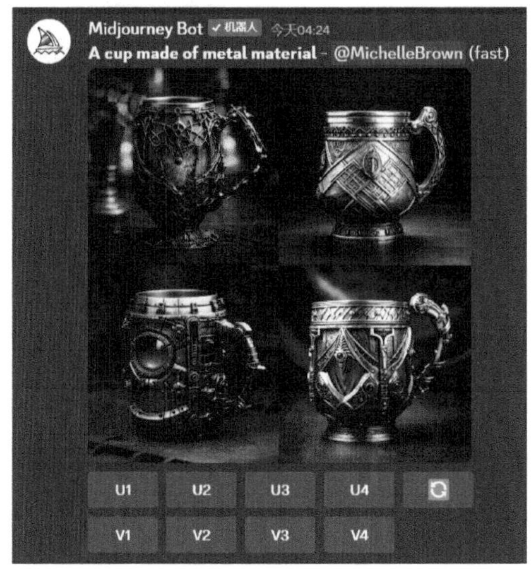

图 4-31　使用 metal 指令

图 4-32　金属效果图

7. 钻石效果

钻石效果的具体指令和效果图如下。

1）在描述词中使用 diamond 指令，以杯子为例，如图 4-33 所示。

2）生成效果图如图 4-34 所示。

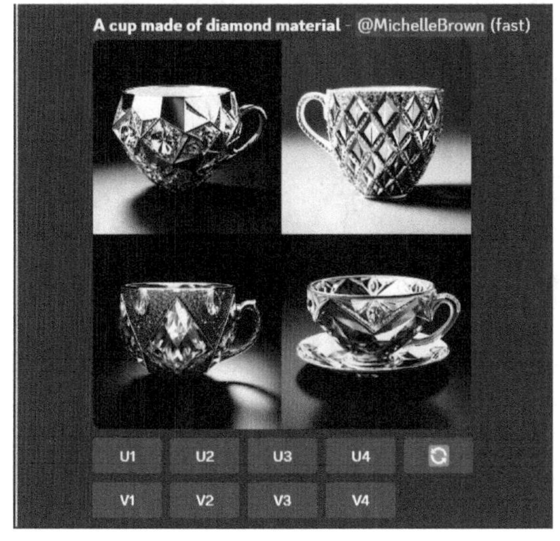

图 4-33　使用 diamond 指令

图 4-34　钻石效果图

8. 塑料效果

塑料效果的具体指令和效果图如下。

1）在描述词中使用 plastic 指令，以瓶子为例，如图 4-35 所示。

2）生成效果图如图 4-36 所示。

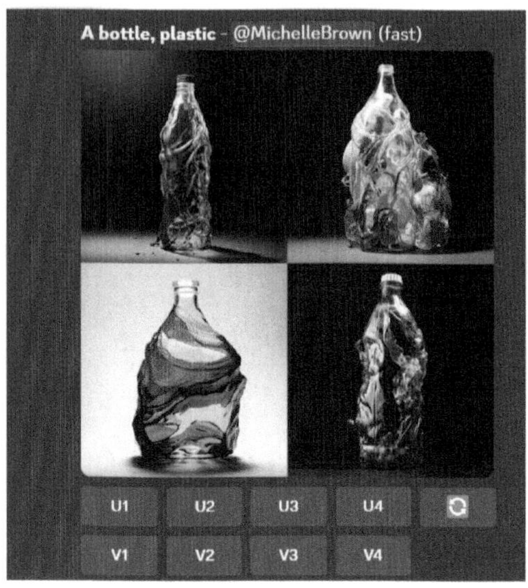

图 4-35　使用 plastic 指令

图 4-36　塑料效果图

9. 丝绸效果

丝绸效果的具体指令和效果图如下。

1）在描述词中使用 silk 指令，以裙子为例，如图 4-37 所示。

2）生成效果图如图 4-38 所示。

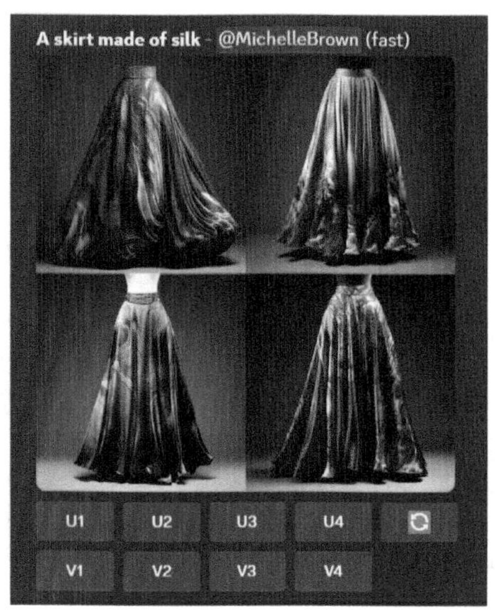

图 4-37　使用 silk 指令

图 4-38　丝绸效果图

10. 报纸效果

报纸效果的具体指令和效果图如下。

1）在描述词中使用 newspaper 指令，以裙子为例，如图 4-39 所示。

2）生成效果图如图 4-40 所示。

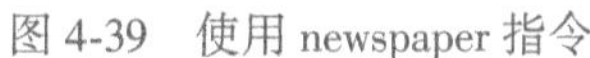

图 4-39　使用 newspaper 指令

图 4-40　报纸效果图

4.1.3　10 种绘画效果图像实操演示

本节以 10 种常用的绘画效果描述词进行案例演示。

注意：生成绘画风格的图像时，把模型调整为 Niji 模式效果会更好。

1. 水墨画效果

水墨画效果的具体指令和效果图如下。

1）在描述词中使用 Ink wash painting 指令，以猫咪为例，如图 4-41 所示。

2）生成效果图如图 4-42 所示。

图 4-41　使用 Ink wash painting 指令

图 4-42　水墨画效果图

2. 草图效果

草图效果的具体指令和效果图如下。

1）在描述词中使用 Sketching 指令，以猫咪为例，如图 4-43 所示。

2）生成效果图如图 4-44 所示。

图 4-43　使用 Sketching 指令

图 4-44　草图效果图

3. 油画效果

油画效果的具体指令和效果图如下。

1）在描述词中使用 oil painting 指令，以猫咪为例，如图 4-45 所示。

2）生成效果图如图 4-46 所示。

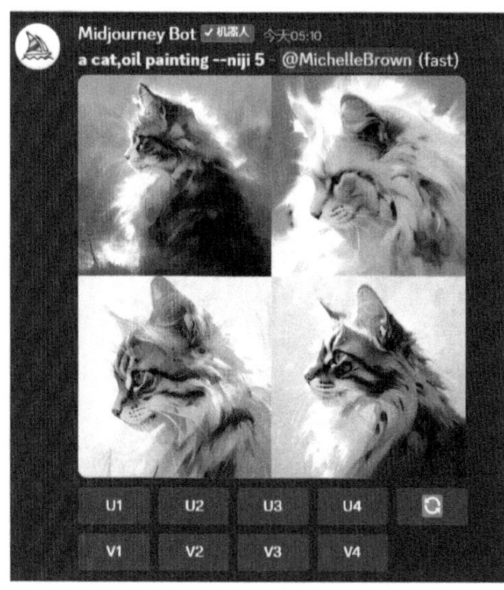

图 4-45　使用 oil painting 指令

图 4-46　油画效果图

4. 卡通漫画效果

卡通漫画效果的具体指令和效果图如下。

1）在描述词中使用 cartoon 指令，以猫咪为例，如图 4-47 所示。

2）生成效果图如图 4-48 所示。

图 4-47　使用 cartoon 指令

图 4-48　卡通漫画效果图

5. 超现实主义效果

超现实主义效果的具体指令和效果图如下。

1）在描述词中使用 Surrealism 指令，以猫咪为例，如图 4-49 所示。

2）生成效果图如图 4-50 所示。

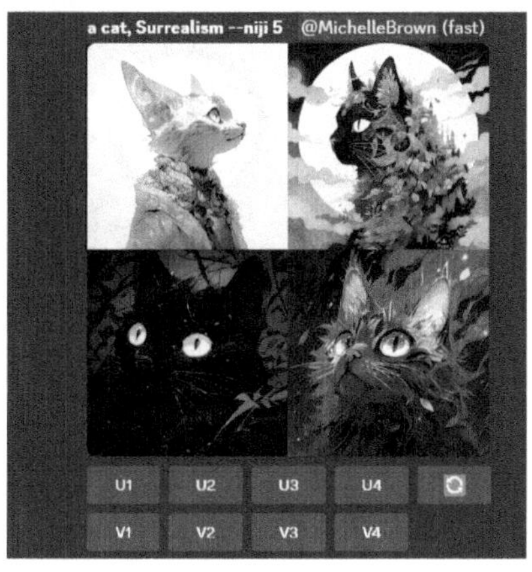

图 4-49　使用 Surrealism 指令

图 4-50　超现实主义效果图

6. 扁平效果

扁平效果的具体指令和效果图如下。

1）在描述词中使用 Flat Style 指令，以猫咪为例，如图 4-51 所示。

2）生成效果图如图 4-52 所示。

图 4-51　使用 Flat Style 指令

图 4-52　扁平效果图

7. 古典效果

古典效果的具体指令和效果图如下。

1）在描述词中使用 classical 指令，以猫咪为例，如图 4-53 所示。

2）生成效果图如图 4-54 所示。

图 4-53　使用 classical 指令

图 4-54　古典效果图

8. 像素效果

像素效果的具体指令和效果图如下。

1）在描述词中使用 Pixel Style 指令，以猫咪为例，如图 4-55 所示。

2）生成效果图如图 4-56 所示。

9. 写实效果

写实效果的具体指令和效果图如下。

1）在描述词中使用 Realistic style 指令，同时把模型从 Niji 模式调整为普通模式，以猫咪为例，如图 4-57 所示。

2）生成效果图如图 4-58 所示。

图 4-55　使用 Pixel Style 指令

图 4-56　像素效果图

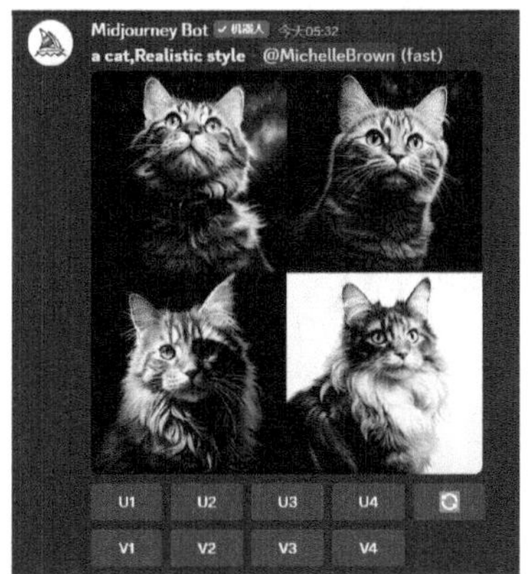

图 4-57　使用 Realistic style 指令

图 4-58　写实效果图

10. 浮世绘效果

浮世绘效果的具体指令和效果图如下。

1）在描述词中使用 **Ukiyoe style** 指令，以猫咪为例，如图 **4-59** 所示。

2）生成效果图如图 **4-60** 所示。

图 4-59　使用 Ukiyoe style 指令

图 4-60　浮世绘效果图

4.1.4 10 种建筑效果图像实操演示

本节以 10 种常用的建筑效果描述词进行案例演示。

1. 传统中式建筑效果

传统中式建筑效果的具体指令和效果图如下。

在描述词中使用 Traditional Chinese Architecture 指令，效果如图 4-61 所示。

图 4-61　传统中式建筑效果图

2. 霓虹街效果

霓虹街效果的具体指令和效果图如下。

在描述词中使用 Neon Street 指令，效果如图 4-62 所示。

3. 哥特教堂效果

哥特教堂效果的具体指令和效果图如下。

在描述词中使用 Gothic Church 指令，效果如图 4-63 所示。

4. 地中海建筑效果

地中海建筑效果的具体指令和效果图如下。

在描述词中使用 Mediterranean Architecture 指令，效果如图 4-64 所示。

图 4-62　霓虹街效果图

图 4-63　哥特教堂效果图

图 4-64　地中海建筑效果图

5. 意大利建筑效果

意大利建筑效果的具体指令和效果图如下。

在描述词中使用 Italian Architecture 指令，效果如图 4-65 所示。

图 4-65　意大利建筑效果图

6. 印度建筑效果

印度建筑效果的具体指令和效果图如下。

在描述词中使用 Indian Architecture 指令，效果如图 4-66 所示。

图 4-66　印度建筑效果图

7. 巴洛克建筑效果

巴洛克建筑效果的具体指令和效果图如下。

在描述词中使用 Baroque Architecture 指令，效果如图 4-67 所示。

图 4-67　巴洛克建筑效果图

8. 园林建筑效果

园林建筑效果的具体指令和效果图如下。

在描述词中使用 Garden Style Architecture 指令，效果如图 4-68 所示。

图 4-68　园林建筑效果图

9. 现代主义建筑效果

现代主义建筑效果的具体指令和效果图如下。

在描述词中使用 Modernist Architecture 指令，效果如图 4-69 所示。

图 4-69　现代主义建筑效果图

10. 法国建筑效果

法国建筑效果的具体指令和效果图如下。

在描述词中使用 French Architecture 指令，效果如图 4-70 所示。

图 4-70　法国建筑效果图

4.1.5　6 种景别效果图像实操演示

本节以 6 种常用的景别效果描述词进行案例演示。

1. 超特写细节效果

超特写细节效果的具体指令和效果图如下。

在描述词中使用 Ultra close-up detail shot 指令，效果如图 4-71 所示。

2. 特写效果

特写效果的具体指令和效果图如下。

在描述词中使用 Close up shot 指令，效果如图 4-72 所示。

3. 中近景效果

中近景效果的具体指令和效果图如下。

在描述词中使用 Mid shot 指令，效果如图 4-73 所示。

4. 全景效果

全景效果的具体指令和效果图如下。

在描述词中使用 full shot 指令，效果如图 4-74 所示。

图 4-71　超特写细节效果图

图 4-72　特写效果图

图 4-73　中近景效果图

图 4-74　全景效果图

5. 远景效果

远景效果的具体指令和效果图如下。

在描述词中使用 long-shot 指令，效果如图 4-75 所示。

6. 大远景效果

大远景效果的具体指令和效果图如下。

在描述词中使用 extreme long-shot 指令，效果如图 4-76 所示。

图 4-75　远景效果图

图 4-76　大远景效果图

4.1.6　7 种镜头效果图像实操演示

本节以 7 种常用的镜头效果描述词进行案例演示。

1. 广角镜头效果

广角镜头效果的具体指令和效果图如下。

1）在描述词中使用 Wide angle lens 指令，以一个女孩为例，如图 4-77 所示。

2）生成效果图如图 4-78 所示。

图 4-77　使用 Wide angle lens 指令

图 4-78　广角镜头效果图

2. 鱼眼镜头效果

鱼眼镜头效果的具体指令和效果图如下。

1）在描述词中使用 Fisheye lens 指令，以一个女孩为例，如图 4-79 所示。

2）生成效果图如图 4-80 所示。

图 4-79　使用 Fisheye lens 指令

图 4-80　鱼眼镜头效果图

3. 视点镜头效果

视点镜头效果的具体指令和效果图如下。

1）在描述词中使用 point of view shot 指令，以狙击枪瞄准的第一视角为例，如图 4-81 所示。

2）生成效果图如图 4-82 所示。

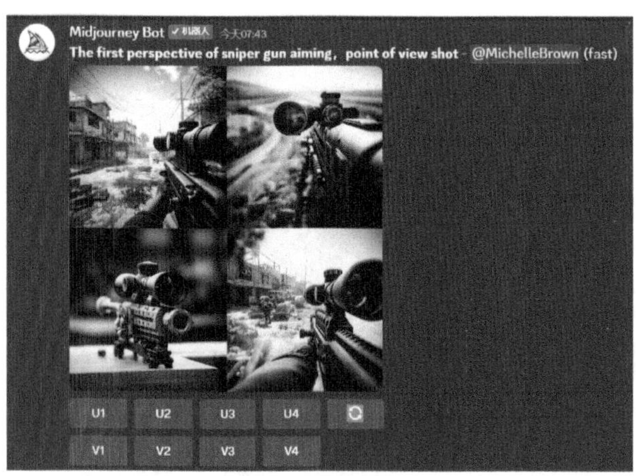

图 4-81　使用 point of view shot 指令

图 4-82　视点镜头效果图

4. 仰拍镜头效果

仰拍镜头效果的具体指令和效果图如下。

1）在描述词中使用 low-angle shot 指令，以一个女孩为例，如图 4-83 所示。

2）生成效果图如图 4-84 所示。

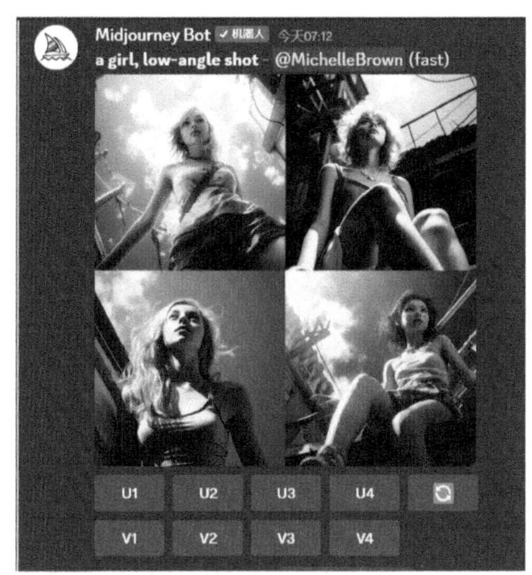

图 4-83　使用 low-angle shot 指令

图 4-84　仰拍镜头效果图

5. 俯拍镜头效果

俯拍镜头效果的具体指令和效果图如下。

1）在描述词中使用 High-angle shot 指令，以一个女孩为例，如图 4-85 所示。

2）生成效果图如图 4-86 所示。

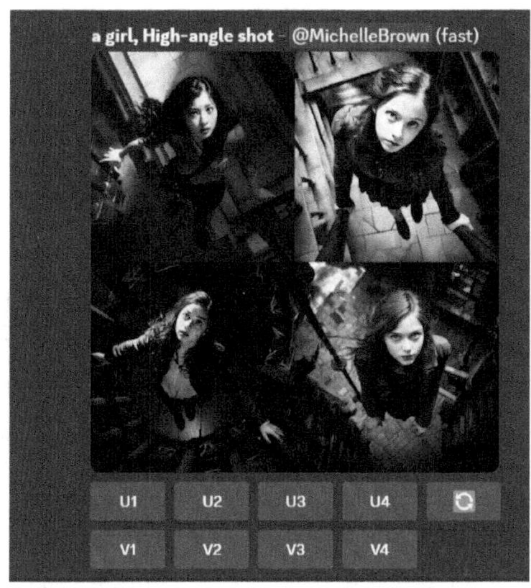

图 4-85　使用 High-angle shot 指令

图 4-86　俯拍镜头效果图

6. 斜角镜头效果

斜角镜头效果的具体指令和效果图如下。

1）在描述词中使用 Dutch Angle shot 指令，以一个女孩为例，如图 4-87 所示。

2）生成效果图如图 4-88 所示。

图 4-87　使用 Dutch Angle shot 指令

图 4-88　斜角镜头效果图

7. 背景虚化效果

背景虚化效果的具体指令和效果图如下。

1）在描述词中使用 Blurred background 指令，以一个女孩为例，如图 4-89 所示。

2）生成效果图如图 4-90 所示。

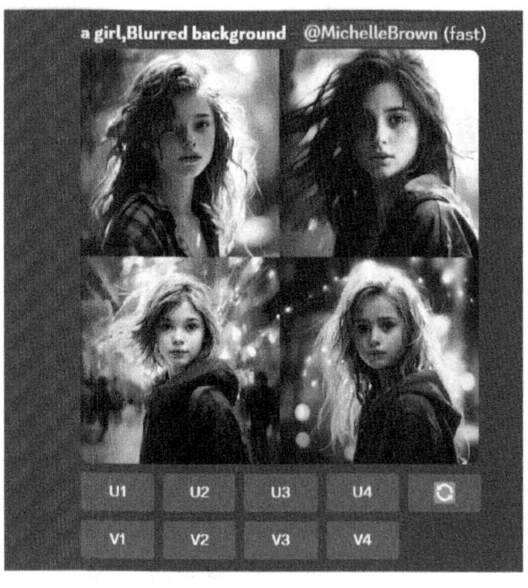

图 4-89　使用 Blurred background 指令

图 4-90　背景虚化效果图

4.2 Stable Diffusion 常用插件的使用方法

Stable Diffusion 常用插件的使用方法如下。

4.2.1　ControlNet 插件

ControlNet 是 Stable Diffusion 区别于其他 AI 制图软件最具有可控性的一款插件，使 AI 真正成为设计师的强力助手，下面将会展示其安装方法以及常用功能。

1. 插件安装以及模型下载

01 进入 GitHub 社区，搜索 sd-webui-controlnet 转到这个页面，如图 4-91 所示。

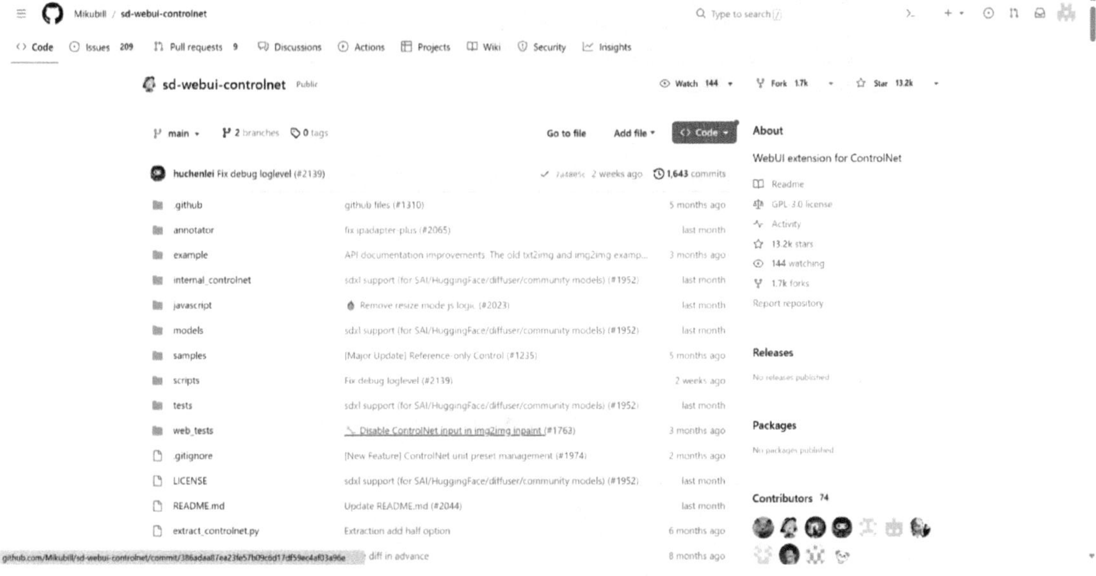

图 4-91　ControlNet 项目页面

02 单击 code 按钮复制 https://github.com/Mikubill/sd-webui-controlnet-git（网络不好或出现其他问题的可直接下载下方安装包，再放入 extensions 文件当中），如图 4-92 所示。

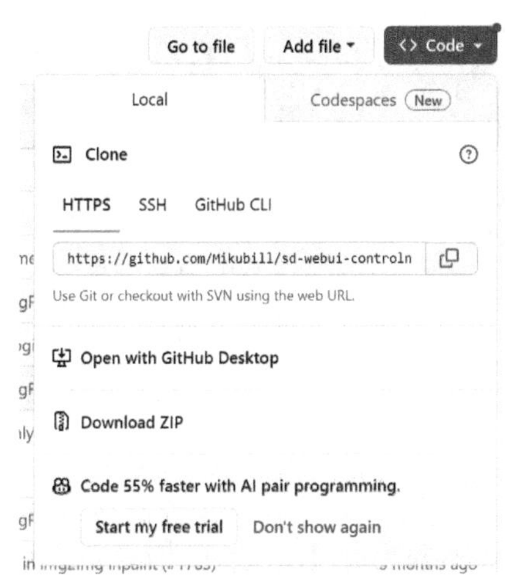

图 4-92　复制 git 仓库网址

03 打开 Web UI，单击“扩展”选项卡，选择“从网址安装”页面，复制（https://github.com/Mikubill/sd-webui-controlnet.git），粘贴在第一行的“拓展的 git 仓库网址”中。单击“安装”按钮，等待十几秒后，在下方看到一行小字 Installed into C:\Stable Diffusion\novelai-webui-aki-v3\extensions\sd-webui-controlnet. Use Installed tab to restart，表示安装成功，如图 4-93 所示。

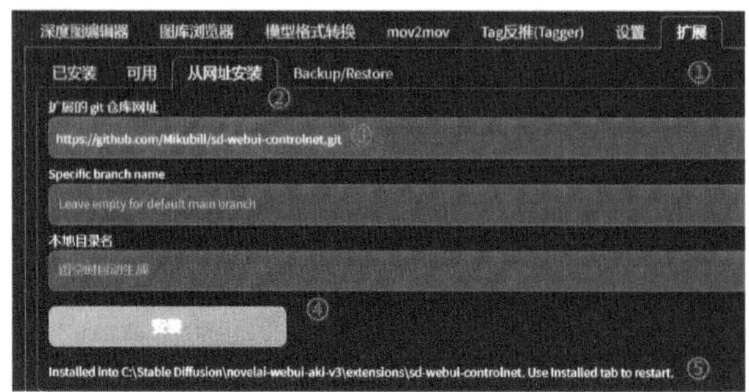

图 4-93　从网址安装步骤

04 切换至左侧的“已安装”选项卡，单击“检查更新”按钮，等待进度条完成。然后单击“应用并重新启动 UI”按钮。最后完全关闭 Web UI 程序，重新启动进入（也可以重启计算机），就可以在 Web UI 主界面中下方看到 ControlNet 的选项，如图 4-94 所示。

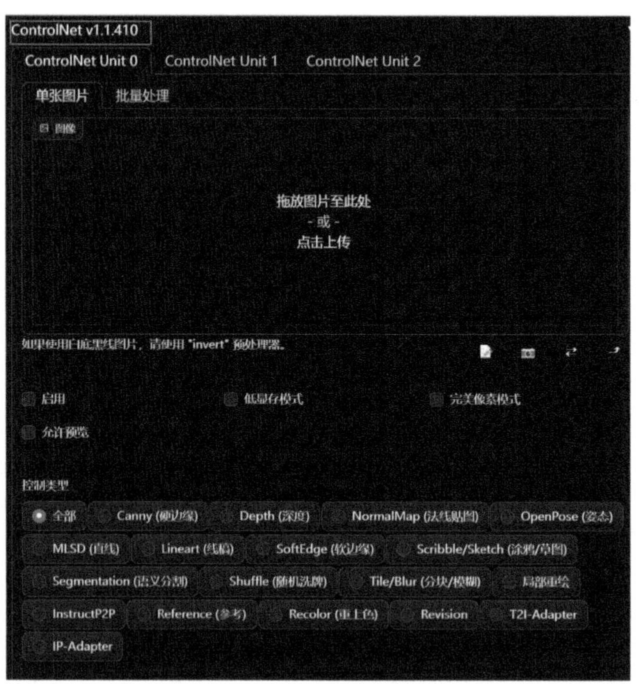

图 4-94　ControlNet 区域页面

05 如果安装后 ControlNet 界面只有一个选项卡，可以单击“设置”界面，找到 ControlNet，将 Multi ControlNet 中设置想要的值，单击保存设置并重启 Web UI，如图 4-95 所示。

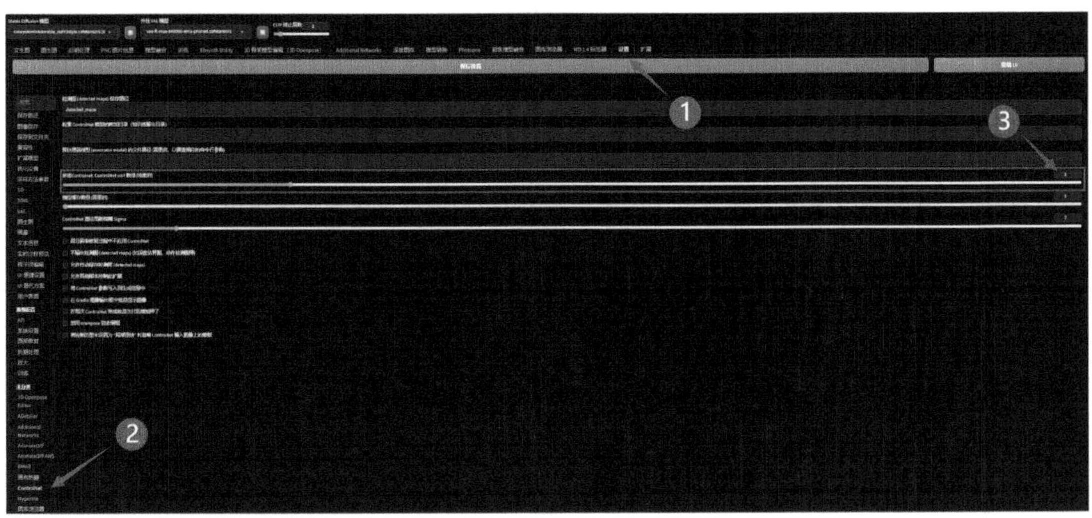

图 4-95　选项卡设置

06 到这一步已经成功安装了 ControlNet 插件，接下来需要安装一些 ControlNet 模型，新的 ControlNet-v1-1 的模型需要创作者到 Huggingface 中去下载，网址为 https://huggingface-co/Illyasviel/ControlNet-v1-1/tree/main，如图 4-96 所示。

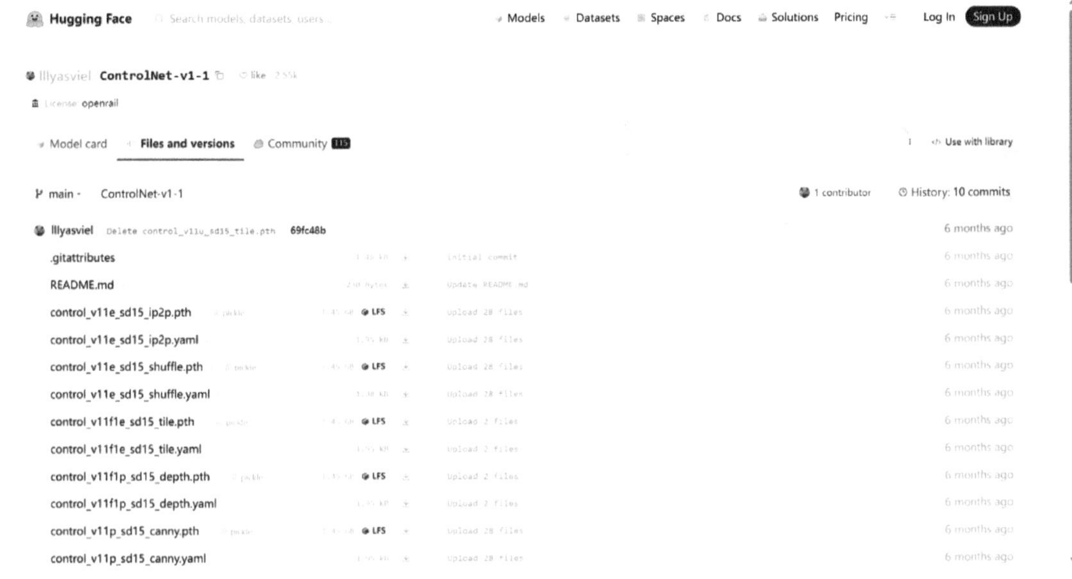

图 4-96　Huggingface 页面

07 在 Huggingface 页面中，只需要下载所需的处理器以及对应的模型文件，下载方式为单击“文件大小”右侧的下载小箭头，如图 4-97 所示。

08 下载完成后，将模型文件放入 controlnet 中的 models 文件夹，存放地址如图 4-98 所示。接下来便可使用 ControlNet 插件以及调用对应模型。

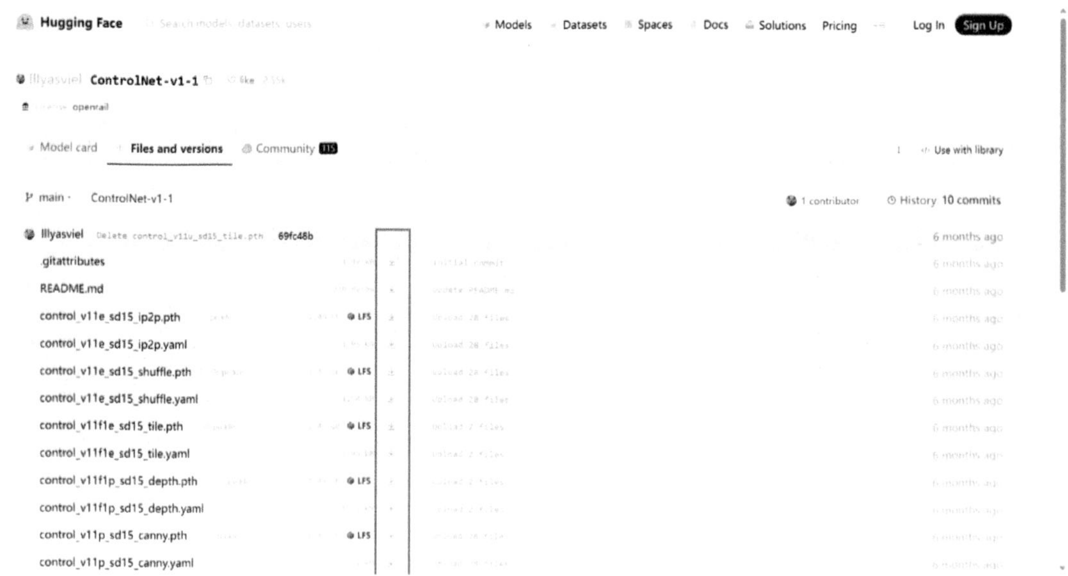

图 4-97　ControlNet 模型下载

sd-webui-aki-v4 › extensions › sd-webui-controlnet

名称	修改日期	类型
.git	2023/10/4 20:44	文件夹
.github	2023/5/25 20:10	文件夹
pycache	2023/6/4 17:26	文件夹
annotator	2023/10/4 17:53	文件夹
example	2023/7/24 15:38	文件夹
internal_controlnet	2023/10/4 17:53	文件夹
javascript	2023/10/4 17:53	文件夹
models	2023/10/6 22:05	文件夹
presets	2023/10/4 20:19	文件夹
samples	2023/5/25 20:22	文件夹
scripts	2023/10/4 17:53	文件夹
tests	2023/5/25 20:22	文件夹
web_tests	2023/7/17 17:44	文件夹

图 4-98　ControlNet 模型位置

2. 常用处理器介绍

下面是 ControlNet-v1-1 关于模型的命名规则，方便大家识别模型的不同版本和状态，如图 4-99 所示。

（1） Canny 模型

Canny 模型对图像的边缘进行提取，生成较为粗略的线稿，可用来快速迁移图像的轮廓，从而转换风格，如图 4-100 所示。

项目名称
官方的 controlnet 总是使用 [Control] 。任何第三方模型可以使用其他名称，以区别于官方模型。比如 TI2-Adapter 的文件是以 [t2iadapter] 开头的

质量标志
[p] 表示可以正式使用
[e] 表示实验版本，可能不稳定
[u] 表示未完成，功能不可用

控制方式
我们强烈建议使用的模型必须与预处理器(注释器)的名称一致或部分一致。

control_v11p_sd15_canny.pth

版本标志
V11表示版本1.1，第三方模型可以使用任意标志，对 Controlnet 官方来说：[f] 表示 bug已修复，V11f1 表示版本 1.1的第一版修复。

大模型/底模型型号
sd1.5表示 stable diffusion 1.5
sd2.1v表示 stable diffusion 2.1v-768
预处理器和.pth模型的版本型号要一致，比如 t2iadapter 的 sd1.4 color 预处理器就必须配 sd1.4 的.pth模型,如果是 sd1.5 的.pth模型就会不起作用。

文件扩展名
[pth] 表示模型文件
[yaml] 表示配置文件
从 Controlnet V1.1 开始所有模型都必须有一个文件名完全相同的配置文件。

图 4-99　ControlNet 模型命名规则

图 4-100　Canny 模型使用效果

（2）Depth 模型

Depth 模型对图像的深度进行提取，主要用来控制图像的空间关系，如图 4-101 所示。

（3）OpenPose 模型

OpenPose 模型生成人物的骨架图，用来控制人物的动作姿势，新版模型可以识别人物的脸部表情以及手指，如图 4-102 所示。

（4）MLSD 模型

MLSD 模型跟 Canny 模型的用法一样，因为其对直线有更好的效果，所以常用于建筑类图像，如图 4-103 所示。

图 4-101　Depth 模型使用效果

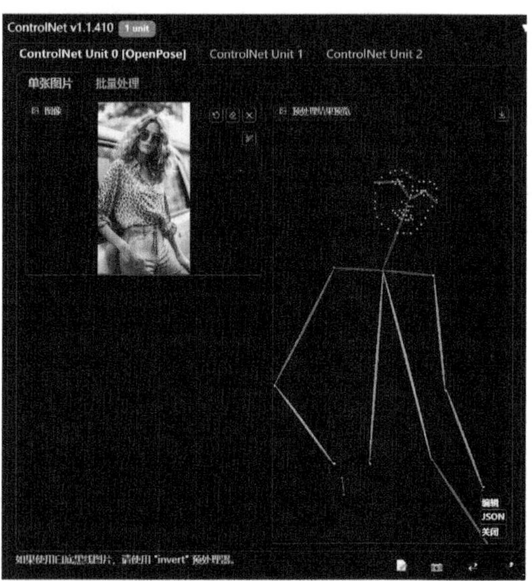

图 4-102　OpenPose 模型使用效果

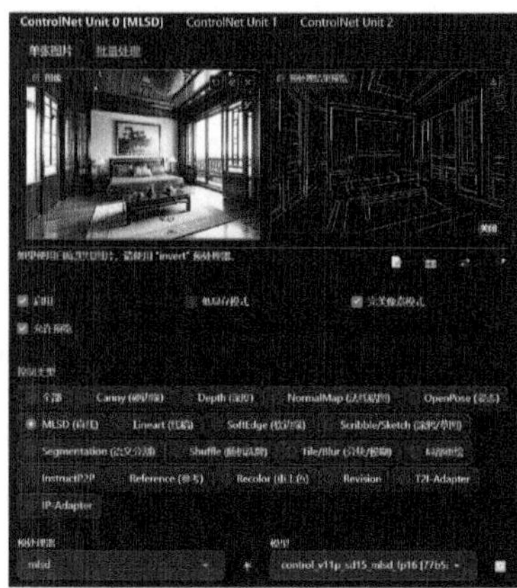

图 4-103　MLSD 模型使用效果

（5）Lineart 模型

Lineart 模型跟 Canny 模型用法一样，但比 Canny 模型识别的线条细节更多，可以选择写实、动漫等不同处理器，如图 4-104 所示。

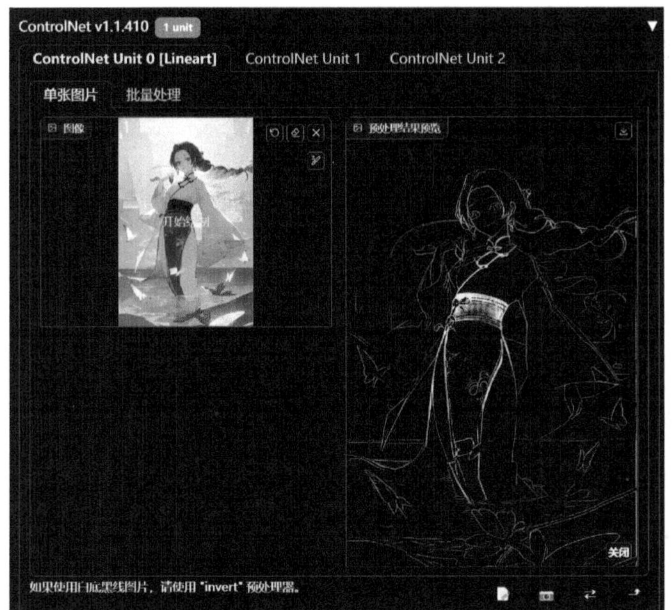

图 4-104　Lineart 模型使用效果

（6）SoftEdg 模型

SoftEdg 模型跟 Canny 模型的用法也差不多，会生成较为粗略的轮廓图，如图 4-105 所示。

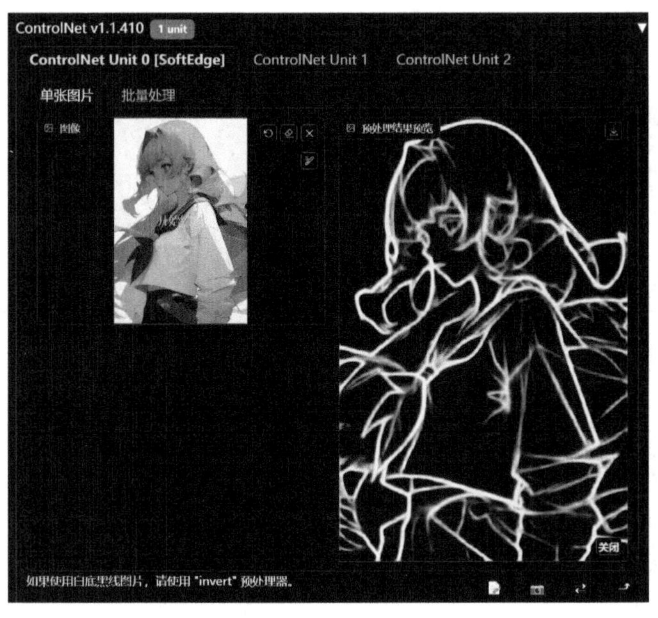

图 4-105　SoftEdg 模型使用效果

（7）Shuffle 模型

Shuffle 模型为风格化模型，将输入的图像打乱，可搭配其他模型实现风格迁移。经过 Shuffle 处理后的图片效果如图 4-106 所示。

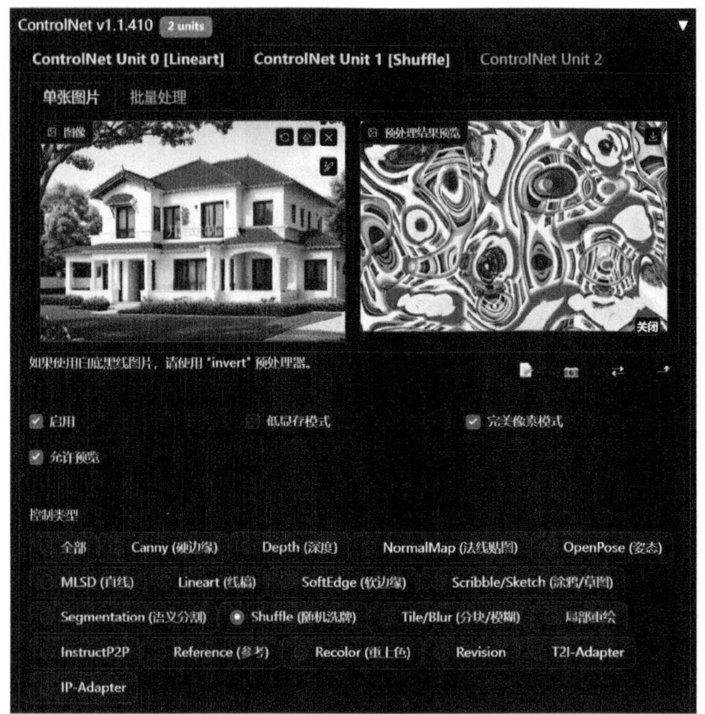

图 4-106　打乱图像

被迁移的图片效果如图 4-107 所示。

融合效果如图 4-108 所示。

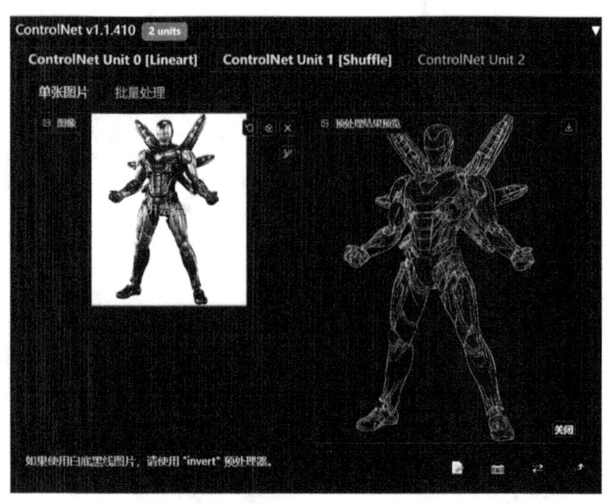

图 4-107　被迁移图像效果

图 4-108　融合效果

（8）Tile 模型

Tile 模型的用法非常多，可以对模糊的照片进行降噪处理，也可以为图像增添细节，还可以完成对图像分辨率的提升，如图 4-109 所示。

图 4-109　Tile 模型使用效果

（9）Inpaint 模型

Inpaint 模型可直接在文生图内通过画笔来修改想更换的部分，如图 4-110 所示。

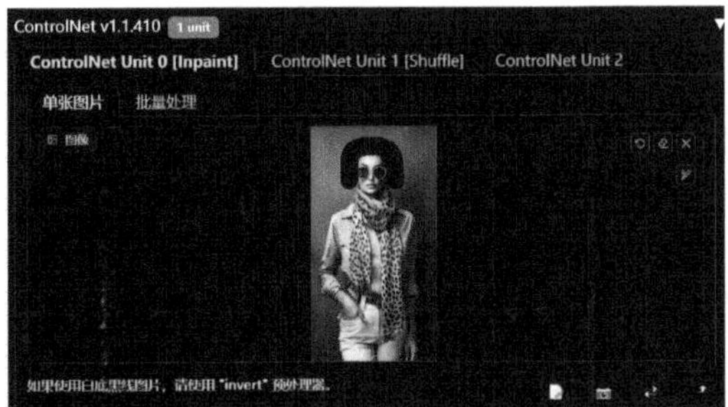

图 4-110　Inpaint 模型使用效果

（10）Reference 模型

Reference 模型可以快速对角色的特征或者整理的风格进行迁移，如图 4-111 所示。

图 4-111　Reference 模型使用效果

4.2.2　AI 动画制作

AI 对图像的理解能力使 AI 动画也具有了可能性，目前 AI 能通过风格转绘来实现较稳定的镜头运动和衔接，通过 EbSynth 插件使 AI 转绘的视频更加稳定，极大优化了闪烁的问题，接下来将展示如何安装相关插件及使用。

1. 前期安装准备

前期安装准备的具体操作步骤如下。

01 登录 FFmpeg 官网，下载软件包，FFmpeg 官网地址：https://ffmpeg-org/（进入后，单击 Download 按钮→选择系统按钮→按照系统下载所需文件，优先下载 Full 版本），如图 4-112 所示。

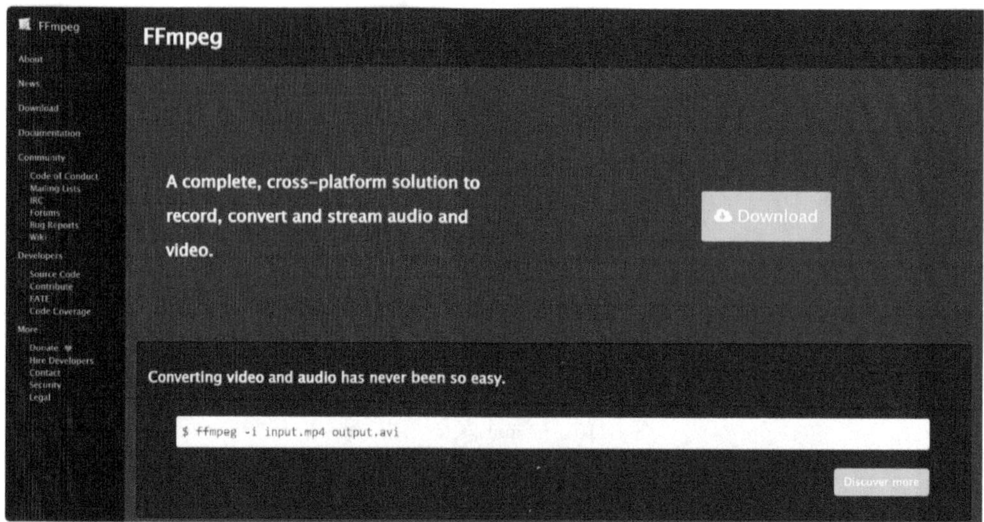

图 4-112　安装 FFmpeg 软件包

02 解压 FFmpeg 到任意路径，复制软件包中的 bin 文件夹路径，如图 4-113 所示。

图 4-113　复制 bin 文件夹路径

03 打开高级系统设置，单击“高级→环境变量”按钮，在系统变量中找到 PATH（可在 Windows 自带搜索中搜索“高级系统设置”，也可以通过〈Win+R〉快捷键调出“运行”对话框后输入 sysdm. cpl），如图 4-114 所示。

04 找到 Path，单击“编辑”按钮，如图 4-115 所示。

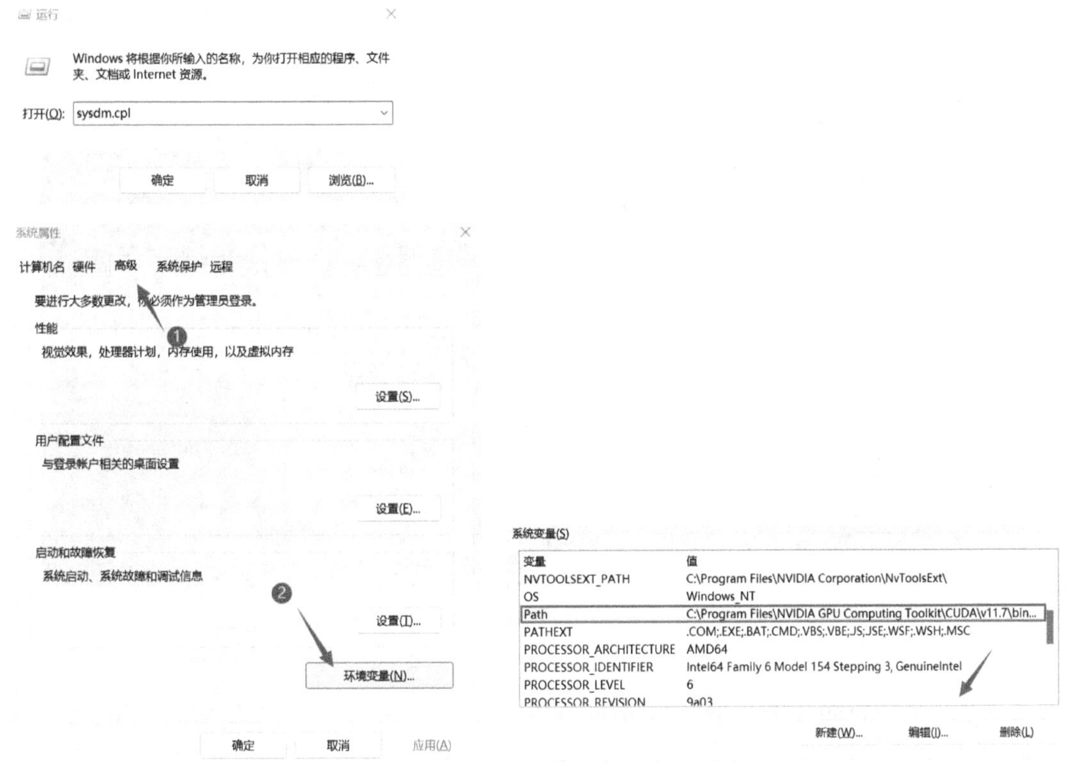

图 4-114　打开环境变量　　　　图 4-115　编辑 Path

05 单击“新建”按钮，把刚刚复制的路径粘贴上，之后一直单击“确定”按钮进行保存即可，如图 4-116 所示。

图 4-116　添加 bin 文件夹路径

06 再次通过〈Win+R〉快捷键调出“运行”对话框，输入 cmd 打开指令行，在指令行中，输入 ffmpeg -version，检查到版本号即为成功安装，如图 4-117 所示。

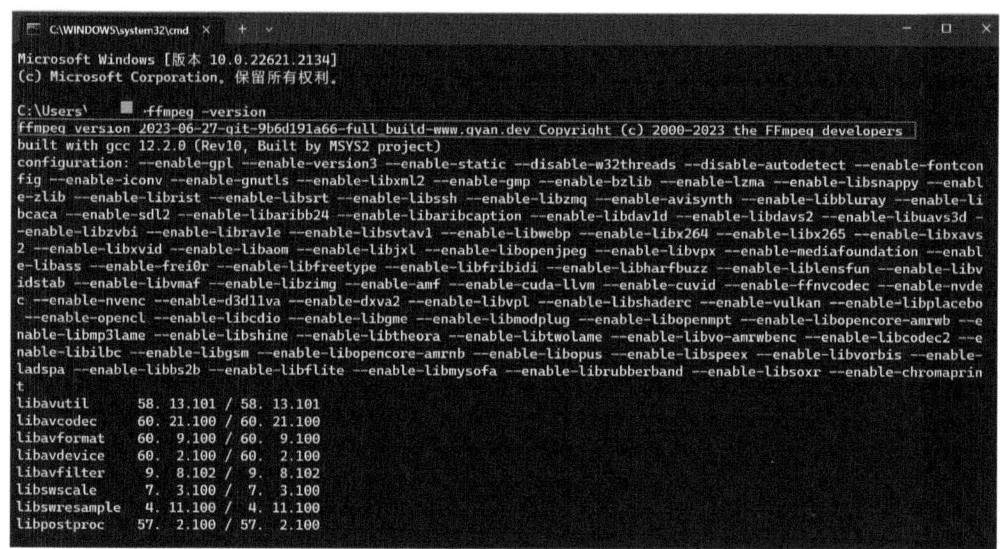

图 4-117　检查版本号

07 下载 EbSynth 软件，登录 EbSynth 官网：https://ebsynth-com/（进入后，单击 Download 按钮，填写一个邮箱，就可以开启下载了），如图 4-118 所示。

08 下载完成后解压 EbSynth 到任意路径，即完成安装，如图 4-119 所示。

09 下载并安装 Web UI 的 EbSynth 扩展，单击扩展列表，搜索 EbSynth 并单击“安装”按钮，如图 4-120 所示。

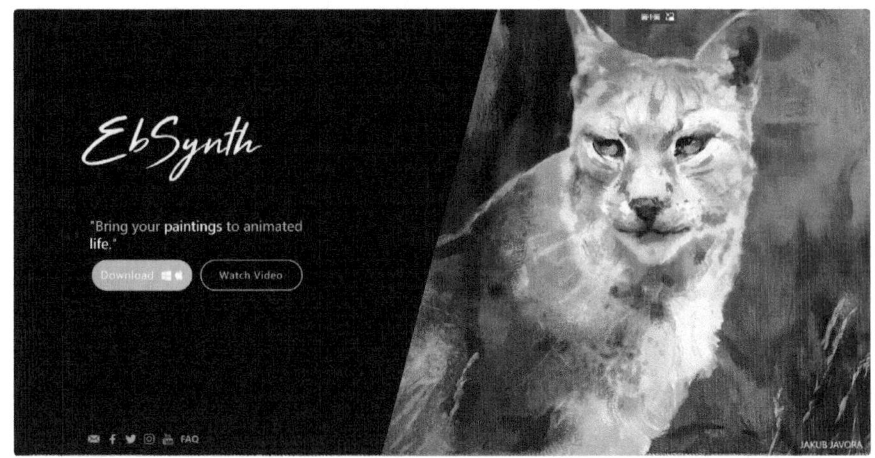

图 4-118　下载 EbSynth 软件

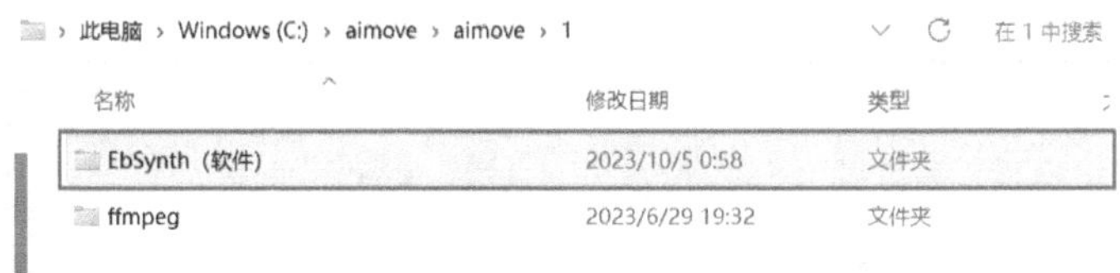

图 4-119　解压 EbSynth

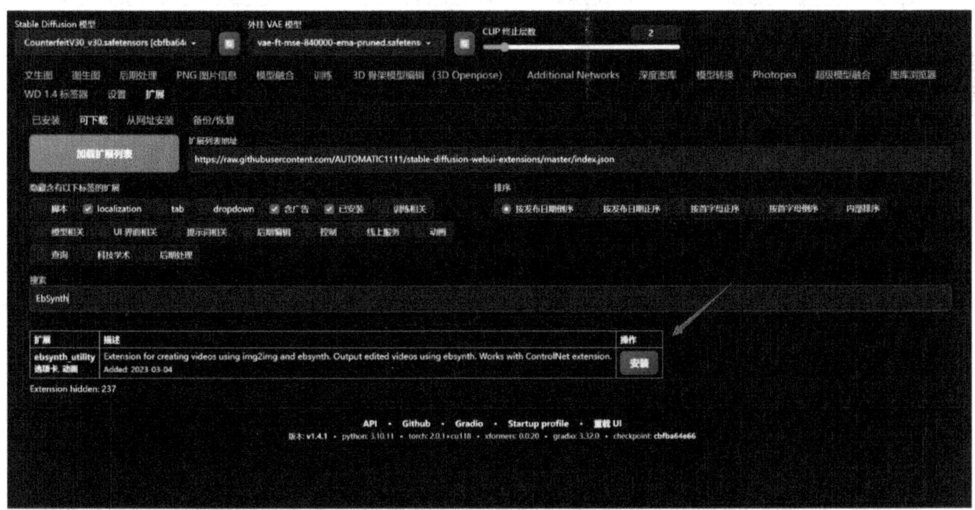

图 4-120　安装 EbSynth 扩展

10 安装 Transparent Background，按〈Win+R〉快捷键调出“运行”对话框后，在其中输入 cmd 打开指令行，输入安装代码：pip install transparent-background 并按，〈Enter〉键，如图 4-121 所示。

11 等待下载完成之后弹出 Successfully Installed，即为安装成功，如图 4-122 所示。

```
C:\WINDOWS\system32\cmd
Microsoft Windows [版本 10.0.22621.2134]
(c) Microsoft Corporation。保留所有权利。

C:\Users\     >pip install transparent-background
```

图 4-121　安装代码

```
C:\WINDOWS\system32\cmd
Downloading filelock-3.12.4-py3-none-any.whl (11 kB)
Downloading fsspec-2023.9.2-py3-none-any.whl (173 kB)
   ━━━━━━━━━━━━━━━━━━━━━━━━━━━━━━━━━━━━━━━━ 173.4/173.4 kB 10.9 MB/s eta 0:00:00
Downloading huggingface_hub-0.17.3-py3-none-any.whl (295 kB)
   ━━━━━━━━━━━━━━━━━━━━━━━━━━━━━━━━━━━━━━━━ 295.0/295.0 kB 8.9 MB/s eta 0:00:00
Downloading packaging-23.2-py3-none-any.whl (53 kB)
   ━━━━━━━━━━━━━━━━━━━━━━━━━━━━━━━━━━━━━━━━ 53.0/53.0 kB 89.5 kB/s eta 0:00:00
Downloading typing_extensions-4.8.0-py3-none-any.whl (31 kB)
Using cached requests-2.31.0-py3-none-any.whl (62 kB)
Downloading safetensors-0.3.3-cp310-cp310-win_amd64.whl (266 kB)
   ━━━━━━━━━━━━━━━━━━━━━━━━━━━━━━━━━━━━━━━━ 266.1/266.1 kB 820.1 kB/s eta 0:00:00
Downloading certifi-2023.7.22-py3-none-any.whl (158 kB)
   ━━━━━━━━━━━━━━━━━━━━━━━━━━━━━━━━━━━━━━━━ 158.3/158.3 kB 2.4 MB/s eta 0:00:00
Downloading charset_normalizer-3.3.0-cp310-cp310-win_amd64.whl (98 kB)
   ━━━━━━━━━━━━━━━━━━━━━━━━━━━━━━━━━━━━━━━━ 98.2/98.2 kB 5.5 MB/s eta 0:00:00
Downloading MarkupSafe-2.1.3-cp310-cp310-win_amd64.whl (17 kB)
Downloading soupsieve-2.5-py3-none-any.whl (36 kB)
Downloading urllib3-2.0.6-py3-none-any.whl (123 kB)
   ━━━━━━━━━━━━━━━━━━━━━━━━━━━━━━━━━━━━━━━━ 123.8/123.8 kB 7.1 MB/s eta 0:00:00
Installing collected packages: safetensors, mpmath, easydict, urllib3, typing-extensions, sympy, soupsieve, six, pyyaml,
 PySocks, pillow, packaging, numpy, networkx, MarkupSafe, idna, fsspec, filelock, colorama, charset-normalizer, certifi,
 tqdm, requests, pyvirtualcam, opencv-python, jinja2, beautifulsoup4, torch, huggingface-hub, torchvision, kornia, gdown
, timm, transparent-background
Successfully installed MarkupSafe-2.1.3 PySocks-1.7.1 beautifulsoup4-4.12.2 certifi-2023.7.22 charset-normalizer-3.3.0 c
olorama-0.4.6 easydict-1.10 filelock-3.12.4 fsspec-2023.9.2 gdown-4.7.1 huggingface-hub-0.17.3 idna-3.4 jinja2-3.1.2 kor
nia-0.7.0 mpmath-1.3.0 networkx-3.1 numpy-1.26.0 opencv-python-4.8.1.78 packaging-23.2 pillow-10.0.1 pyvirtualcam-0.10.2
 pyyaml-6.0.1 requests-2.31.0 safetensors-0.3.3 six-1.16.0 soupsieve-2.5 sympy-1.12 timm-0.9.7 torch-2.1.0 torchvision-0
.16.0 tqdm-4.66.1 transparent-background-1.2.7 typing-extensions-4.8.0 urllib3-2.0.6

C:\Users\余张迪>
```

图 4-122　安装成功提示

2. 正式制作流程

正式制作流程的具体操作步骤如下。

01 打开 Web UI，来到 EbSynth 扩展，如图 4-123 所示。

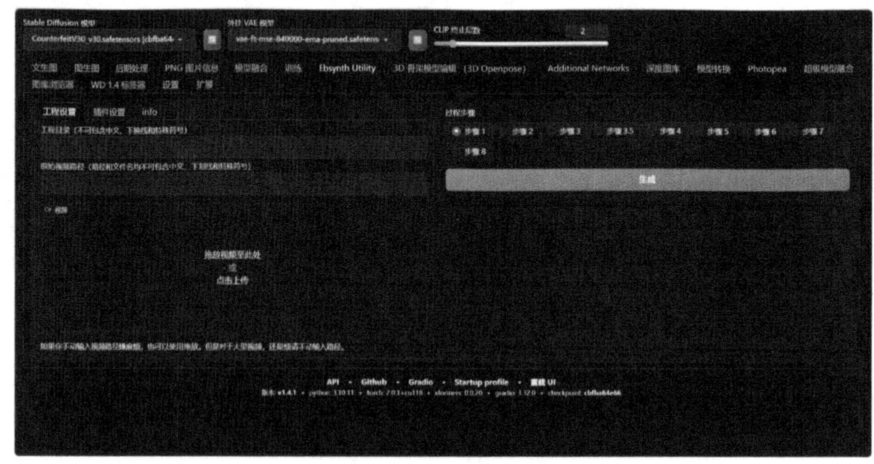

图 4-123　EbSynth 扩展界面

02 可直接将视频拖曳或复制包含文件名的本地路径，如图 4-124 所示。

图 4-124　添加原始视频路径

03 再新建一个文件夹用于后续项目，复制路径粘贴到工程目录之中，注意路径不得包含任何中文、下划线和特殊符号，如图 4-125 所示。

图 4-125　新建工程目录文件夹

04 切换至“插件设置”选项卡，如果需要更改视频最终的尺寸，就手动赋予帧宽度和帧高度的数值，如果不想更改则保持默认就好，如图 4-126 所示。

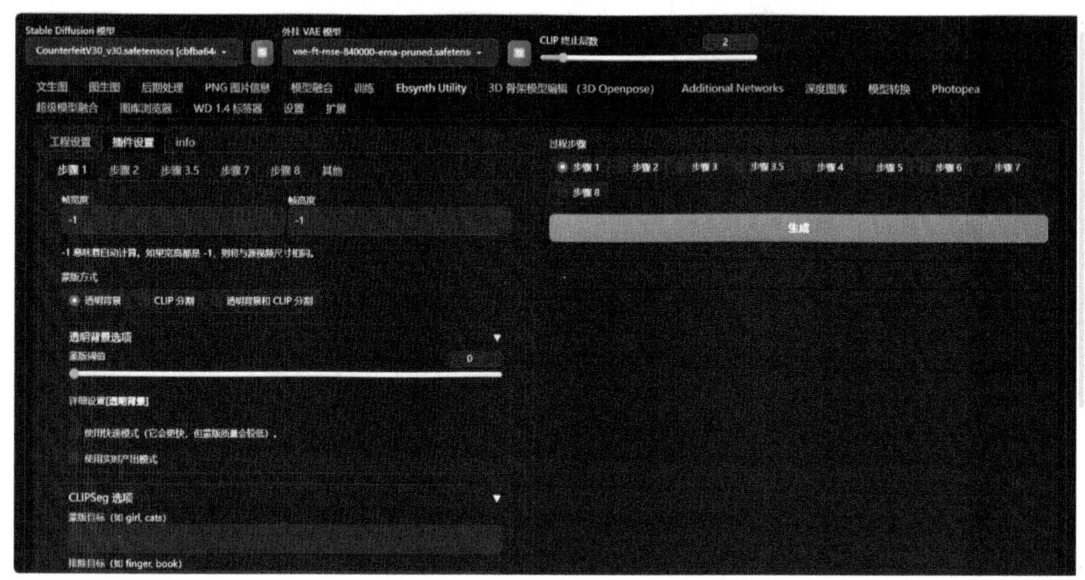

图 4-126　更改视频最终尺寸

05 第一部分解帧以及制作蒙版，EbSynth 有一个可以用来防止视频闪烁的功能，就是把画面中的人物、主体等单独提取出来进行绘制，因为大部分的闪烁和混乱其实都是发生在和人物主体无关的部分上，只要背景不进行闪烁，整个重绘过后的效果就会好很多，而实现分离绘制的方式是去智能识别人物并去生成一个“蒙版”，然后让 AI 进行蒙版重绘，从而达到降低闪烁。只需要将下面的蒙版阈值跳到 0.05 ~ 0.1 即可，之后便可以在右边单击“生成”按钮，如图 4-127 所示。

图 4-127　设置蒙版阈值

06 当成功处理好之后，便可以在刚刚新建的文件夹中看到两个文件，而单击之后就是所处理的单帧和蒙版，如图 4-128 所示。

如果发现蒙版除主体以外有过多其他物体被识别，可回到 01 降低蒙版阈值重新生成。

此电脑 › Windows (C:) › aimove › output　在 output 中搜索

名称	修改日期	类型
video_frame	2023/10/5 1:55	文件夹
video_mask	2023/10/5 1:55	文件夹

此电脑 › Windows (C:) › aimove › output › video_frame

video000.png　video001.png　video002.png
video003.png　video004.png　video005.png
video006.png　video007.png　video008.png
video009.png　video010.png　video011.png

此电脑 › Windows (C:) › aimove › output › video_mask

video001.png　video002.png　video003.png
video004.png　video005.png　video006.png
video007.png　video008.png　video009.png

图 4-128　png 序列与蒙版文件夹

07 在 01 完成之后，切换至“步骤 2”选项卡生成关键帧，这 3 个参数共同决定每隔多少帧挑出一帧来画。如果视频的动作幅度较大，运动镜头较多，可以考虑减少这几个数值，挑取更多的帧生成，如果视频闪烁混乱严重，那可以考虑增大这几个数值保持稳定，如图 4-129 所示。

工程设置 插件设置 info
步骤 1 步骤 2 步骤 3.5 步骤 7 步骤 8 其他
最小关键帧间隔 10
最大关键帧间隔 300
关键帧间隔差异阈值 8.5
设置最后一帧为关键帧

图 4-129 生成关键帧设置

08 单击生成便可以在 video_key 的文件夹里看到这些选出来的关键帧和其编号，后续将会先画这几帧，然后在中间智能生成过渡，所以这些帧之间最好不要涉及画面的切换和变动。如果对挑选出来帧的不满意，可以删掉对应编号，然后在 Frame 文件夹里挑选喜欢的帧替换，如图 4-130 所示。

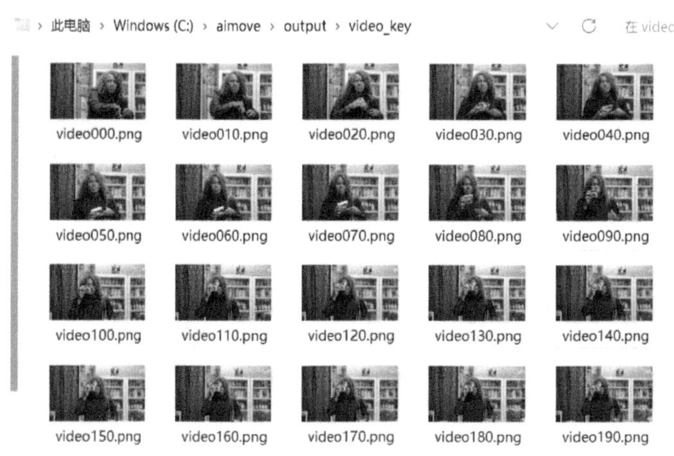

图 4-130 挑选替换关键帧

09 03 切换至 img2img（图生图）选项卡，选出一帧，设置好参数之后跑出一张满意的图，保存种子，过程中可以加入 LoRA 或者开 ControlNet。来到图生图最下方，在脚本组合框中选择［ebsynth utility］，在这里填入刚刚建立的项目地址，如图 4-131 所示。

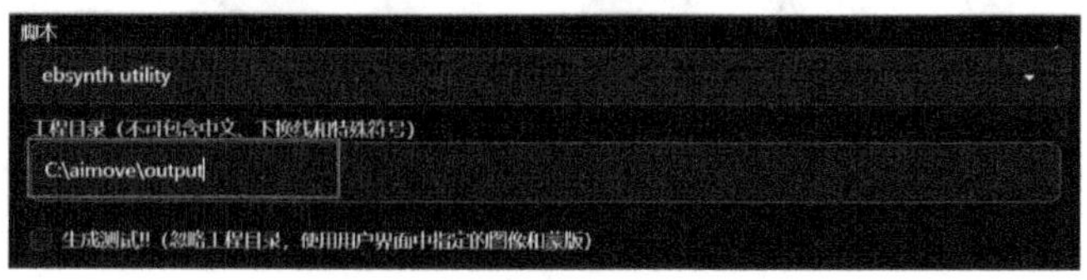

图 4-131 添加项目地址

10 在下方“蒙版选项”选项区的“蒙版模式”中选择 Normal，其他参数保持默认，如图 4-132 所示。

图 4-132　蒙版选项设置

11 宽度和高度保持与图像尺寸相同，重绘幅度一般建议在 0.35 左右，如果加入 ControlNet 可调到 0.5 以上，之后单击“生成”按钮，AI 将会自动进行批处理，完成之后可以在这个 img2img 的文件夹里查看结果，如图 4-133 所示。

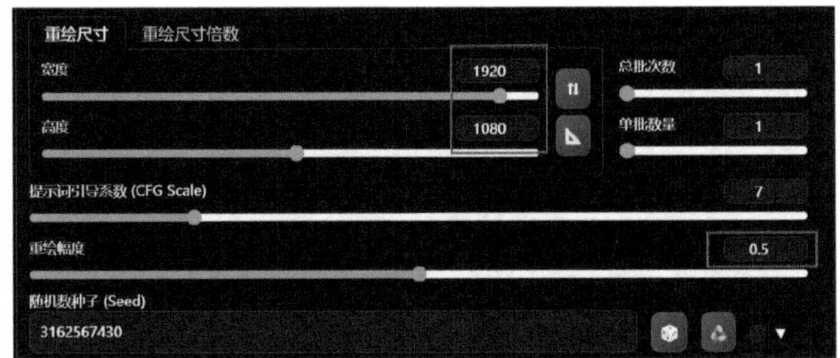

图 4-133　重绘参数设置

12 如果发现颜色在扩散之中出现了问题，可以来到步骤 3.5 进行颜色校正，只需放入一张正常的图像，单击“生成”按钮即可，如图 4-134 所示。

图 4-134　颜色校正

13 04 切换至“后期处理”选项卡，填入输入目录和输出目录，如图 4-135 所示。

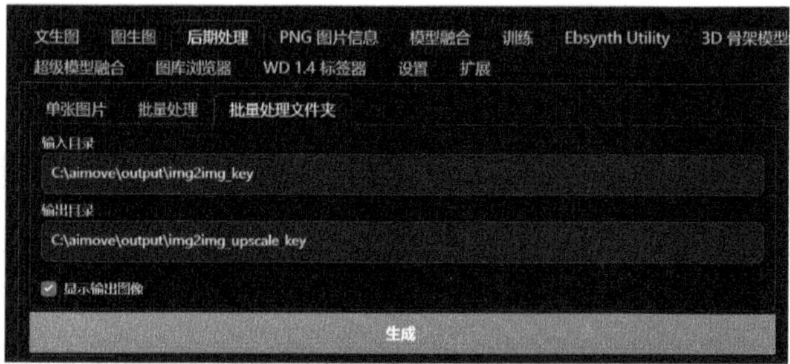

图 4-135　填入输入目录和输出目录

14 切换至“缩放到”选项卡，更改为视频的原始尺寸，同时选择填写 Upscaler 的其余配置字段（动漫通常选择 R-ESRGAN 4x+ Anime6B），单击“生成”按钮，如图 4-136 所示。

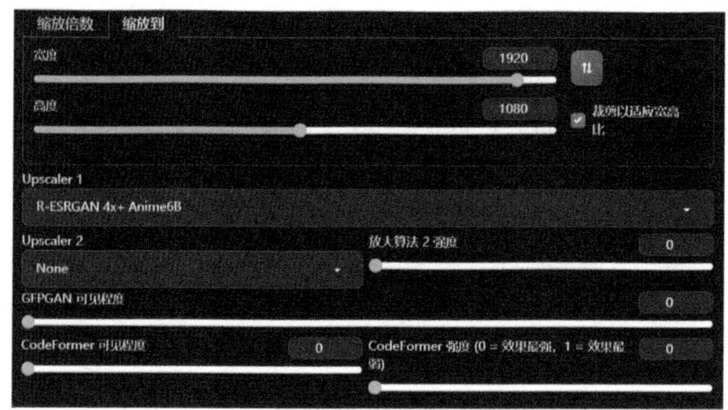

图 4-136　批量放大处理

15 04 完成之后，回到 EbSynth 扩展，直接单击右方“步骤 5”标签，单击生成后将会在项目文件夹中生成生成 ebs 文件，如图 4-137 所示。

图 4-137　生成 ebs 文件

16 在文件夹中将刚才生成的文件选择通过 EbSynth 打开，单击右下方的 Run All，软件便会自动生成智能过渡，当右方全变成绿色则代表运算完成。回到 EbSynth 扩展，可以调整输出的格式，视频通常为 MP4，如图 4-138 所示。

图 4-138　设置输出格式

选择好格式之后，来到右边的步骤 7 单击生成将会把刚刚所有的关键帧重新组合成视频帧，至此 AI 视频的生成全部结束，可以在项目文件夹中找到一个有声源和一个无声源的版本。

第5章
帮你解决关键词难题
快速进阶大神

本章将关键词来源和关键词控制作为两个突破口，介绍了包含 Midjourney 官网在内的多个 Midjourney 和 Stable Diffusion 的关键词网站或关键词插件，以及 Midjourney 控制关键词权重的使用方法。

5.1 Midjourney 官网的隐藏功能

大多数 Midjourney 使用者都以为 Midjourney 官网只是一个登录验证的界面，那就大错特错了，用户可以在 Midjourney 官网进入自己账号的后台，查看和保存自己生成过的图像，也可以通过检索来查看或保存别人公开生成的图像。

5.1.1 进入 Midjourney 账号后台

进入 Midjourney 账号后台的具体操作步骤如下。

01 进入 Midjourney 的官网，单击 Sign In（登录）按钮，如图 5-1 所示。

02 单击“授权”按钮，就可以进入到用户 Midjourney 的后台界面，如图 5-2 所示。

图 5-1 登录 Midjourney 官网

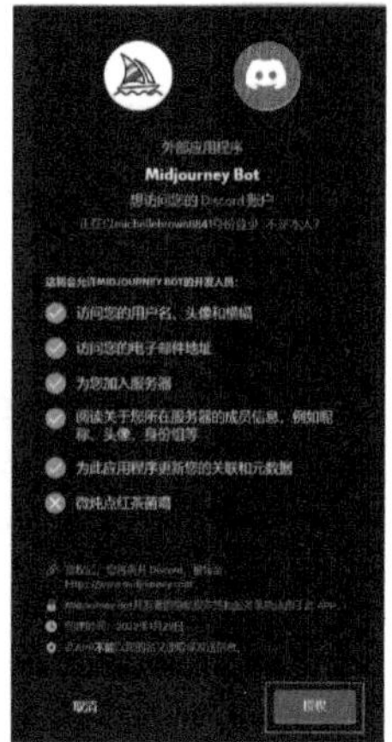

图 5-2 “授权”按钮

03 选择 Home 选项，即可看到用户创作的所有作品，如图 5-3 所示。

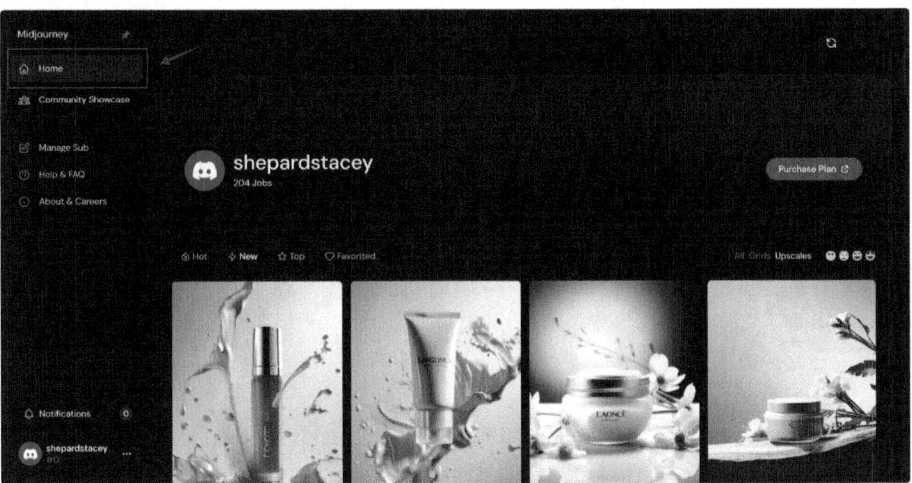

图 5-3　选择 Home 选项

5.1.2　查看并复制提示词

查看并复制提示词的具体操作步骤如下。

01 将光标移动到图像上面，可以看到生成图像的提示词，如图 5-4 所示。

02 单击“更多”图标，即可看到更多操作，如图 5-5 所示。

图 5-4　查看提示词

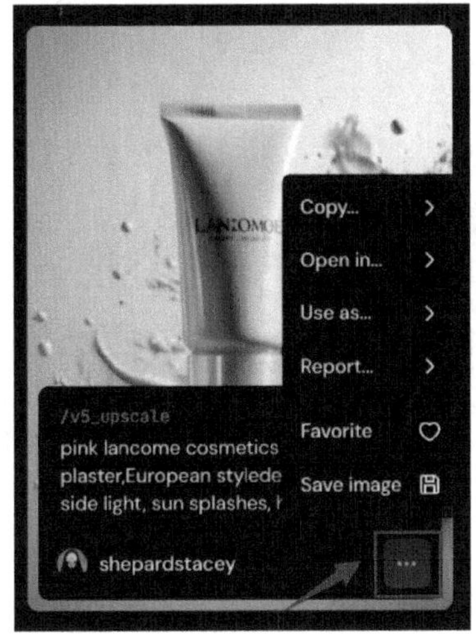

图 5-5　单击“更多”图标

03 选择 Copy 选项，即可进行复制操作，如图 5-6 所示。

04 选择 Full Command 选项，即可复制完整指令，如图 5-7 所示。

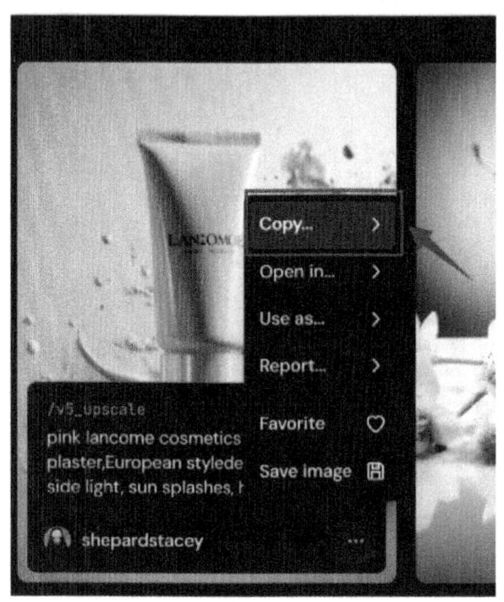

图 5-6　选择 Copy 选项

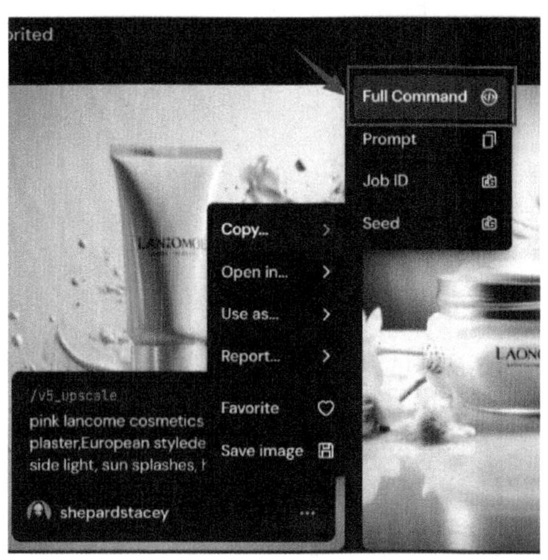

图 5-7　选择 Full Command 选项

05 用户选择左侧的 Explore（探讨）选项，就可以看到别人的作品，也可以保存图像或复制提示词，如图 5-8 所示。

图 5-8　选择 Explore（探讨）选项

06 用户也可以在上方搜索框搜索想找的提示或作业 ID，如图 5-9 所示。

图 5-9　搜索提示或作业 ID

07 以搜索 Hanfu 为例，就会出现汉服相关的图像，如图 5-10 所示。

图 5-10　搜索 Hanfu

5.2 Midjourney 关键词网站

如果自己想关键词灵感枯竭了怎么办，下面将提供 5 个关键词网站，帮助读者站在巨人的肩膀上，在现成的关键词上进行修改，为读者的 AI 绘画创作锦上添花。

5.2.1 Lexica 关键词网站

本节将介绍 Lexica 关键词网站的使用方法，具体操作步骤如下。

01 进入 Lexica 网站（https://lexica.art/），可以看到很多 AI 图像，如图 5-11 所示。

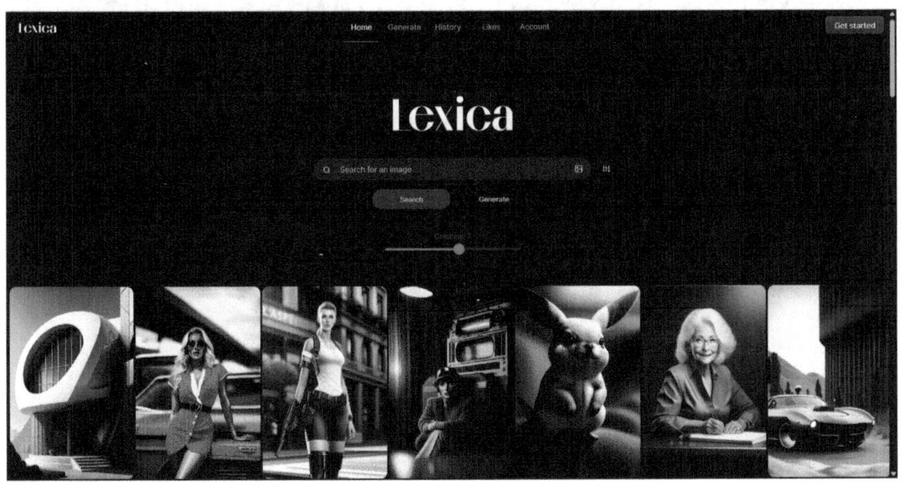

图 5-11　Lexica 网站

02 单击图像即可看到图像的相关信息，如图 5-12 所示。

03 通过单击 Copy prompt 按钮可以复制图像的提示词，如图 5-13 所示。

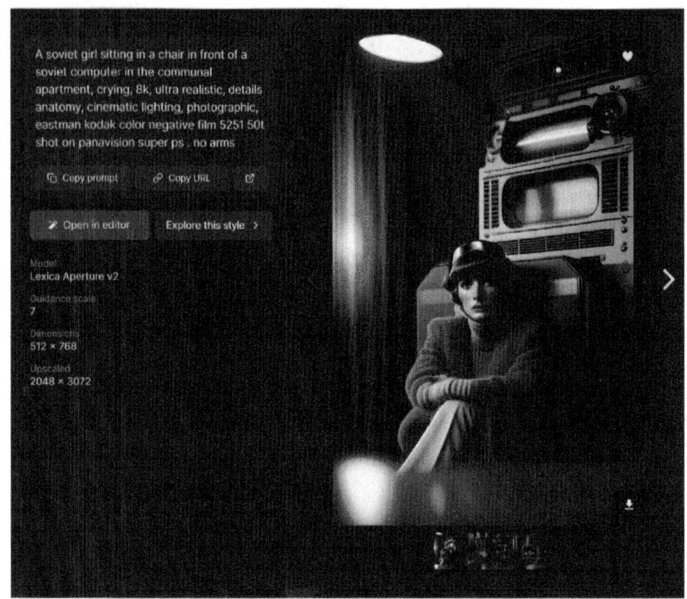

图 5-12　单击图像

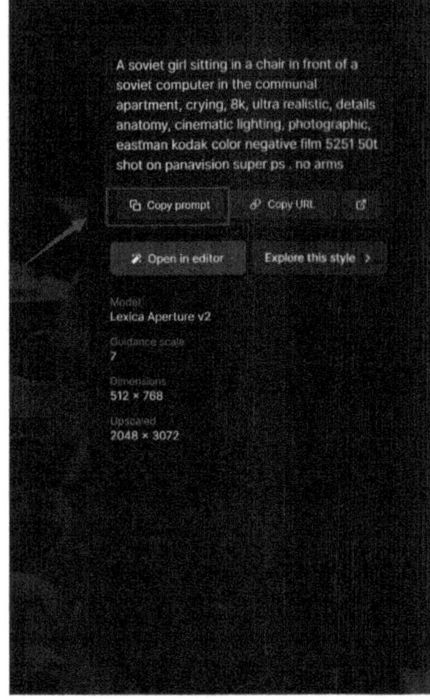

图 5-13　单击 Copy prompt 按钮

04 在网站首页的搜索栏可以搜索想查看的图像，如搜索 coat，就可以出现提示词包含 coat 的图像，如图 5-14 所示。

图 5-14　搜索 coat 图像

5.2.2　OpenArt 关键词网站

本节将介绍 OpenArt 关键词网站的使用方法，具体操作步骤如下。

01 进入 OpenArt 网站（https://openart.ai/），单击 Start Creating Now（立即开始创作）按钮，如图 5-15 所示。

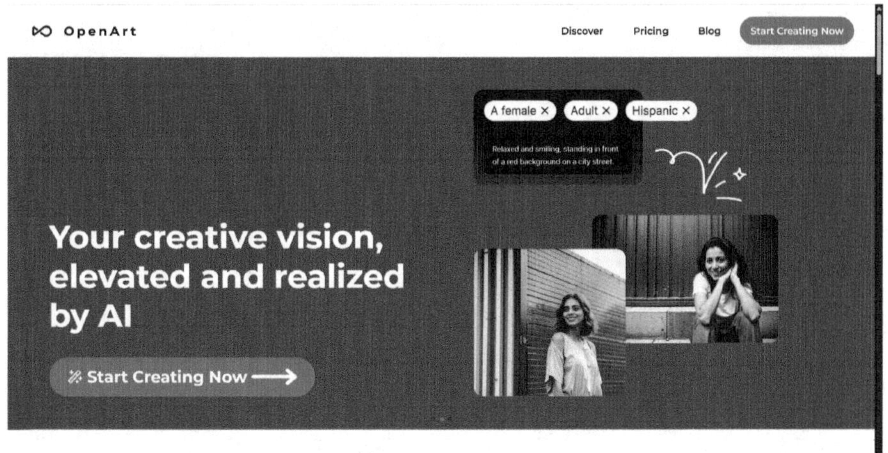

图 5-15　OpenArt 网站

02 选择 Discover（发现）选项，如图 5-16 所示。

图 5-16　Discover 选项

03 在发现界面可以浏览很多优质的图像，也可以在搜索栏搜索想查看的图像，如图 5-17 所示。

04 用户选择喜欢的图像后单击，可以看到该图像的正向提示词、反向提示词和其他图像信息，如图 5-18 所示。

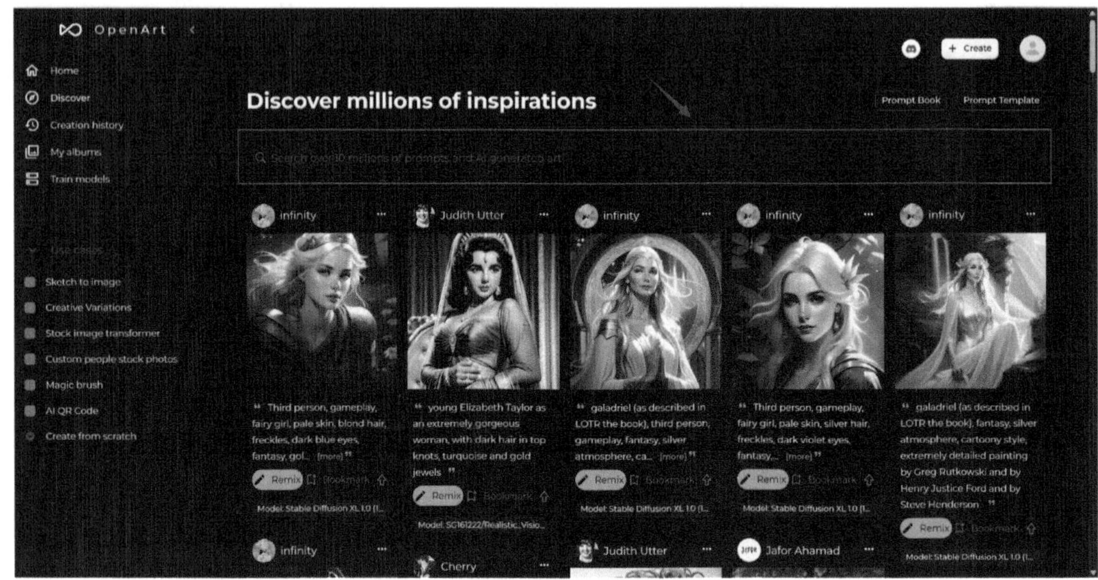

图 5-17　搜索图像

05 单击“复制”图标即可复制想要的提示词，如图 5-19 所示。

图 5-18　查看提示词

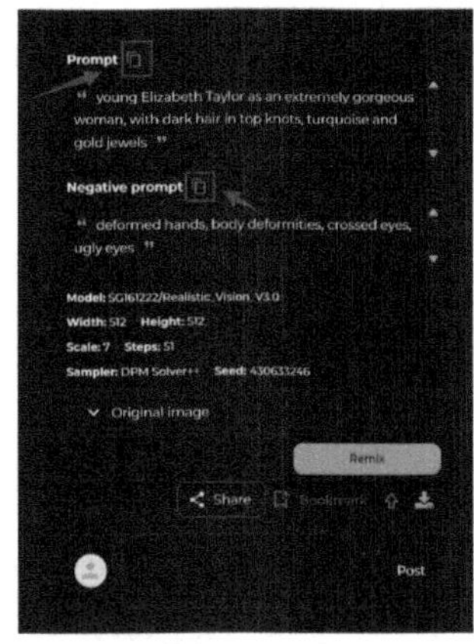

图 5-19　单击“复制”图标

5.2.3　Lib 关键词网站

本节将介绍 Lib 关键词网站的使用方法，具体操作步骤如下。

01 进入 Lib 网站（https://lib.kalos.art/），可以选择对应软件模型制作的 AI 图像，以 Midjourney V5.2 模型为例，单击即可进入，如图 5-20 所示。

02 将光标移动到喜欢的图像上，即可看到该图像的提示词，单击复制图标即可复制，如图 5-21 所示。

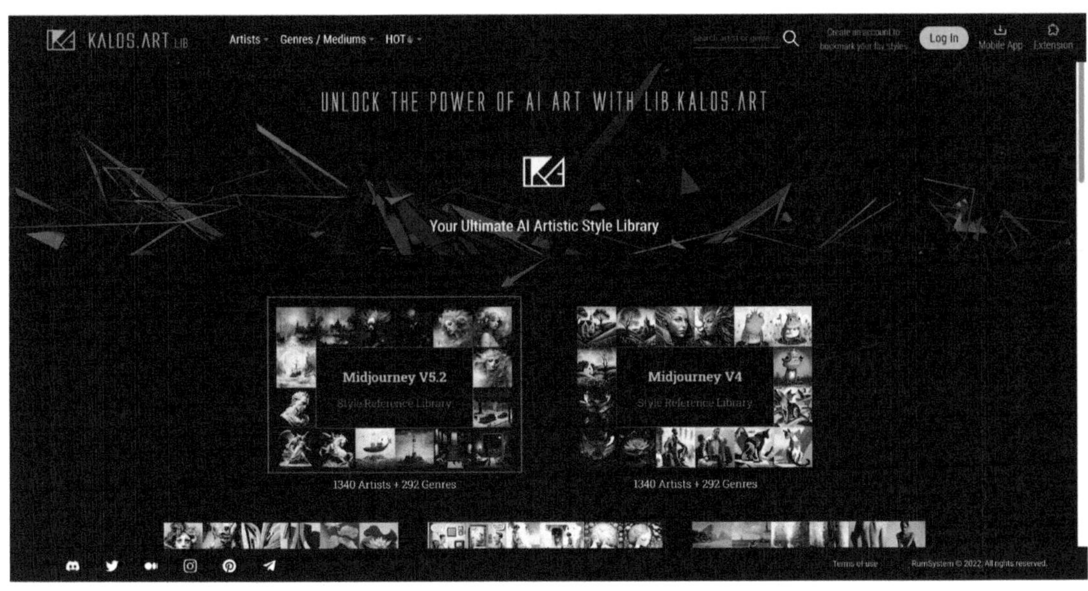

图 5-20　Lib 网站

03 在网站主页向下滑，还可以下载 KALOS. art 应用程序探索更多功能，如图 5-22 所示。

图 5-21　复制提示词

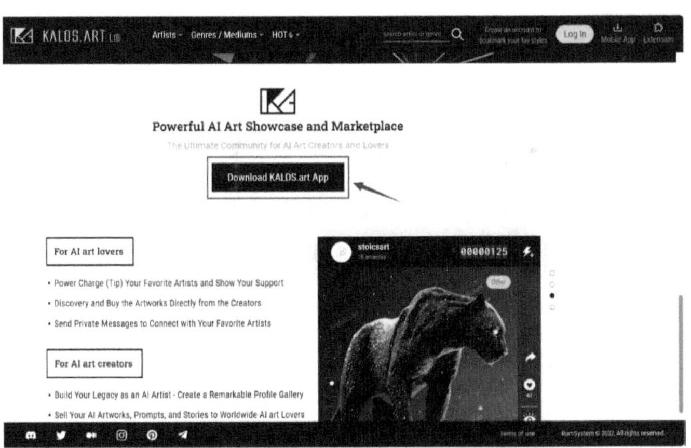

图 5-22　下载 KALOS. art 应用程序

5. 2. 4　Aituts 关键词网站

本节将介绍 Aituts 关键词网站的使用方法，具体操作步骤如下。

01 进入 Aituts 网站（https://prompts. aituts. com/），有游戏艺术、图形设计、手工艺、插图等风格的提示词，如图 5-23 所示。

02 选择喜欢的风格后单击，单击“复制”图标即可复制提示词，如图 5-24 所示。

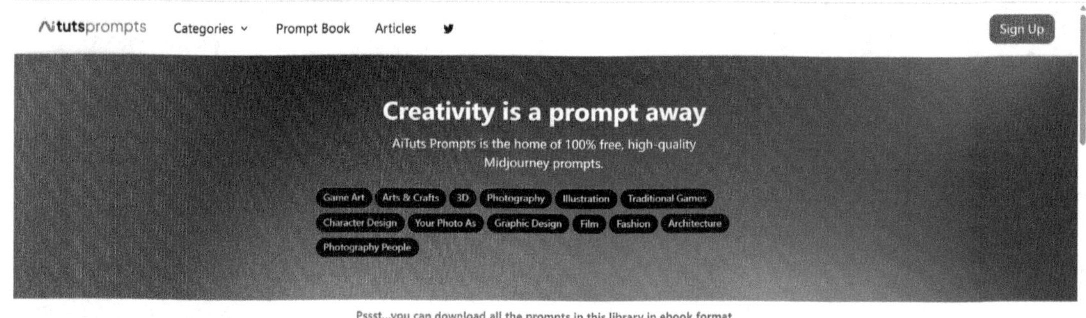

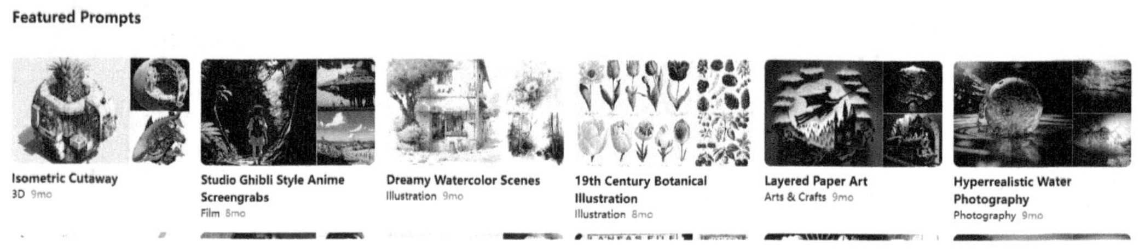

图 5-23　Aituts 网站

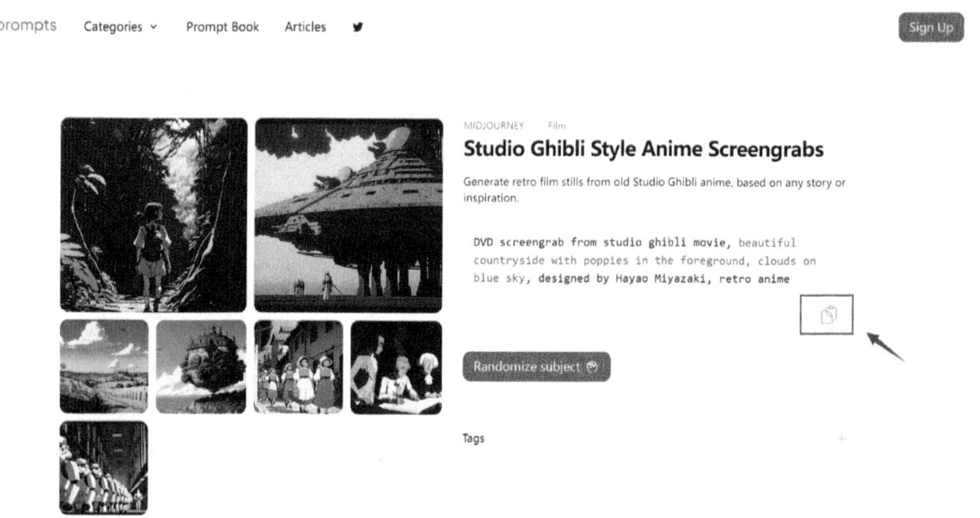

图 5-24　复制提示词（1）

5.2.5　Public Prompts 关键词网站

本节将介绍 Public Prompts 关键词网站的使用方法，具体操作步骤如下。

01 进入 Public Prompts 网站（https://publicprompts.art/），可以选择多种动漫类型的图像风格，如图 5-25 所示。

02 单击喜欢的风格，选择 Click to Copy Prompt 选项即可复制提示词，如图 5-26 所示。

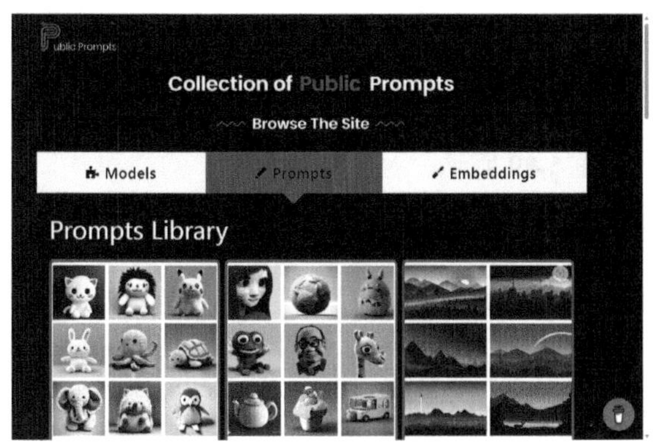

图 5-25　Public Prompts 网站

图 5-26　复制提示词（2）

5.3 Midjourney 关键词进阶：控制关键词权重

在使用 Midjourney 进行关键词描述时，常常需要强调或减弱某个关键词对整体图像的影响，本节将提供控制 Midjourney 关键词权重的方法，来帮助用户更好地控制生成图像时各个关键词之间的权重分配，以便更好地控制图像的风格和内容，从而更好地实现用户所需要的效果。

5.3.1　使用双冒号（::）指令分割关键词要素

使用双冒号（::）指令分割关键词要素的具体操作技巧如下。

1）描述词输入 snow man 会生成雪人的图像，snow 和 man 被认为是同一个元素，如图 5-27 所示。

2）在 snow 和 man 之间添加双冒号（::）指令会生成雪和人的图像，snow 和 man 被认为是两种不同的元素，如图 5-28 所示。

图 5-27　正常输入描述词

图 5-28　添加分割指令

5.3.2 使用双冒号（::）指令增减要素权重

在双冒号（::）指令后添加数字可以改变权重，权重值为正数即为增加权重，权重值为负数即为减少权重，权重值可以任意设置，但所有权重的总和必须是正数。以一条彩虹色的毛衣为例，降低红色权重可以使红色的占比减少，如图 5-29 所示。

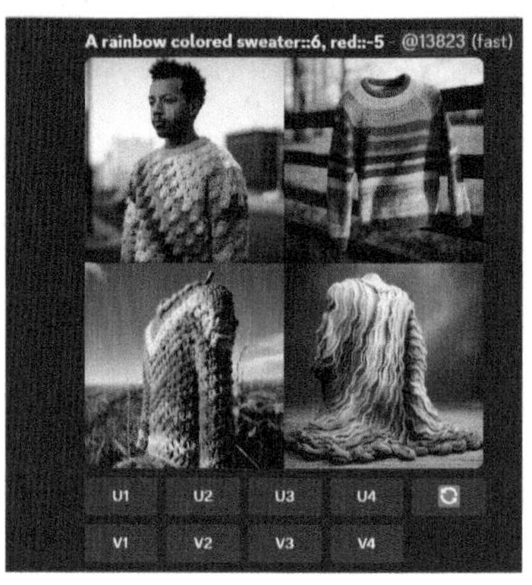

图 5-29　改变要素权重

5.3.3 使用--no 指令移除不需要的要素

以一盘水果为例，在--no 指令后添加苹果的关键词，出的图将不包含苹果元素，如图 5-30 所示。

图 5-30　移除要素

5.4 Stable Diffusion 标签超市与关键词插件

提示词在 Stable Diffusion 也非常重要，当没有好的创意和灵感时，也可以使用相关插件或提示词网站，从而使出图更加丰富。

5.4.1　标签超市

Stable Diffusion 标签超市网站为 https://tags.novelai.dev/，具体操作步骤如下。

01 进入网站后可见左边有 4 个可选择的界面，如图 5-31 所示。

图 5-31　标签超市网站

02 选择“标签”选项，该界面总体上被分为了人文景观、人物、作品角色、构图、物品、自然景观、艺术破格这几个大类，部分标签又进行了具体划分，如图 5-32 所示。

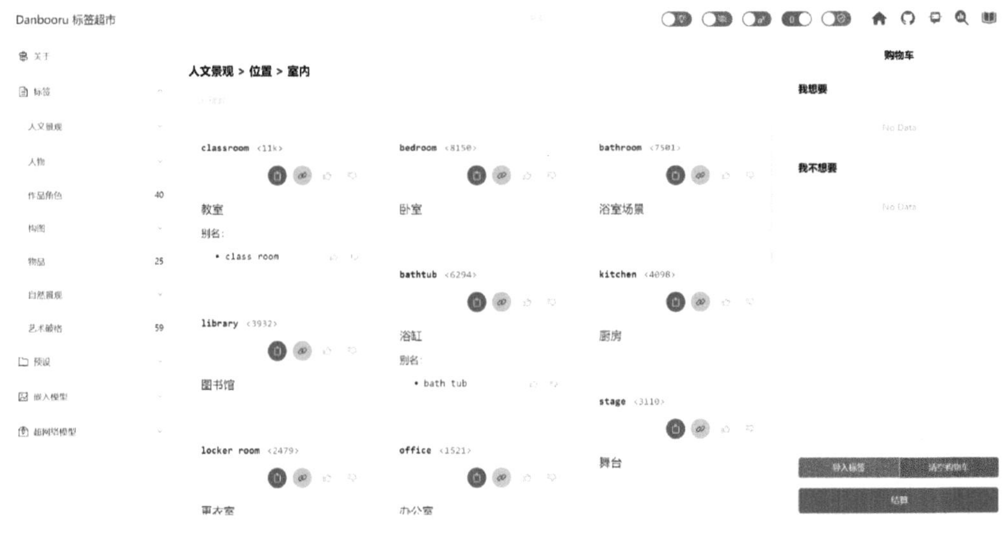

图 5-32　选择“标签”选项

03 单击深蓝色按键可对关键词进行复制，而单击浅蓝色按键可以对该标签进行查看，如图 5-33 所示。

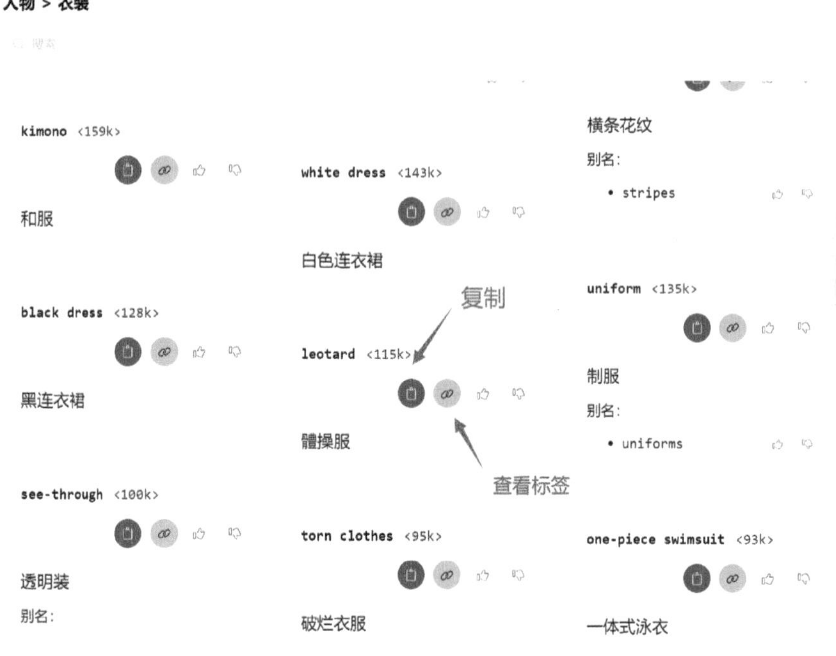

图 5-33 复制与查看标签

04 选择“预设”选项，在这里提供了一些通用引导词的正面和反面提示词预设，可单击深蓝色按键直接复制，如图 5-34 所示。

图 5-34 “预设”界面

05 选择“嵌入模型”选项，在该界面首先需要下载模型，然后将下载好的模型放入 embeddings 文件夹中，使用时需要模型配合关键词使用，如图 5-35 所示。

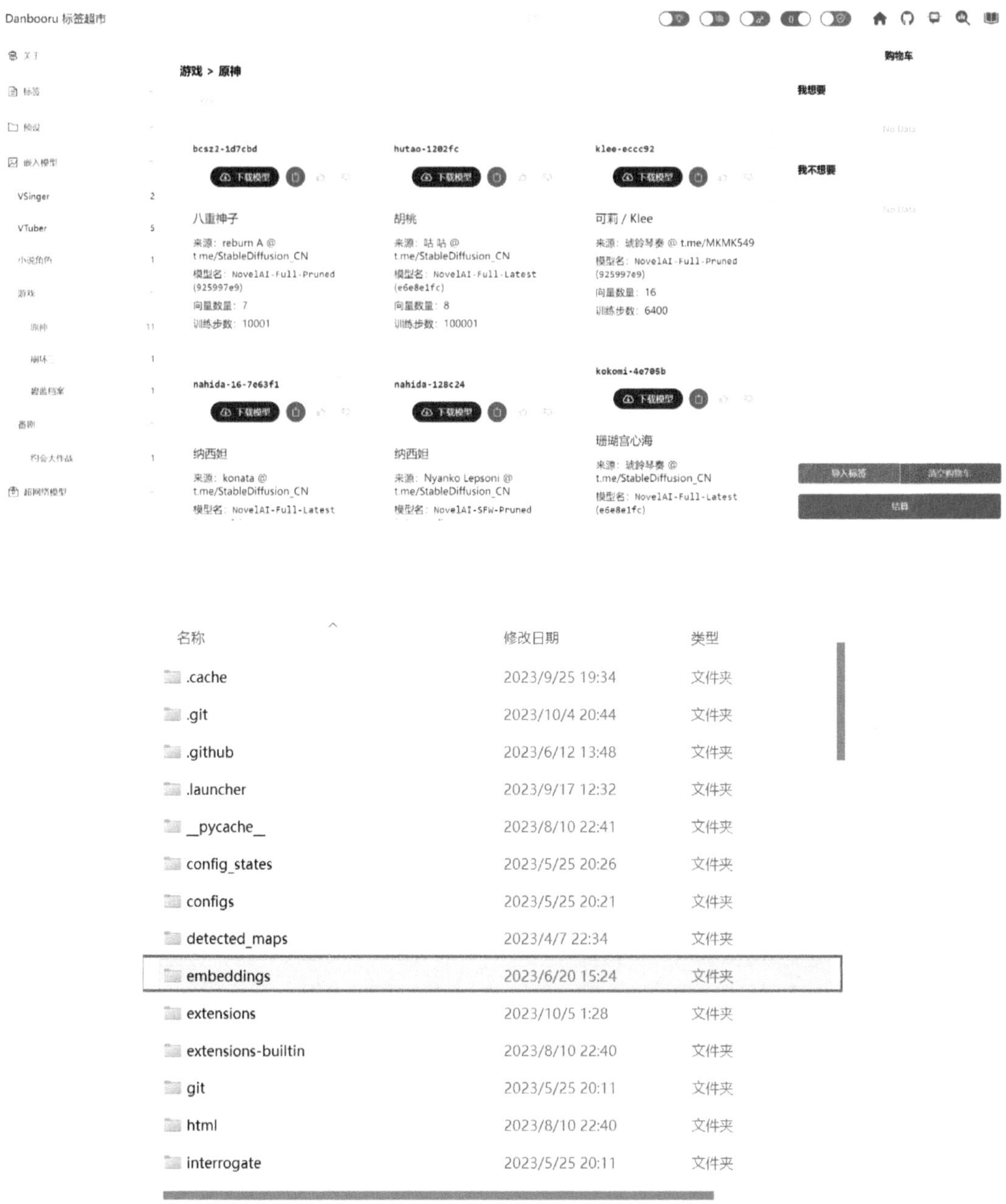

图 5-35　嵌入模型存放位置

06 选择“超网络模型”选项，该功能与嵌入模型的用法一样，需要先下载模型，放入 hypernetworks 文件夹中，但目前该类型模型几乎不推荐使用了，如图 5-36 所示。

sd-webui-aki › sd-webui-aki-v4 › sd-webui-aki-v4 › models

名称	修改日期	类型
adetailer	2023/5/25 20:25	文件夹
BLIP	2023/4/15 17:52	文件夹
Codeformer	2023/5/25 20:11	文件夹
ControlNet	2023/4/15 12:52	文件夹
deepbooru	2023/5/25 20:11	文件夹
deepdanbooru	2023/2/24 17:07	文件夹
ESRGAN	2023/7/27 9:20	文件夹
GFPGAN	2023/5/25 20:11	文件夹
hypernetworks	2022/12/20 21:18	文件夹
karlo	2023/5/25 20:11	文件夹
LDSR	2022/11/1 23:19	文件夹
Lora	2023/9/25 19:32	文件夹
LyCORIS	2023/8/23 22:10	文件夹
RealESRGAN	2023/5/25 20:11	文件夹

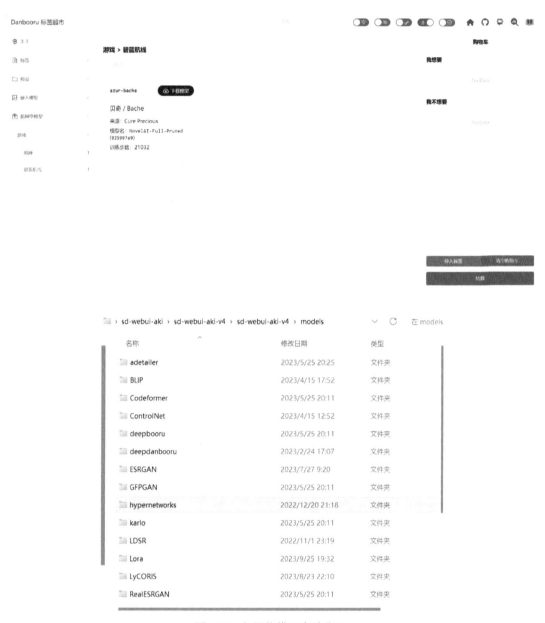

图 5-36　超网络模型存放位置

5.4.2　关键词插件

使用关键词插件的具体操作步骤如下。

01 进入 GitHub 社区，搜索 sd-webui-oldsix-prompt 来到对应页面，如图 5-37 所示。

02 单击 code 按钮复制 https://github.com/thisjam/sd-webui-oldsix-prompt-git（网络不好或出现其他问题的可直接下载下方安装包，再放入 extensions 文件夹中），如图 5-38 所示。

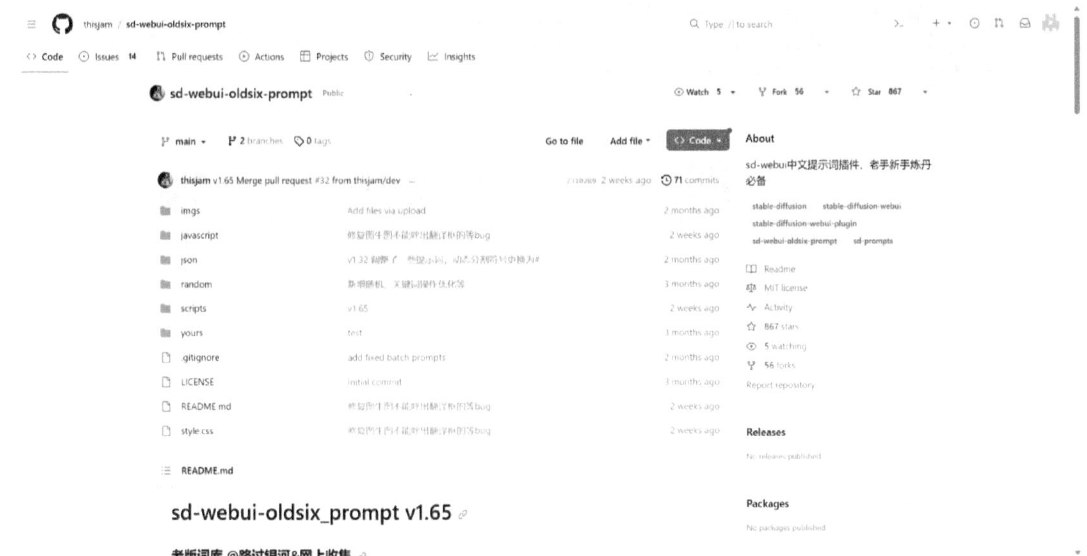

图 5-37　prompt 插件项目页面

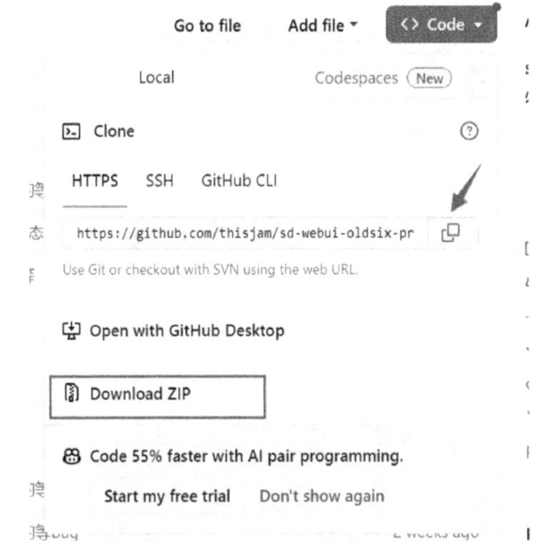

图 5-38　复制 git 仓库网址

03 打开 Web UI，在“扩展”选项卡中选择“从网址安装”选项，将刚刚复制的网址粘贴在第一行的“扩展的 git 仓库网址”中。单击“安装”按钮，等待十几秒后，在下方看到一行小字 Installed into stable-diffusion-webui\extensions\sd-webui-controlnet-Use Installed tab to restart，表示安装成功。安装界面如图 5-39 所示。

04 重启一下 Web UI，便可以看到刚刚安装好的插件位置，如图 5-40 所示。

05 该插件提供了很多关键词预设，单击鼠标左键便会出现在上方正向提示词当中，单击鼠标右键则会出现在反向提示词当中，如图 5-41 所示。

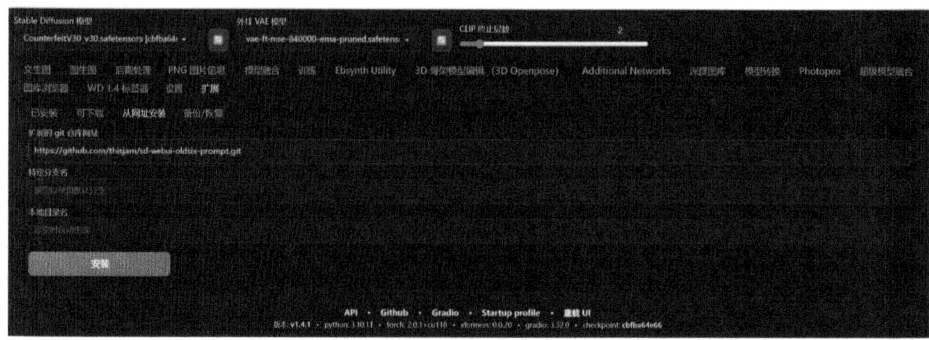

图 5-39　git 仓库网址安装界面

图 5-40　插件位置

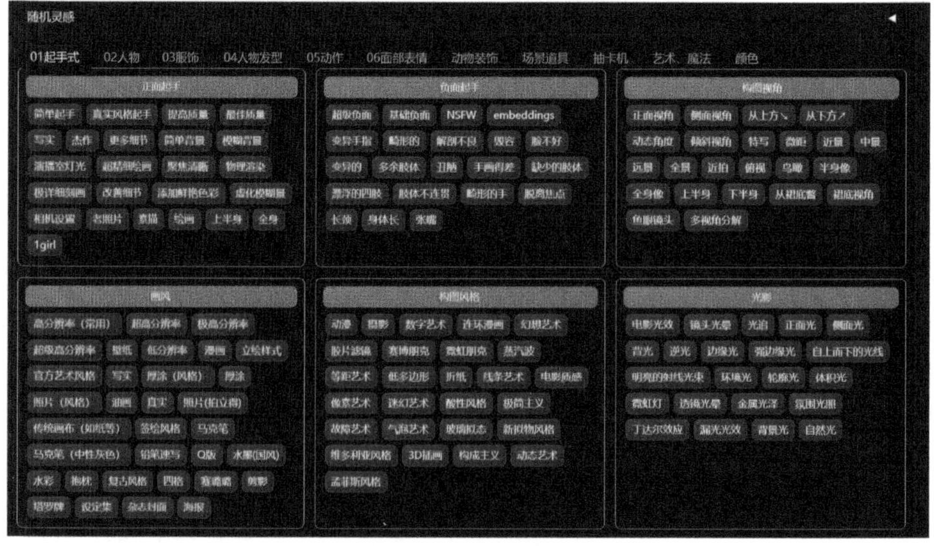

图 5-41　插件页面

06 当不知道自己想要生成什么样的图像时，还可以试试上方的随机灵感，单击“随机灵感关键词”按钮，当出现认为比较满意的关键词时就可以将其发送到提示词框，如图 5-42 所示。

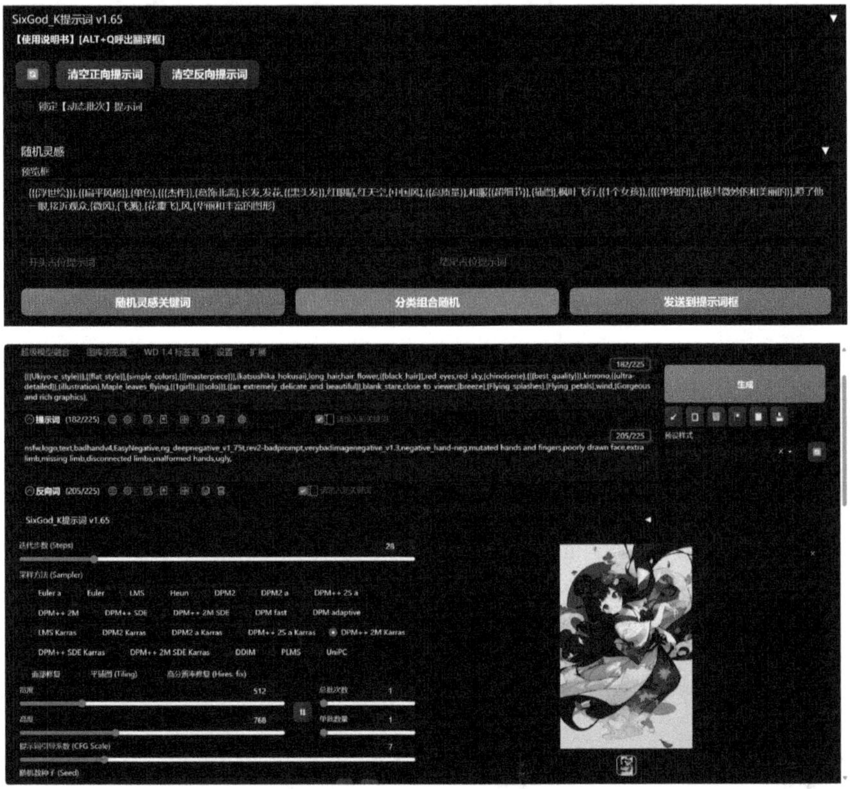

图 5-42　随机灵感使用

第6章 AI绘画实战应用

本章主要介绍AI绘画在不同领域的实际应用，包括多种LOGO设计风格的实操方法，还有艺术字、艺术二维码、游戏服装设计、动漫设计、商业插图制作等实操教学，帮助读者完成从软件学习到落地使用的质变。

6.1 AI在摄影领域的应用

在摄影领域经常会使用后期换脸技术，将一张人物照片中的脸部特征替换成其他人的脸部特征。通过AI制作风格化的底图，再用换脸技术将AI生成的脸部特征替换成真人的脸部特征，即可在不需要准备场景、灯光、服装、化妆的情况下低成本且高效地制作摄影风格写真。

6.1.1 Midjourney如何使用InsightFaceSwap换脸

本节主要讲如何通过Midjourney来进行换脸操作，虽然这种技术可以带来一些有趣的效果，但是在实际应用中，它可能会对他人的隐私和肖像权造成侵害，在某些情况下，使用AI换脸技术可能会引发法律纠纷和社会争议，所以在实际应用中需要谨慎使用，必须在合法合规且当事人允许的前提下使用。

1. InsightFaceSwap机器人

邀请换脸机器人InsightFaceSwap的具体操作步骤如下。

01 首先需要将换脸机器人InsightFaceSwap添加到Midjourney服务器中，复制InsightFaceSwap机器人链接（https://discord.com/login?redirect_to=%2Foauth2%2Fauthorize%3Fclient_id%3D1090660574196674713%26permissions%3D274877945856%26scope%3Dbot）到网页打开，会出现添加至服务器的选项，如图6-1所示。

02 选择需要添加InsightFaceSwap机器人的服务器，如图6-2所示。

03 此处以选择添加到“AI绘画”服务器为例，如图6-3所示。

04 选择好后单击“继续”按钮，如图6-4所示。

图 6-1　InsightFaceSwap 机器人链接页面

图 6-2　选择服务器

图 6-3　选择添加到“AI 绘画”服务器

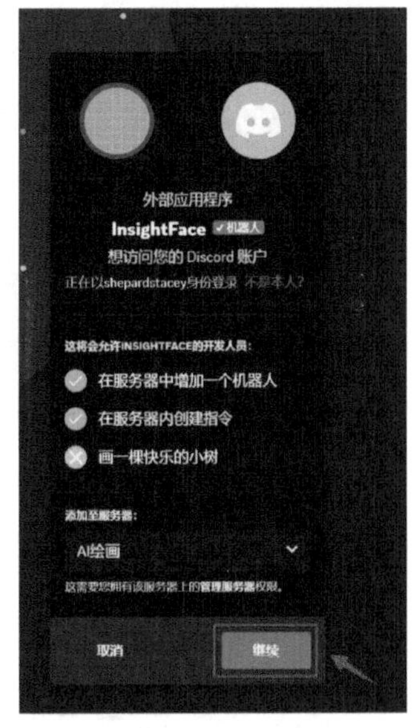

图 6-4　单击“继续”按钮

05 单击“授权”按钮，如图 6-5 所示。

06 进行真人验证，如图 6-6 所示。

07 获得授权即成功在服务器添加了 InsightFaceSwap 机器人，可以前往服务器进行换脸操作，如图 6-7 所示。

08 在服务器输入/，准备输入指令时可以看到左侧多了一个 InsightFaceSwap 机器人的图标，如图 6-8 所示。

图 6-5　单击“授权”按钮

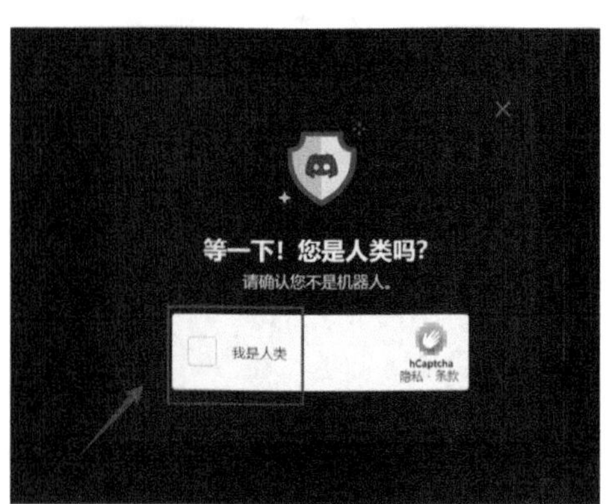

图 6-6　真人验证

图 6-7　前往服务器

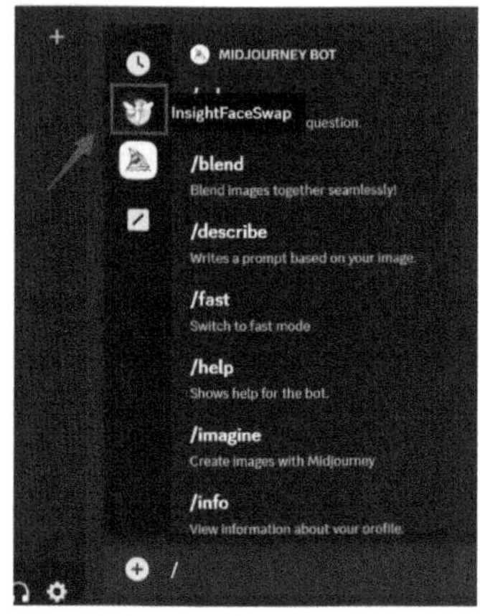

图 6-8　InsightFaceSwap 机器人图标

09 单击 InsightFaceSwap 机器人图标，可以看到全部的 InsightFaceSwap 换脸指令，如图 6-9 所示。

图 6-9　InsightFaceSwap 换脸指令

2. 使用/saveid 指令

/saveid 指令可以按照名称和图像对应的关系保存面部 ID，在 idname 的输入框中输入自定义的 id 名称，在 image 上传清晰的脸部图像，按〈Enter〉键即可保存，如图 6-10 所示。

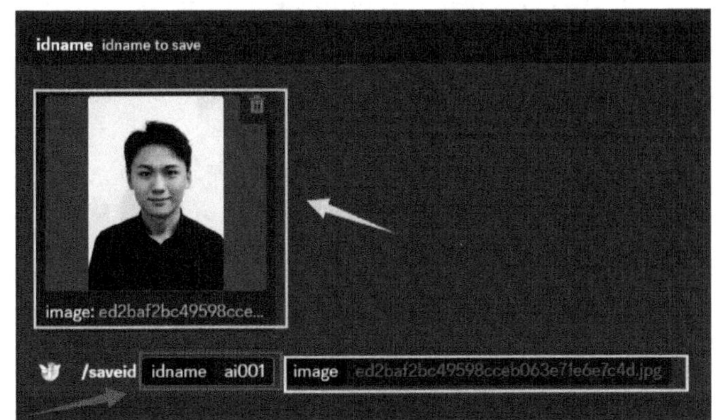

图 6-10　保存面部 ID

3. 使用/swapid 指令

/swapid 指令可以将面部 ID 应用到目标图像上，具体操作步骤如下。

01 在 idname 的输入框中输入保存过的 id 名称，在 image 上传需要被换脸的图像，按〈Enter〉键即可换脸，如图 6-11 所示。

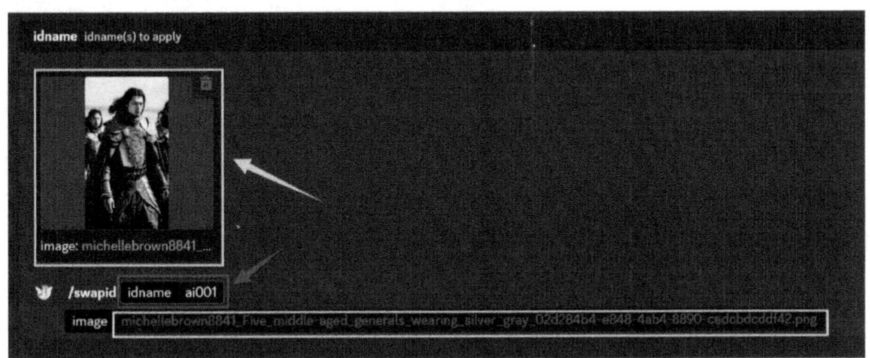

图 6-11　输入 id 名称和被换脸的图像

02 换脸成功后按正常步骤即可保存，换脸成功的消息如图 6-12 所示。

4. 使用/setid 指令

/setid 指令可以设置当前默认的面部 ID，具体操作步骤如下。

01 在输入框可以输入任意一个已经保存好的 ID 名称作为默认面部 ID，如图 6-13 所示。

02 使用默认面部 ID 换脸只需在图像上右击，依次选择 APP→INSwapper 选项即可，如图 6-14 所示。

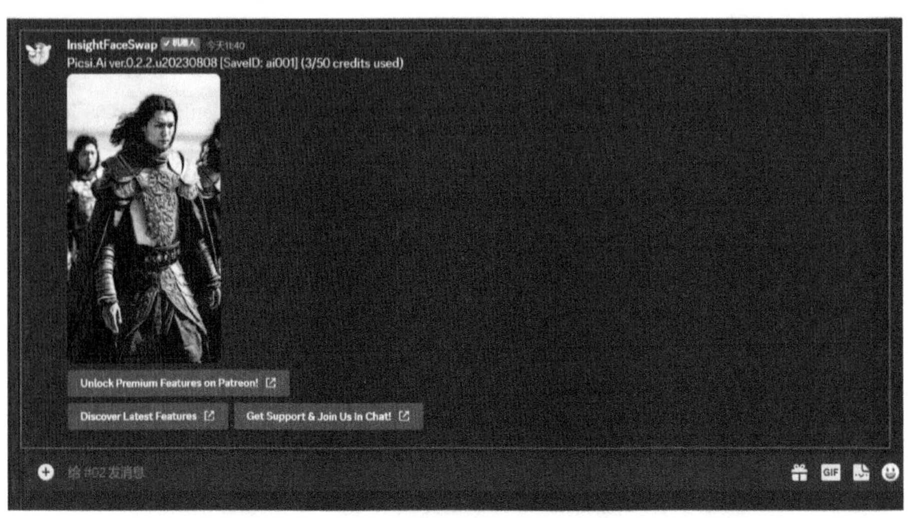

图 6-12　换脸成功

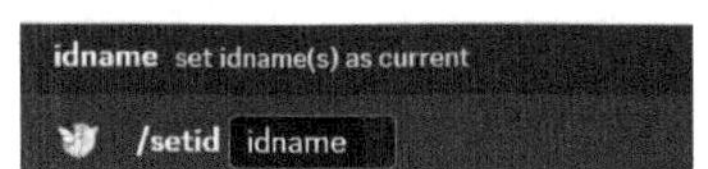

图 6-13　设置默认面部 ID

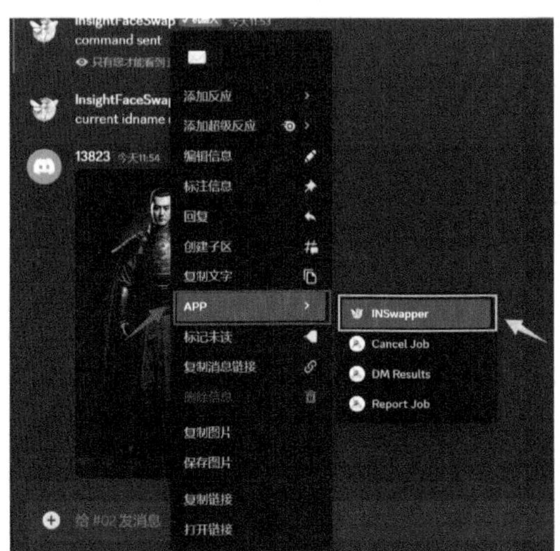

图 6-14　选择 APP→INSwapper 选项

5. 使用/listid 指令

/listid 指令可以查看所有保存的面部 ID 清单，具体操作技巧如下。

1）id-list 为所有保存的面部 ID，如图 6-15 所示。

2）current-idname 为当下的默认面部 ID，如图 6-16 所示。

图 6-15　查看面部 ID 清单

图 6-16　查看默认面部 ID

6. 使用/delid 指令

/delid 指令可以删除指定的面部 ID，在输入框输入想要删除的面部 ID 名称后发送即可，如图 6-17 所示。

7. 使用/delall 指令

/delall 指令可以删除所有的面部 ID，直接发送指令即可，如图 6-18 所示。

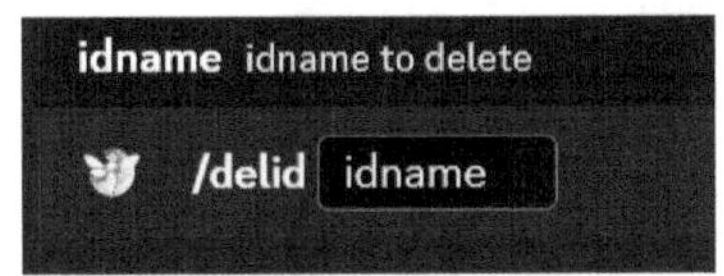

图 6-17　/delid 指令

图 6-18　/delall 指令

6.1.2　Midjourney 重绘详解

在 AI 设计写真过程中，为解决 AI 出现不符合常理的配饰或部分身体不和谐等情况，需要进行局部的修改重绘来符合写真的需求。Midjourney 的局部重绘功能在图像的大区域（图像的 20% 到 50%）的修改上效果最好。

1. 真实摄影的底图制作

AI 设计写真是重绘功能比较常见的应用场景，而 AI 写真的第一步就是制作具有真实感、摄影感的底图。真实感摄影底图制作的具体操作步骤如下。

01 以中式女将军风格的写真设计为例，描述语指令使用“一位身穿中国盔甲、手握宝剑的女将站在一个古老的中国庭院里（A female general wearing Chinese armor, holding a sword in her hand, stood in an ancient Chinese courtyard）”，如图 6-19 所示。

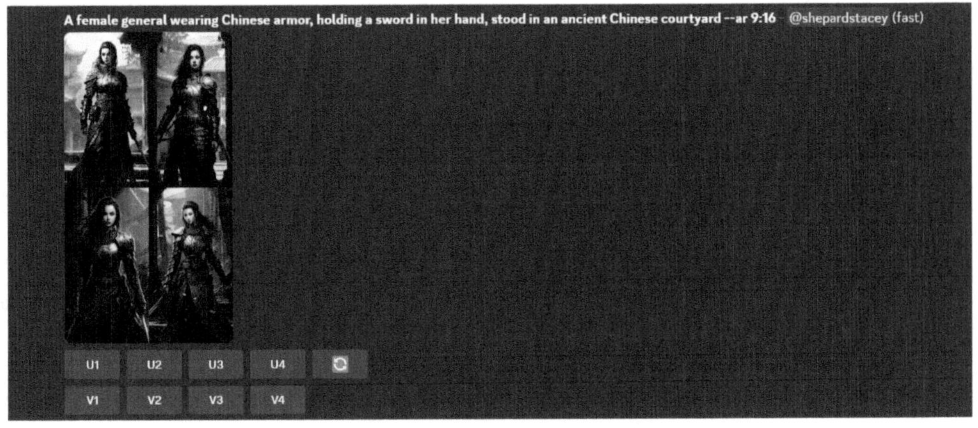

图 6-19　中式女将军风格描述语指令

02 观察生成图像可以发现，图像风格更类似绘画，绘画的风格不符合摄影写真的要求，如图 6-20 所示。

图 6-20　图像效果

03 为了获得真实摄影的图像，可以在模式设置中打开 RAW Mode 模式，如图 6-21 所示。

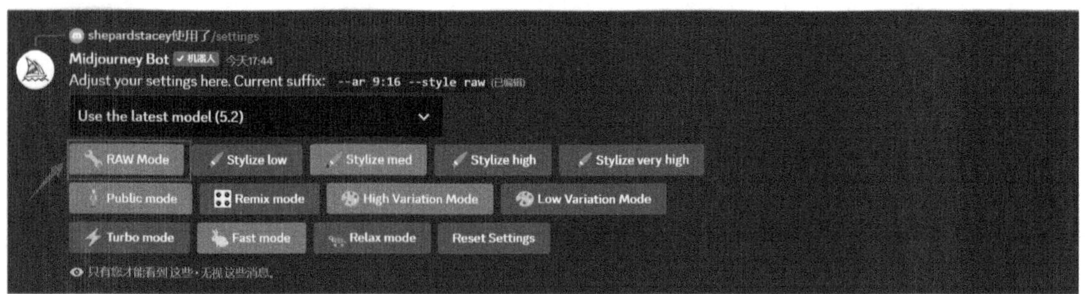

图 6-21　更改模式设置

04 在描述词和其他设置都不改变的情况下，仅打开 RAW Mode 模式生成的图像，如图 6-22 所示。

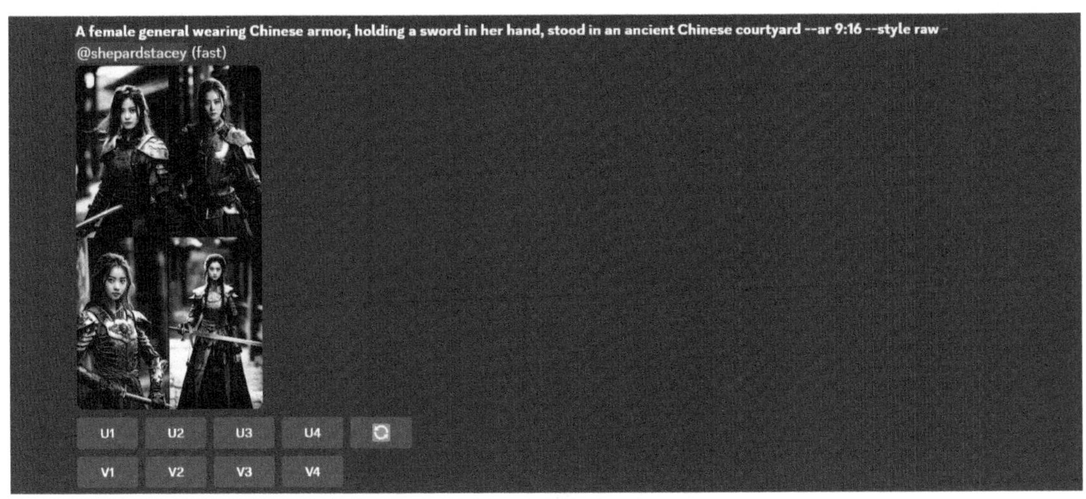

图 6-22 打开 RAW Mode 模式生成的图像

05 观察生成图像可以发现，通过设置 RAW Mode 模式生成的图像会更接近真实人物的摄影风格，更加符合摄影写真的要求，如图 6-23 所示。

图 6-23 RAW Mode 模式生成的图像效果

2. 基本重绘功能

在随机生成的底图中，常常会出现不和谐（或不合理）的地方，这时就需要使用重绘功能。重绘功能的具体操作步骤如下。

01 选择生成后较满意的图像进行放大，可以发现图像中出现了明显的不合理之处，即一把剑竟从腰部伸出，如图 6-24 所示。

图 6-24　不合理的图像

02 在放大图像下方可以看到重绘功能的按钮 Vary（Region），单击 Vary（Region）按钮，如图 6-25 所示。

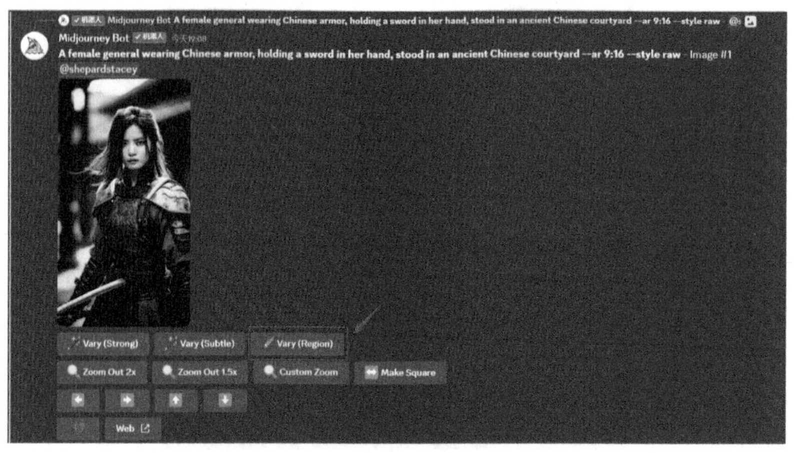

图 6-25　单击 Vary（Region）按钮

03 在重绘功能状态下，可以使用框选工具或绳索工具选择重绘的区域，如图 6-26 所示。

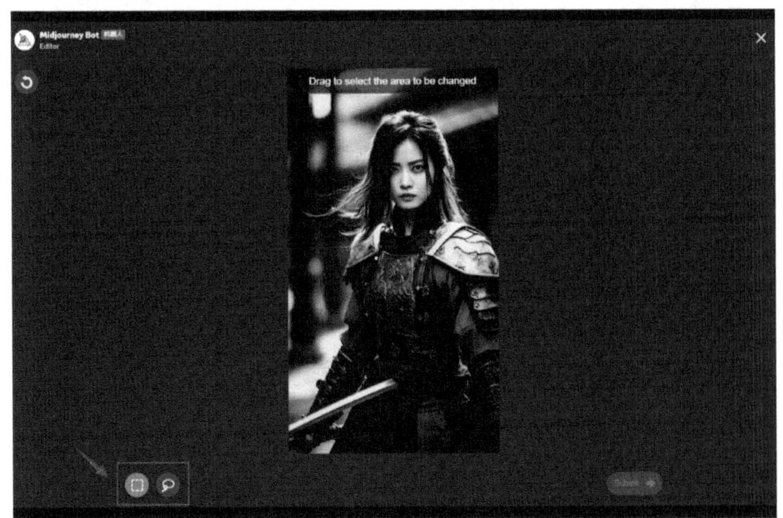

图 6-26　选择重绘的区域

04 框选工具可以按矩形绘制选择区域，如图 6-27 所示。

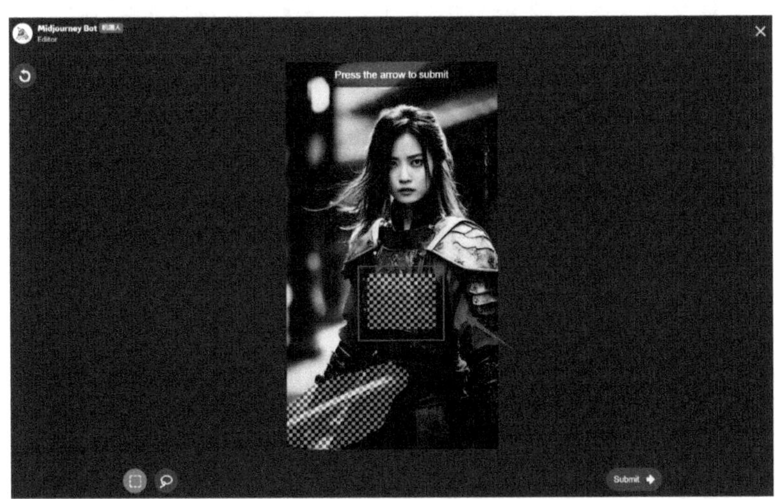

图 6-27　框选工具

05 绳索工具可以任意形状绘制选择区域，如图 6-28 所示。

06 左上角是撤回按钮，单击该按钮可以返回上一步，如图 6-29 所示。

07 确定好重绘的区域后，可以单击 Submit 按钮提交，如图 6-30 所示。

08 提交后会生成 4 张按照选择区域重新绘制的图像，可以自动修复画面中不和谐、不合理之处，如图 6-31 所示。

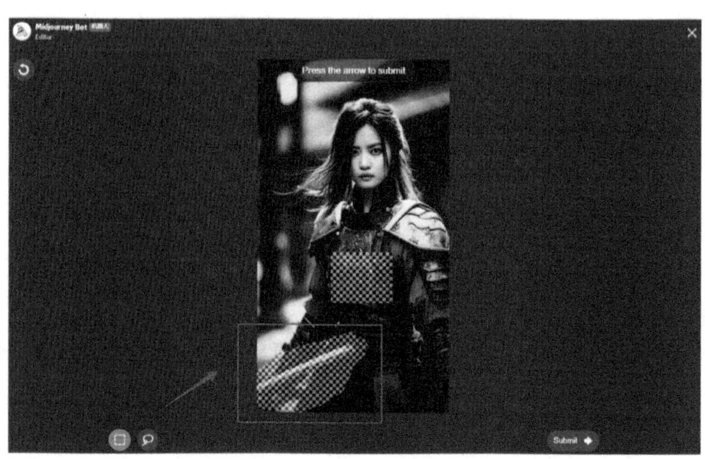

图 6-28　绳索工具

图 6-29　撤回按钮

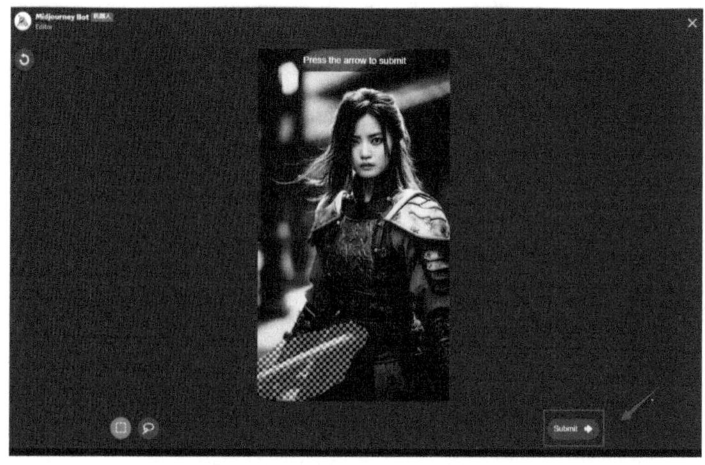

图 6-30　单击 Submit 按钮提交

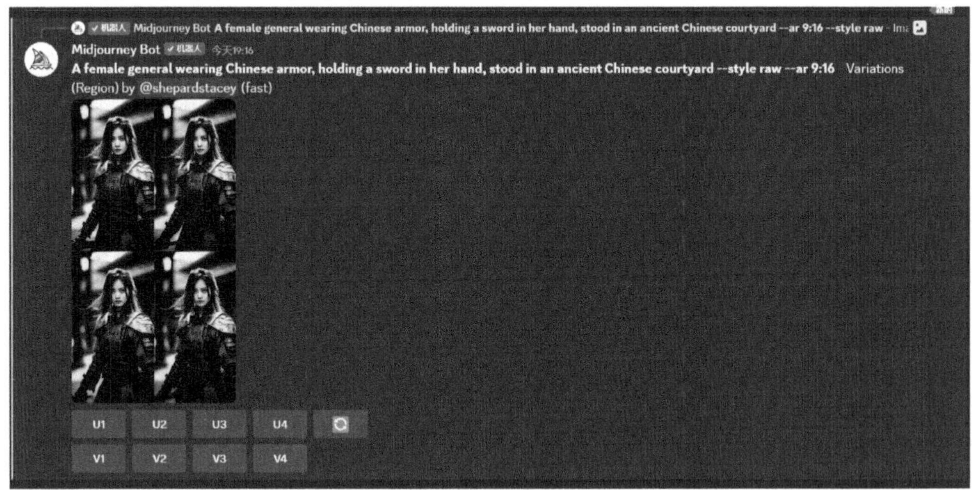

图 6-31　重新绘制图像

09 观察图像可以发现，图像不合理的部分已经修复了，如图 6-32 所示。

图 6-32　重新绘制的图像效果

3. 高级重绘功能

Midjourney 还可以在重绘过程中改变元素，来适应更多的应用场景，具体操作步骤如下。

01 Midjourney 重绘功能还可以在重绘时输入新的关键词，实现在原图像的基础上任意更改图像元素的效果，开启此功能需要在设置中开启 Remix mode 模式，如图 6-33 所示。

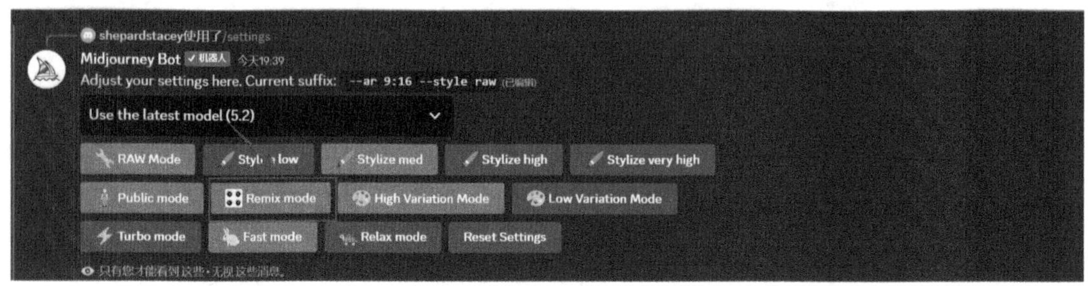

图 6-33　开启 Remix mode 模式

02 开启 Remix mode 模式后再进行重绘，会发现在重绘功能中多了一个关键词输入框，如图 6-34 所示。

图 6-34　改变描述词进行重绘

03 以红色披风铠甲为例，描述词指令使用“带有红色披风的铠甲（Armor with a red cloak）”，并框选人物身体区域，如图 6-35 所示。

04 单击箭头即可提交，如图 6-36 所示。

05 提交后会生成 4 张按要求重绘的图像，如图 6-37 所示。

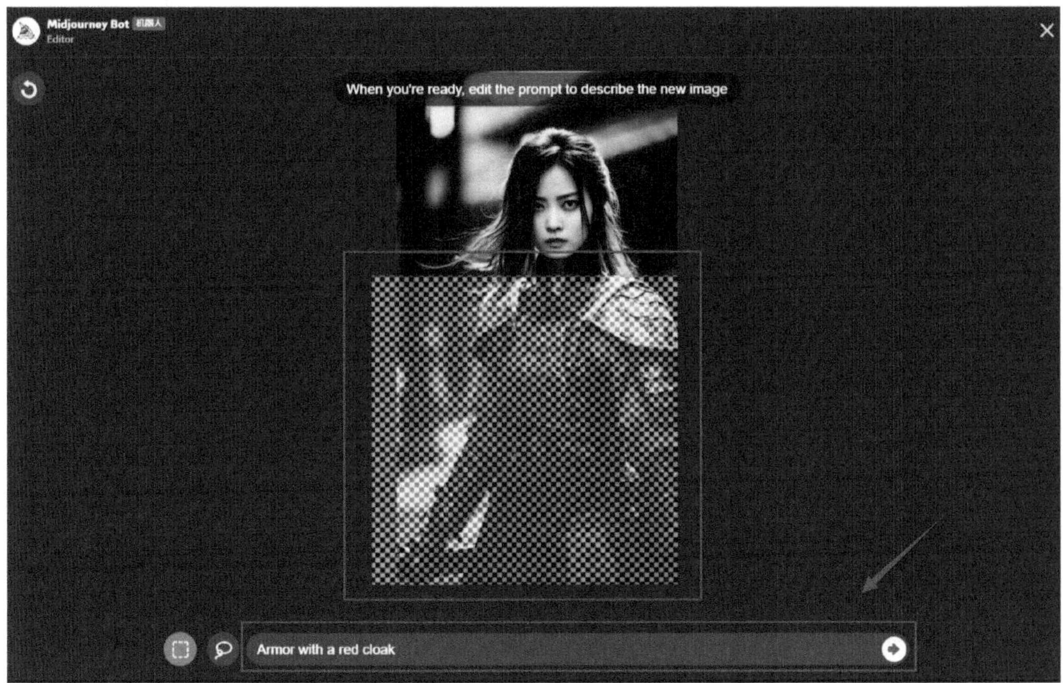

图 6-35　框选重绘区域

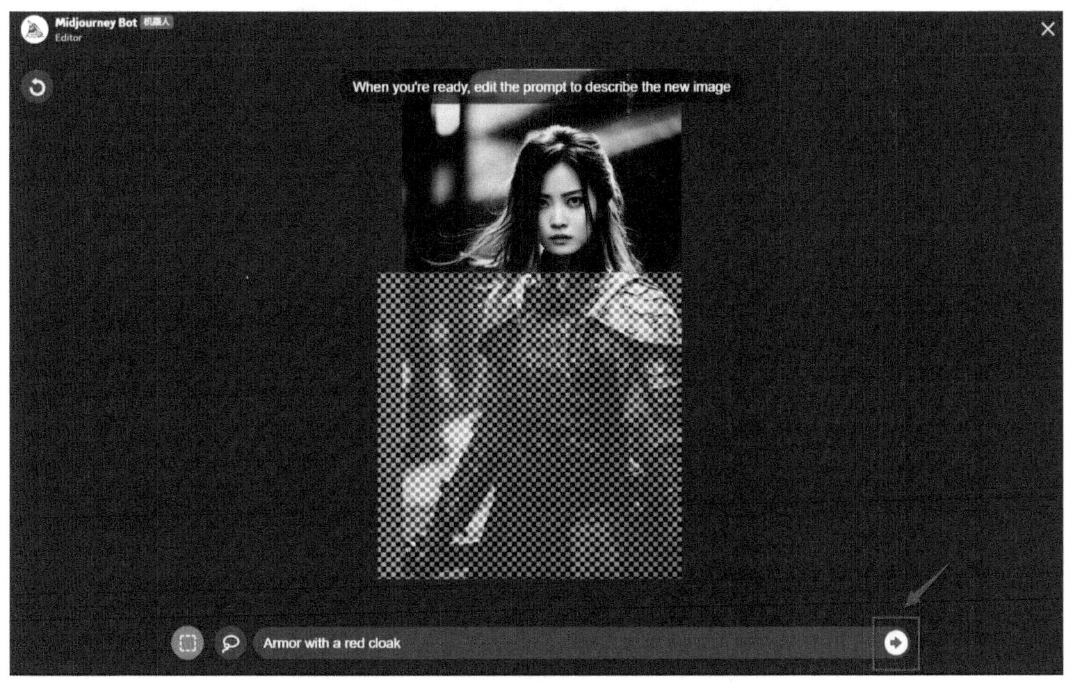

图 6-36　单击箭头提交

06 观察图像可以看到，在所框选区域生成了带有红色披风的铠甲，如图 6-38 所示。

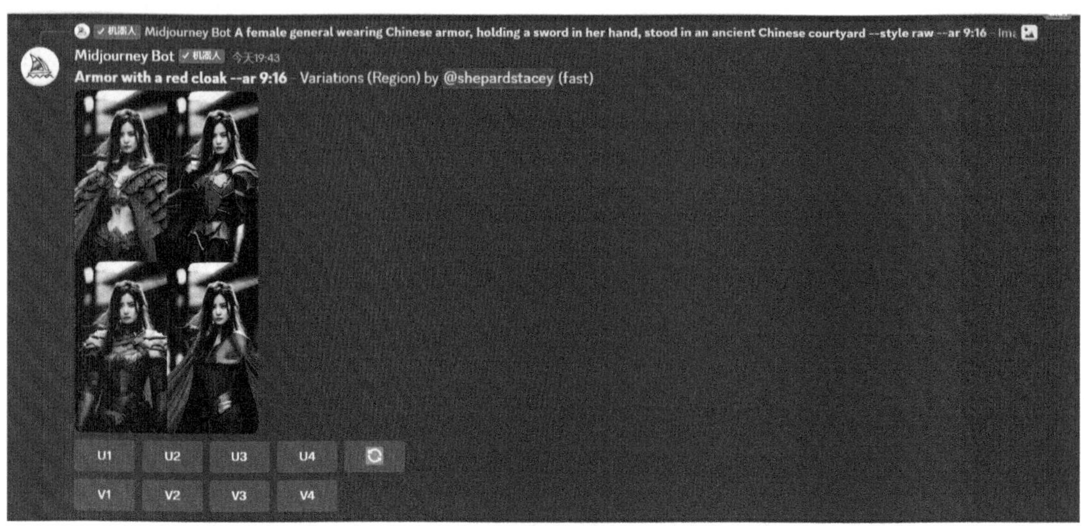

图 6-37　按要求重绘的图像

图 6-38　重绘图像效果

6.1.3　Stable Diffusion 换脸插件 roop 的安装及使用方法

roop 是一款强大的免费换脸软件，目前也被做出插件能通过 Stable Diffusion 直接使用，接下来将展示其安装及使用方法，具体操作步骤如下。

01 在准备安装训练脚本之前需要安装必要的依赖项，包括 Python 3.10、Git、Visual Studio 2015、2017、2019 和 2022 可再发行组件。在之前部署 Stable Diffusion 离线版本时已有详细操作。

02 在部署好必要的依赖项后，按〈Win+R〉快捷键调出“运行”对话框，在其中输入 cmd 打开指令行，运行以下指令 pip install insightface==0.7.3，如图 6-39 所示。

图 6-39　运行代码指令

03 等待克隆完成之后，进入 GitHub 社区，搜索 sd-webui-roop 来到相应页面，如图 6-40 所示。

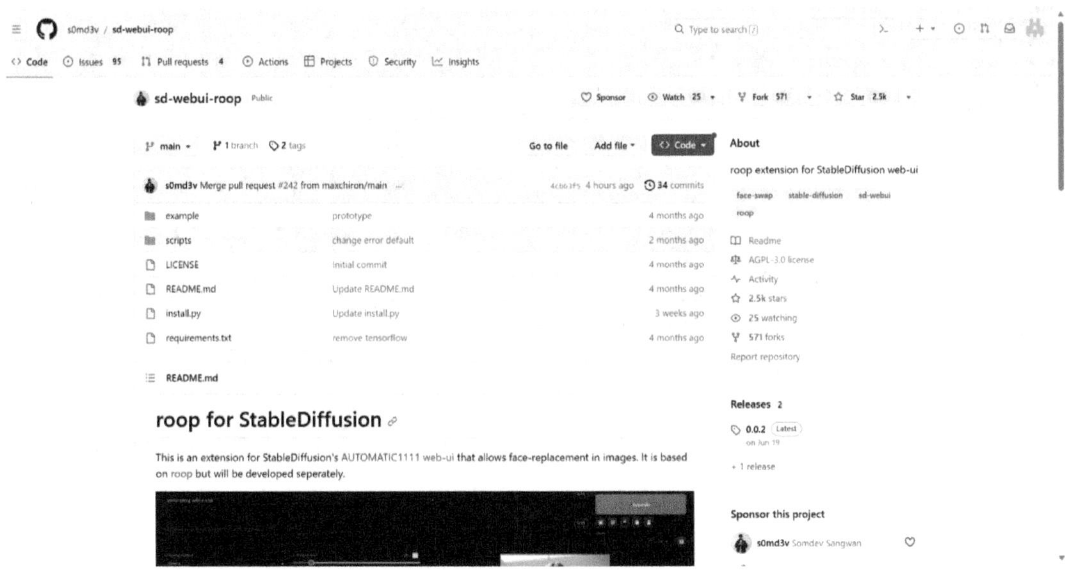

图 6-40　roop 项目页面

04 单击 Code 按钮复制 https://github.com/s0md3v/sd-webui-roop.git（网络不好或出现其他问题可直接下载下方安装包，再放入 extensions 文件夹中），如图 6-41 所示。

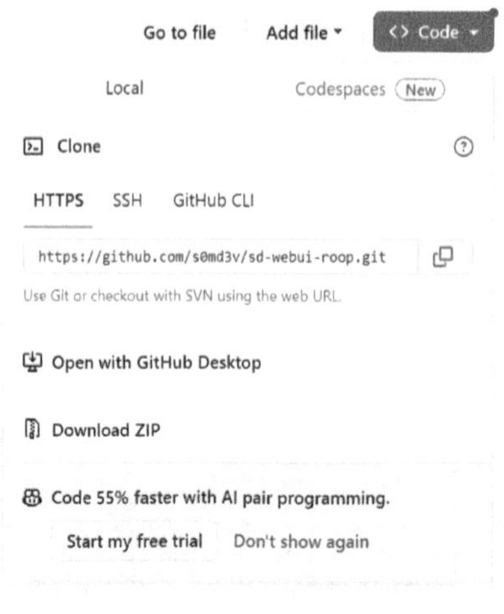

图 6-41　复制 git 仓库网址

05 打开 Web UI，在“扩展”选项卡中选择“从网址安装”选项，将刚刚复制的网址粘贴在第一行的“扩展的 git 仓库网址”中。单击“安装”按钮，等待十几秒后，在下方看到一行小字 Installed into stable-diffusion-webui\extensions\sd-webui-roop-git-Use Installed tab to restart，表示安装成功，如图 6-42 所示。

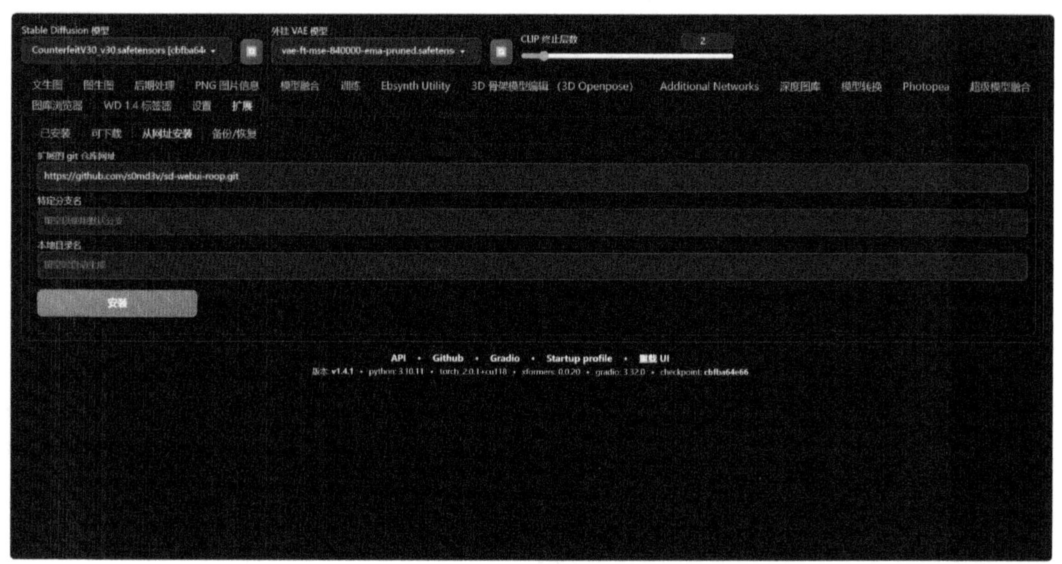

图 6-42　扩展安装页面

06 重启 Web UI，便可以在插件栏中找到安装好的 roop 插件，如图 6-43 所示。

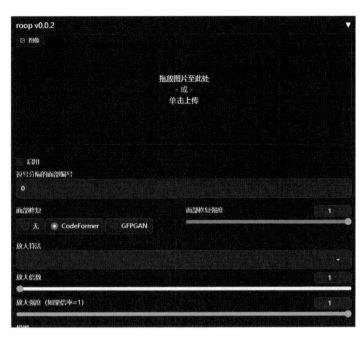

图 6-43　roop 插件页面

07 使用时只需将需要换的人脸放入其中，勾选“启用”复选框即可，如图 6-44 所示。

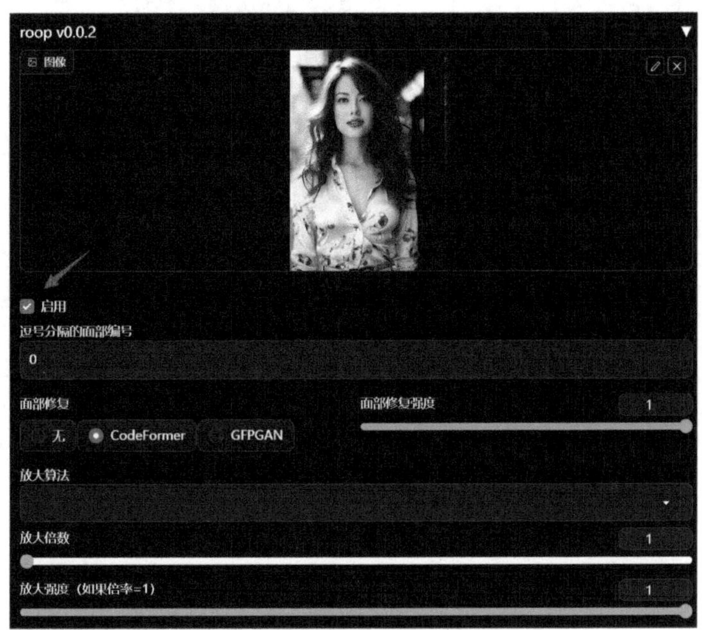

图 6-44　双击或拖入更换图

原图如图 6-45 所示。

换脸之后的效果如图 6-46 所示。

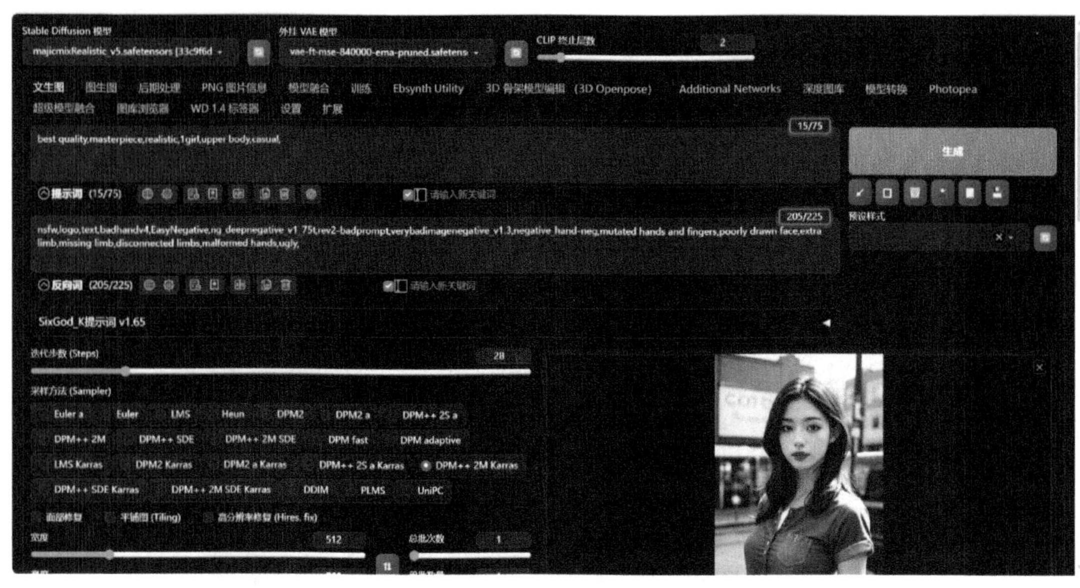

图 6-45　原图效果

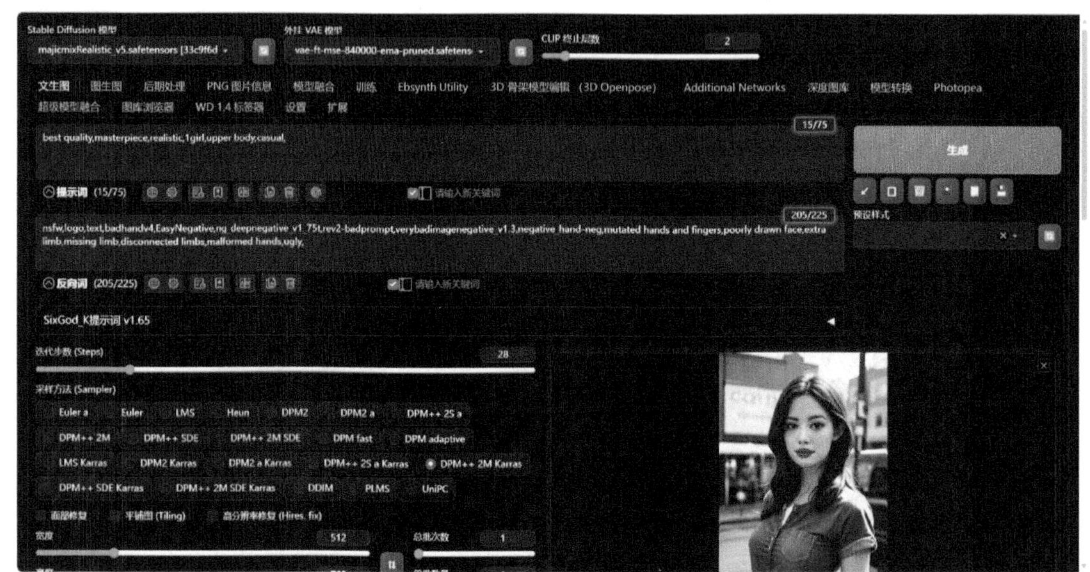

图 6-46　换脸效果

6.1.4　Stable Diffusion 脸部修复插件 ADetailer

Stable Diffusion 在生成全身图像时脸部往往容易崩坏，而 ADetailer 插件将会对人物的脸部进行识别并重绘从而达到修复的效果，同时如果创作者拥有多个人物脸部的 LoRA 模型，也可以通过 ADetailer 实现换脸的效果。接下来讲述如何在 Stable Diffusion 中安装该插件，具体操作步骤如下。

01 进入 GitHub 社区，搜索 ADetailer 来到相应页面，如图 6-47 所示。

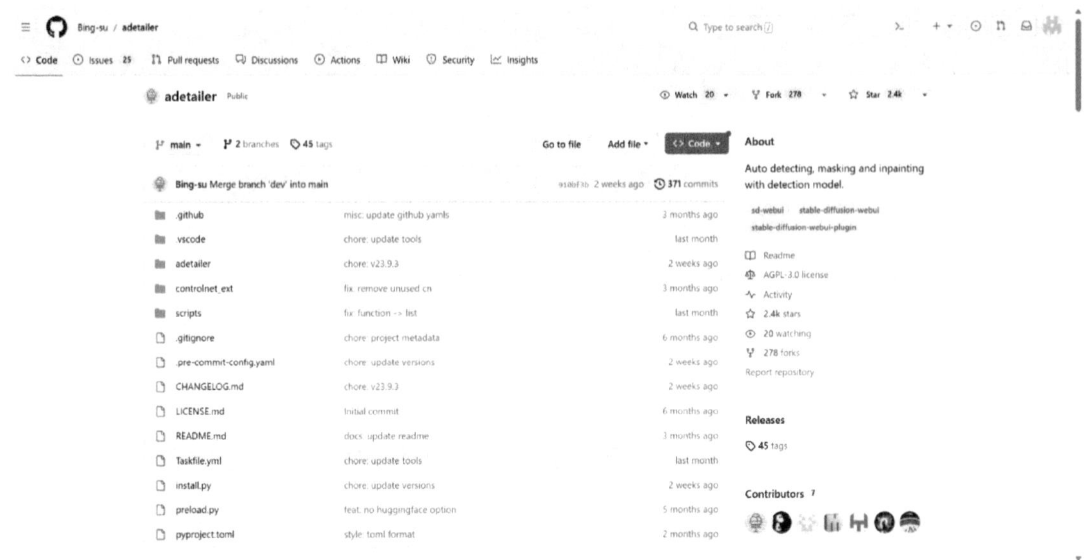

图 6-47　ADetailer 项目页面

02 单击 Code 按钮复制 https://github.com/Bing-su/adetailer.git（网络不好或出现其他问题可直接下载下方安装包，再放入 extensions 文件夹中），如图 6-48 所示。

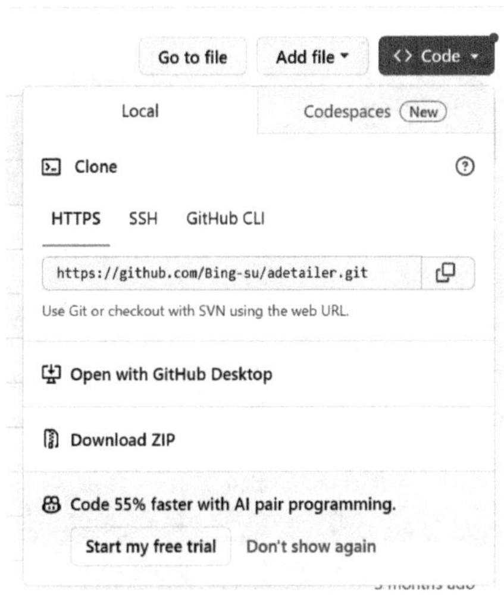

图 6-48　复制 git 仓库网址

03 打开 Web UI，在“扩展”选项卡中选择“从网址安装”选项，将刚刚复制的网址粘贴在第一行的“扩展的 git 仓库网址”中，单击“安装”按钮，等待十几秒后，在下方看到一行小字 Installed into stable-diffusion-webui\extensions\adetailer-Use Installed tab to restart，表示安装成功。安装界面如图 6-49 所示。

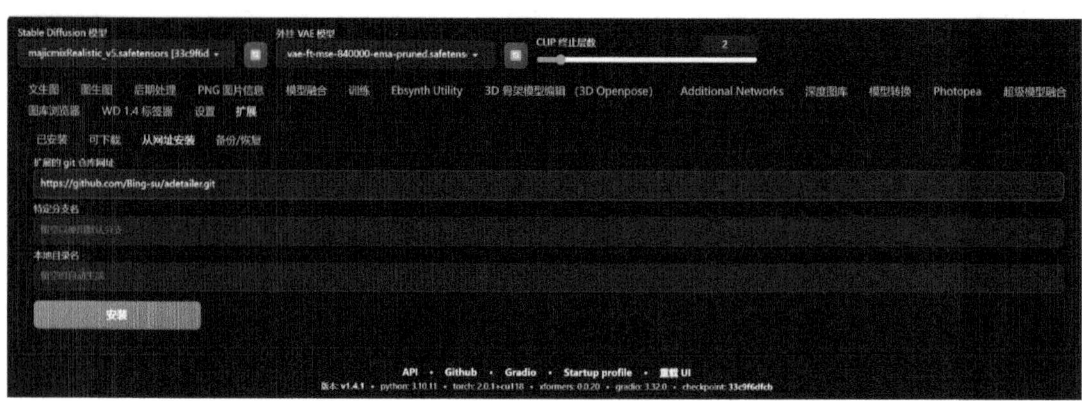

图 6-49　扩展安装页面

04 重启 Web UI，便可以在插件栏中找到安装好的插件 ADetailer，如图 6-50 所示。

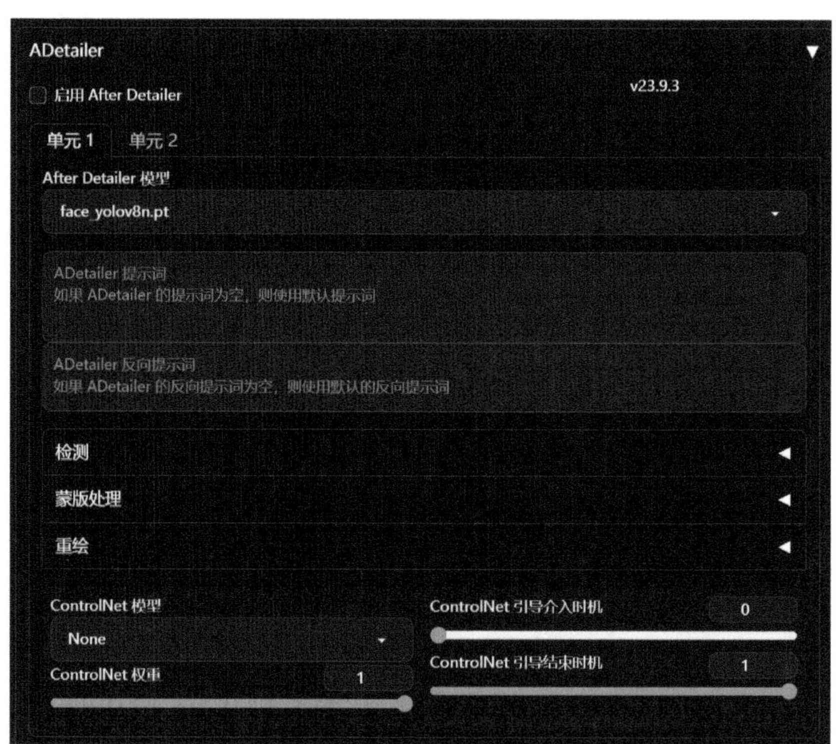

图 6-50　ADetailer 插件页面

05 首先不启用该插件生成一张全身人物图，可以看到人物的脸部有一定程度的崩坏，如图 6-51 所示。

06 勾选“启用 After Detailer 选项”复选框后，人物脸部崩坏的问题瞬间被解决了，如图 6-52 所示。

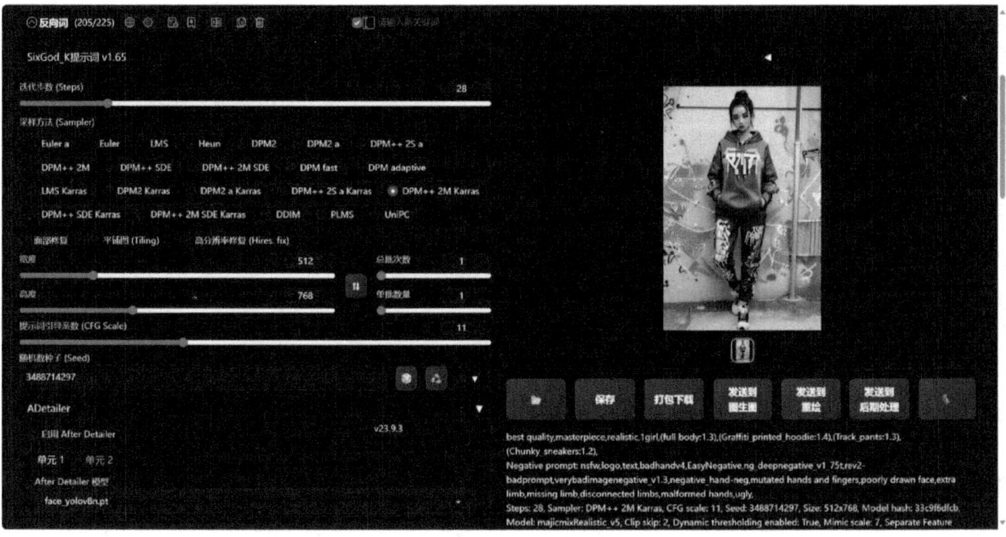
反向词 (205/225)
SixGod_K提示词 v1.65
迭代步数 (Steps)
28
采样方法 (Sampler)
Euler a
Euler
LMS
Heun
DPM2
DPM2 a
DPM++ 2S a
DPM++ 2M
DPM++ SDE
DPM++ 2M SDE
DPM fast
DPM adaptive
LMS Karras
DPM2 Karras
DPM2 a Karras
DPM++ 2S a Karras
DPM++ 2M Karras
DPM++ SDE Karras
DPM++ 2M SDE Karras
DDIM
PLMS
UniPC
面部修复
平铺图 (Tiling)
高分辨率修复 (Hires. fix)
宽度
512
总批次数
1
高度
768
单批数量
1
提示词引导系数 (CFG Scale)
11
随机数种子 (Seed)
3488714297
ADetailer
v23.9.3
启用 After Detailer
单元 1
单元 2
After Detailer 模型
face_yolov8n.pt
保存
打包下载
发送到图生图
发送到重绘
发送到后期处理
best quality,masterpiece,realistic,1girl,(full body:1.3),(Graffiti_printed_hoodie:1.4),(Track_pants:1.3),
(Chunky_sneakers:1.2),
Negative prompt: nsfw,logo,text,badhandv4,EasyNegative,ng_deepnegative_v1_75t,rev2-
badprompt,verybadimagenegative_v1.3,negative_hand-neg,mutated hands and fingers,poorly drawn face,extra
limb,missing limb,disconnected limbs,malformed hands,ugly,
Steps: 28, Sampler: DPM++ 2M Karras, CFG scale: 11, Seed: 3488714297, Size: 512x768, Model hash: 33c9f6dfcb,
Model: majicmixRealistic_v5, Clip skip: 2, Dynamic thresholding enabled: True, Mimic scale: 7, Separate Feature

图 6-51　未修复原图

反向词 (205/225)
SixGod_K提示词 v1.65
迭代步数 (Steps) 28
采样方法 (Sampler)
Euler a | Euler | LMS | Heun | DPM2 | DPM2 a | DPM++ 2S a
DPM++ 2M | DPM++ SDE | DPM++ 2M SDE | DPM fast | DPM adaptive
LMS Karras | DPM2 Karras | DPM2 a Karras | DPM++ 2S a Karras | DPM++ 2M Karras
DPM++ SDE Karras | DPM++ 2M SDE Karras | DDIM | PLMS | UniPC
平铺图 (Tiling)
高分辨率修复 (Hires. fix)
宽度 512
高度 768
总批次数 1
单批数量 1
提示词引导系数 (CFG Scale) 11
随机数种子 (Seed)
3488714297
ADetailer
启用 After Detailer
v23.9.3
单元 1　单元 2
After Detailer 模型
face_yolov8n.pt
保存
打包下载
发送到图生图
发送到重绘
发送到后期处理
best quality,masterpiece,realistic,1girl,(full body:1.3),(Graffiti_printed_hoodie:1.4),(Track_pants:1.3),
(Chunky_sneakers:1.2),
Negative prompt: nsfw,logo,text,badhandv4,EasyNegative,ng_deepnegative_v1_75t,rev2-badprompt,verybadimagenegative_v1.3,negative_hand-neg,mutated hands and fingers,poorly drawn face,extra limb,missing limb,disconnected limbs,malformed hands,ugly,
Steps: 28, Sampler: DPM++ 2M Karras, CFG scale: 11, Seed: 3488714297, Size: 512x768, Model hash: 33c9f6dfcb, Model: majicmixRealistic_v5, Clip skip: 2, ADetailer model: face_yolov8n.pt, ADetailer confidence: 0.3, ADetailer

图 6-52　修复效果展示

07 如果创作者拥有其他脸型的 LoRA，可以放入 ADetailer 的正向提示词中，便可以完成换脸操作，如图 6-53 所示。

ADetailer
启用 After Detailer
v23.9.3
单元 1　单元 2
After Detailer 模型
face_yolov8n.pt
<lora:HongKongDollLikeness:0.8>,
ADetailer 反向提示词
如果 ADetailer 的反向提示词为空，则使用默认的反向提示词
检测
蒙版处理
重绘
ControlNet 模型
None
ControlNet 权重　1
ControlNet 引导介入时机　0
ControlNet 引导结束时机　1

图 6-53　利用不同脸型的 LoRA 完成换脸

6.1.5　新国风四神兽写真设计案例

真人写真需要真实的摄影风格，需要在设置之中将模型调整为最新的正常模型。写真通常不会以单张出现，而是以一系列相同或类似风格的图像为一套来展现。下面以新国风四神兽风

格的写真设计为例，设计灵感来源于中国古代传说中的四大神兽——青龙、白虎、朱雀、玄武，结合古装铠甲的摄影风格。

1. 朱雀将军设计

以朱雀将军服装设计为例，具体操作步骤如下。

01 描述语指令使用“一位身穿红黑色古装和盔甲的年轻将军，一位身穿红色斗篷、面带微笑的中国老战士，背景为深蓝色，拍摄一张动作和前景模糊的全身全景照片（a young general dressed in red and black ancient clothing and armor, a Chinese veteran wearing a red cloak, a smile on his face, and a dark blue background, takes a full body panoramic photo with blurred movements and foreground）”，如图 6-54 所示。

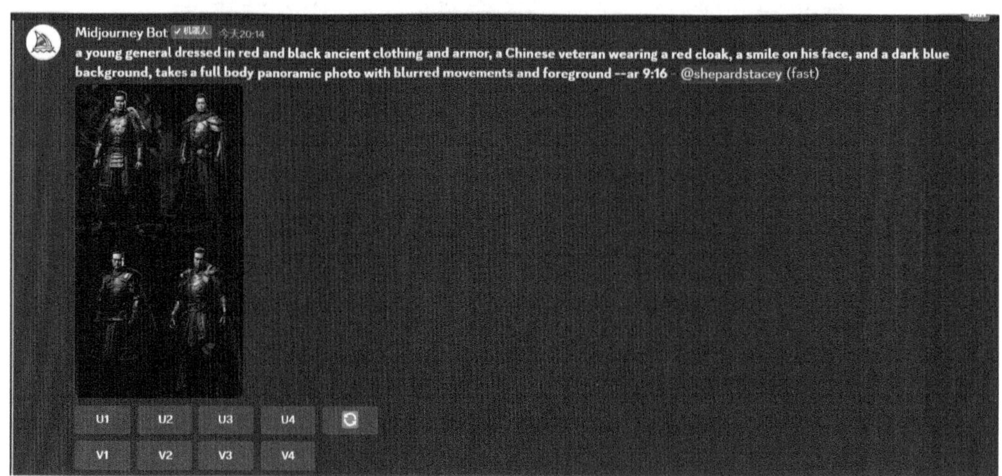

图 6-54　朱雀将军服装设计指令

02 对整体较好但细节略有不和谐的图像部分进行重绘修改，如图 6-55 所示。

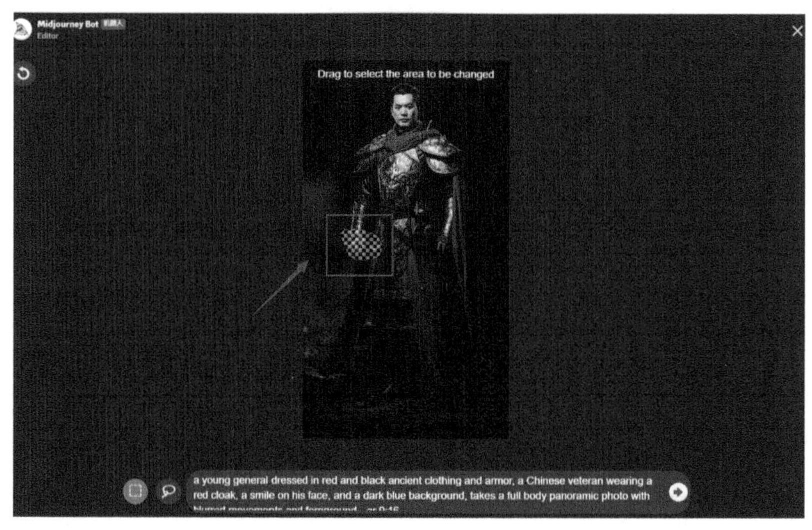

图 6-55　重绘修改图像

03 对满意的底图进行换脸，即可完成 AI 设计写真的制作。脸图如图 6-56 所示，底图如图 6-57 所示，最终写真效果图如图 6-58 所示。

图 6-56　脸图

图 6-57　朱雀将军底图

图 6-58　朱雀将军最终写真效果

2. 青龙将军设计

描述语指令使用“一位身穿蓝色古装和盔甲的年轻将军，一位身穿蓝色斗篷、面带微笑的中国老战士，背景为深蓝色，拍摄一张动作和前景模糊的全身全景照片（a young general dressed in blue ancient clothing and armor, a Chinese veteran wearing a blue cloak, a smile on his face, and a dark blue background, takes a full body panoramic photo with blurred movements and foreground）”，底图如图 6-59 所示，最终写真效果图如图 6-60 所示。

图 6-59　青龙将军底图

图 6-60　青龙将军最终写真效果

3. 玄武将军设计

描述语指令使用“一位身穿紫色古装和盔甲的年轻将军，一位身穿紫色斗篷、面带微笑的

中国老战士，背景为深蓝色，拍摄一张动作和前景模糊的全身全景照片（a young general dressed in purple ancient clothing and armor, a Chinese veteran wearing a purple cloak, a smile on his face, and a dark blue background, takes a full body panoramic photo with blurred movements and foreground）”。底图如图 6-61 所示，最终写真效果图如图 6-62 所示。

图 6-61　玄武将军底图

图 6-62　玄武将军最终写真效果

4. 白虎将军设计

描述语指令使用“一位身穿银色古装和盔甲的年轻将军，一位身穿白色斗篷、面带微笑的中国老战士，背景为深蓝色，拍摄一张动作和前景模糊的全身全景照片（a young general dressed in silver ancient clothing and armor, a Chinese veteran wearing a white cloak, a smile on his face, and a dark blue background, takes a full body panoramic photo with blurred movements and foreground）”。底图如图 6-63 所示，最终写真效果图如图 6-64 所示。

图 6-63　白虎将军底图

图 6-64　白虎将军最终写真效果

6.2 AI 在商标设计领域的应用

商业 LOGO 设计需要根据用户的需求和品牌特点生成符合要求的 LOGO。AI 可以帮助设计师更快地生成多种不同的设计方案，从而节省时间和成本，提高创意和创新性、提高品牌识别度和影响力。

6.2.1　首字母 LOGO

本节主要介绍首字母 LOGO 的设计技巧，具体操作步骤如下。

01 单个字母可以直接使用基础的图形标志（Graphical symbol of）、公司标志（Company logo with）或商业标志（Business logo with）指令，如："字母 A 的图形标志（Graphical symbol of letter A）"，如图 6-65 所示。

02 如果需要平面绘画类型的 LOGO，可以把模型调整为 Niji 模型，如图 6-66 所示。

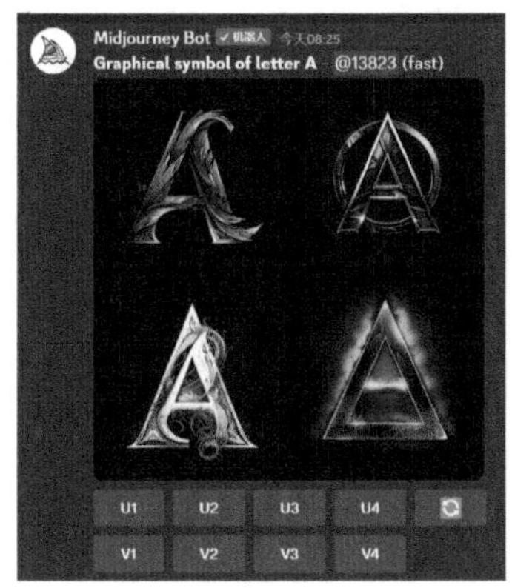

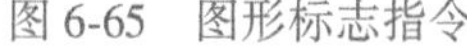

图 6-65　图形标志指令

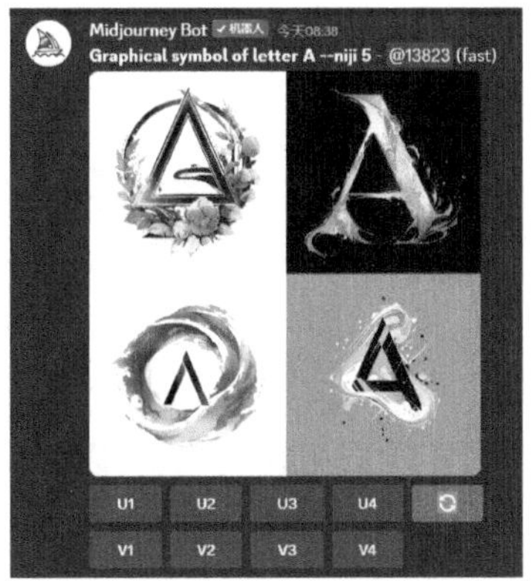

图 6-66　模型调整

03 在图形标志的基础指令上可以增加更多的提示词，以满足更准确的需求，如："黑白，极简风格（black and white，minimalist style）"，如图 6-67 所示。

图 6-67　补充指令细节

6.2.2 极简几何 LOGO

本节主要介绍几何 LOGO 的设计技巧，具体操作步骤如下。

01 几何图形 LOGO 可以使用平面几何标志（The flat geometric symbol of）指令加图形不断重复（constantly repeating）的指令，如："皇冠的平面几何标志，三角形不断重复（The flat geometric symbol of the crown, with triangles constantly repeating）" 来得到一个由重复的三角形组成的皇冠LOGO，如图 6-68 所示。

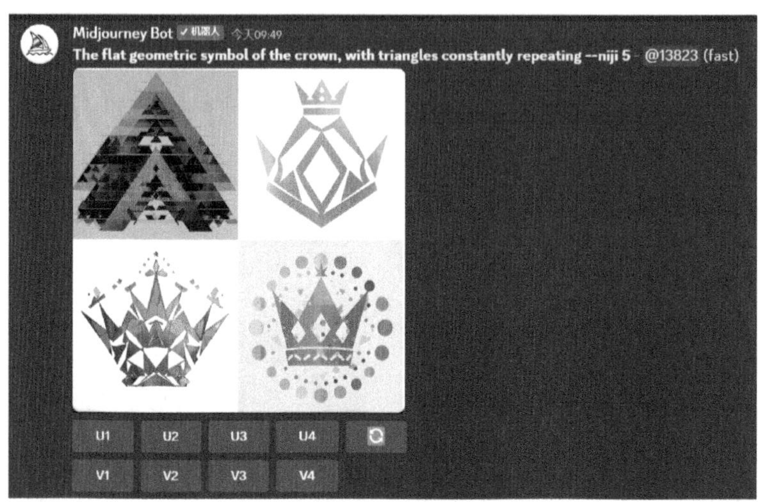

图 6-68　图形不断重复指令

02 除了图形不断重复指令，也可以加平移（shifting）、旋转（rotating）等平面变换指令。如："花朵的平面几何标志，圆形不断平移且旋转（The flat geometric symbol of flowers, with circles constantly repeating shifting and rotating）"，如图 6-69 所示。

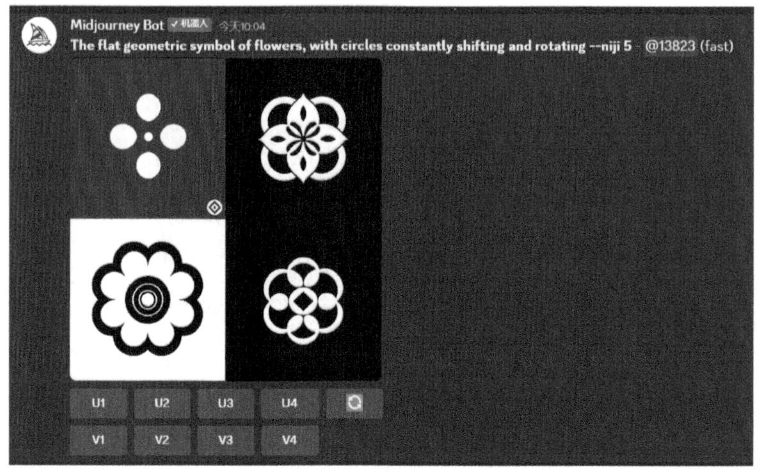

图 6-69　平移且旋转指令

6.2.3　动物图案 LOGO

本节主要介绍动物图案 LOGO 的设计技巧，具体操作步骤如下。

01 动物图案 LOGO 可以使用平面矢量图形标志（Plane vector graphic logo of）指令，如："小狗的平面矢量图形标志（Plane vector graphic logo of a puppy）"，如图 6-70 所示。

02 除了卡通风格，线条图形的标志（shaped line graphic logo）指令更符合抽象的 LOGO 设计，如："狗形线条图形的标志（Dog shaped line graphic logo）"，如图 6-71 所示。

图 6-70　平面矢量图形标志指令

图 6-71　线条图形的标志指令

03 如果想更具高级感，可以使用黑白线条图形的标志（shaped black and white line graphic logo）指令，如："狗形黑白线条图形的标志（Dog shaped black and white line graphic logo）"，如图 6-72 所示。

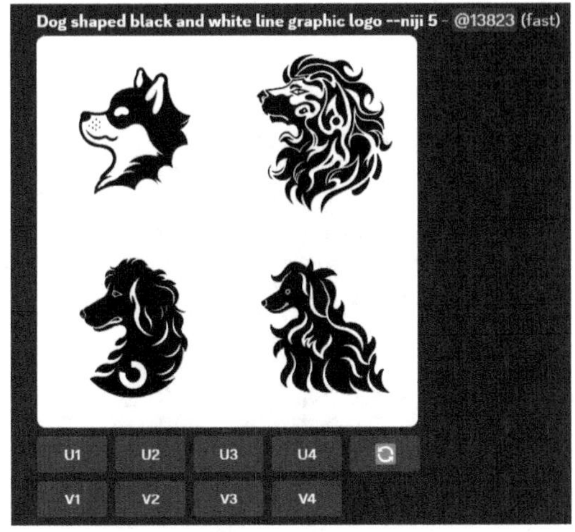

图 6-72　黑白线条图形的标志指令

6.2.4 立体 LOGO

本节主要介绍立体 LOGO 的设计技巧，具体操作步骤如下。

01 卡通风格的立体 LOGO 可以使用极简主义立体卡通商业标志（Minimalist three-dimensional cartoon business logo for）指令，以纽扣为例，如图 6-73 所示。

02 当前主流的有一种介于 2D 和 3D 之间的维度风格，即在平面添加物体阴影的 2.5D 风格，可以使用极简主义 2.5D 商业标志（The minimalist 2.5d commercial logo of）指令，以山丘为例，如图 6-74 所示。

图 6-73 极简主义立体卡通商业标志指令

图 6-74 极简主义 2.5D 商业标志指令

6.2.5 徽章 LOGO

本节主要介绍徽章 LOGO 的设计技巧，具体操作步骤如下。

01 徽章风格可以使用徽章风格商业标志（The emblem style commercial emblem of）指令，以马为例，如图 6-75 所示。

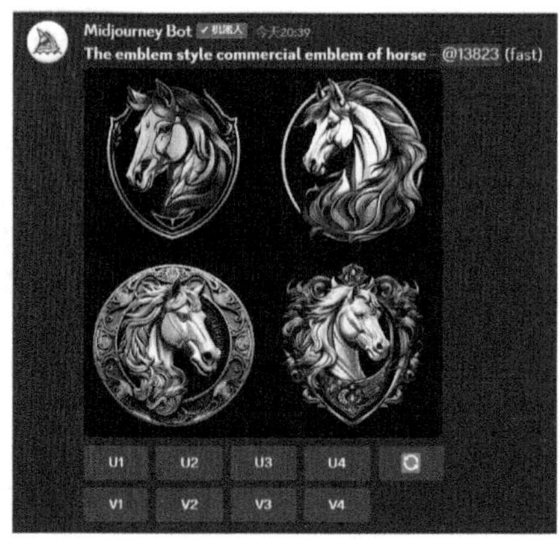

图 6-75 徽章风格商业标志指令

02 在徽章指令的基础上，可以增加材质的关键词指令，使风格更满足需求，如使用木头材质（wood material）指令，如图 6-76 所示。

03 徽章也可以做成绘画风格，需要改变模型为 Niji 模型，效果如图 6-77 所示。

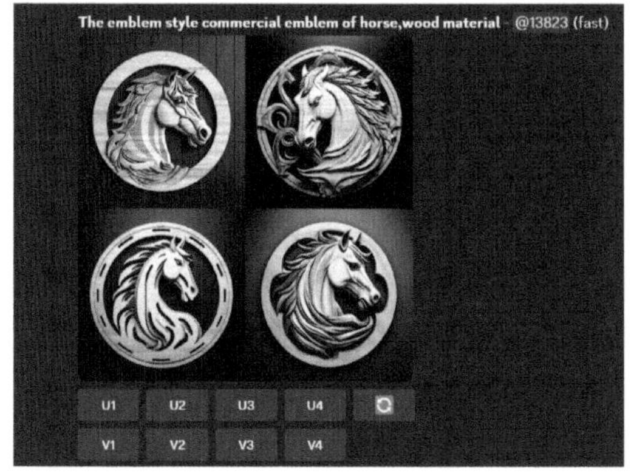

图 6-76　木头材质指令

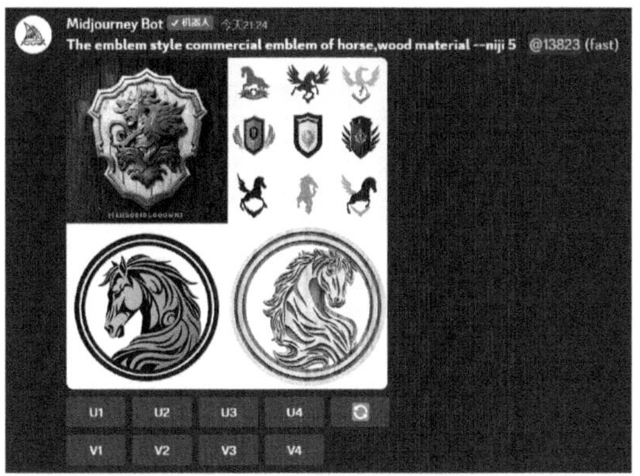

图 6-77　改变模型

6.2.6　平面 LOGO 并转为矢量文件

本节主要介绍矢量图形 LOGO 的设计技巧，并通过 AI 工具转为可缩放矢量图形文件，方便设计师进行图案的移动和修改，具体操作步骤如下。

01 矢量 LOGO 可以使用极简主义矢量图形标志（Minimalist vector graphic logo for）指令，以猫为例，如图 6-78 所示。

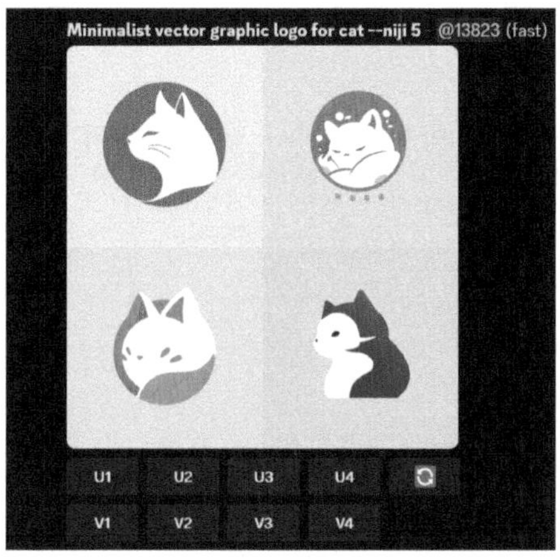

图 6-78　极简主义矢量图形标志指令

02 通过矢量 AI 网站（https://vectorizer.ai/）可以将平面图转为矢量文件，导入图像需要将图像拖入页面中间的蓝框，如图 6-79 所示。

03 单击界面左上角的 DOWNLOAD 按钮即可选择格式下载，如图 6-80 所示。

图 6-79　矢量 AI 网站

图 6-80　单击 DOWNLOAD 按钮

04 选择 SVG 格式文件（可缩放矢量图形文件）选项，再单击 DOWNLOAD 按钮即可将矢量文件下载到用户浏览器的默认存储位置，如图 6-81 所示。

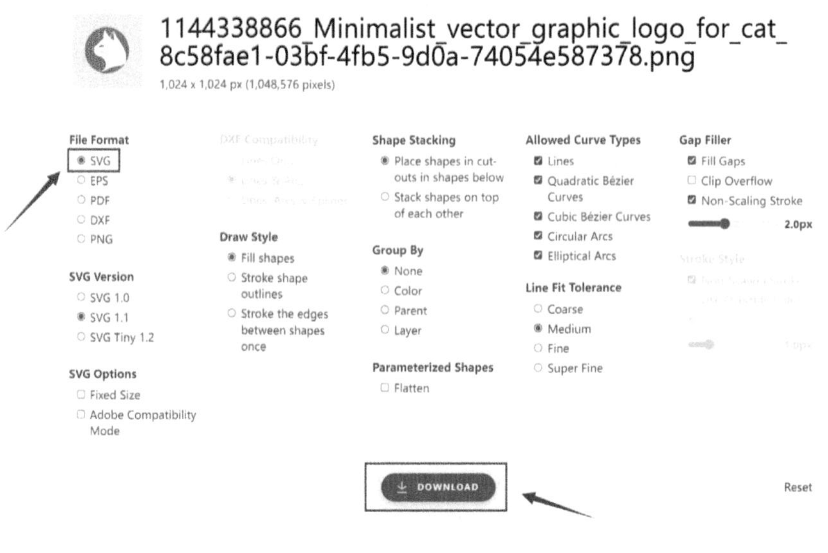

图 6-81　下载矢量文件

05 下载好的 SVG 文件可以通过作图软件进行编辑，如图 6-82 所示。

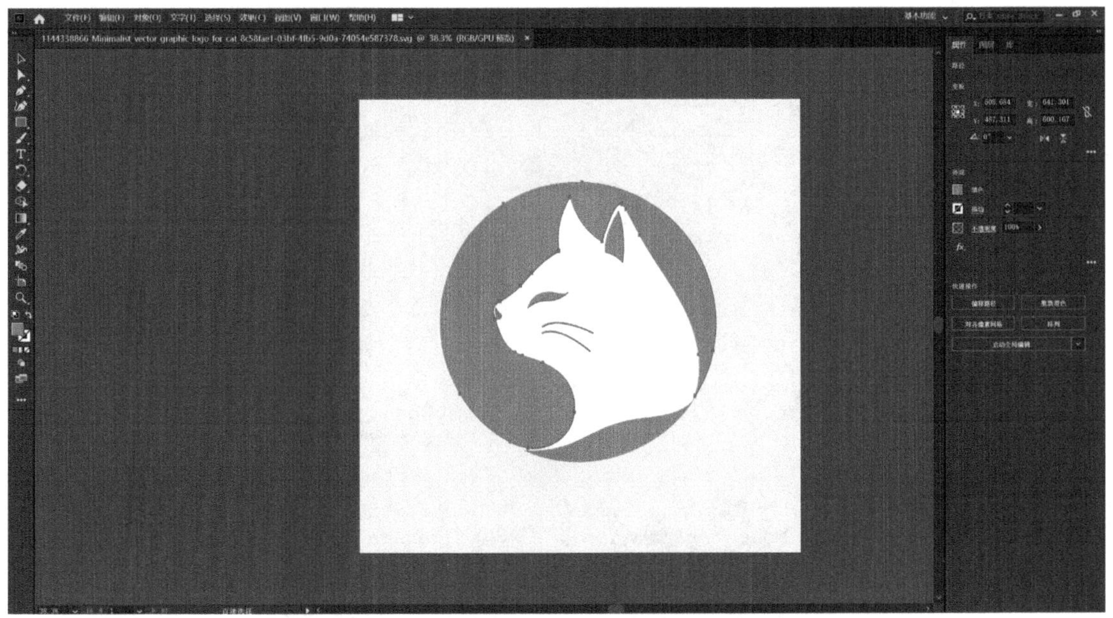

图 6-82　编辑下载好的 SVG 文件

6.3 AI 在艺术字设计领域的应用

原先制作具有层次感及相关文字的效果，往往需要 3D 辅助或对设计软件有很高的熟练度，而现在直接通过 Stable Diffusion 便可以实现各种创意效果，接下来便通过实例来展示制作流程。

6.3.1　图像导入与模式选择

导入文字图像与模式选择的具体操作步骤如下。

01 首先需要准备一张想要实现艺术字的文字图像，注意要白底黑字，如图 6-83 所示。

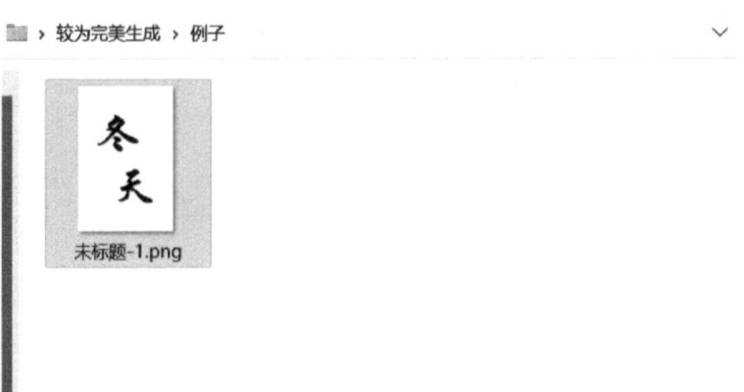

图 6-83　文字图像准备

02 来到 Web UI，打开 ControlNet，将刚刚准备好的文字图像拖入图像框内，勾选“启用”和“完美像素模式”复选框。如果计算机显存较低，也可以勾选“低显存模式”复选框，如图 6-84 所示。

图 6-84 拖入图像框

03 选好大模型以及对应的 VAE 模型，同时在提示词中输入想要的材质、场景、效果等，这里采用的提示词是 physically-based rendering，beautiful detailed glow，（detailed ice），house，train，snowflakes，in winter，如图 6-85 所示。

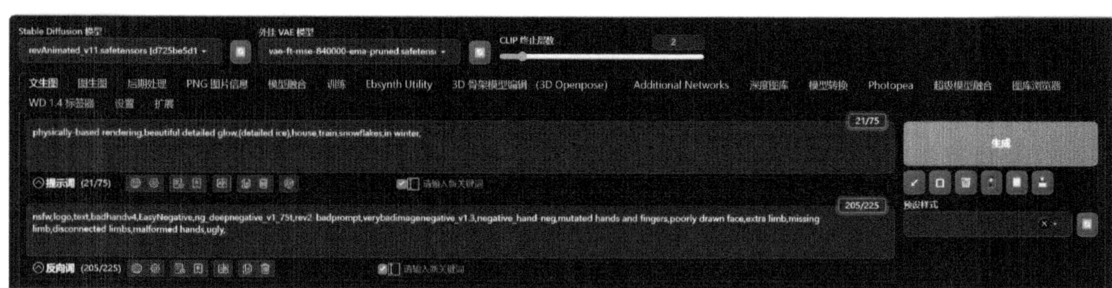

图 6-85 提示词输入

6.3.2 预处理器的选择

预处理器可以有多种选择，不同的预处理器也会有不同的效果，具体操作演示如下。

1）当选择 depth_midas 以及对应模型按照刚才生成的效果发现文字是突起于背景平面的，如图 6-86 所示。

2）而当想要文字部分凹陷时，只需在预处理器上不做选择便可以得到这样的效果，如

图 6-87 所示。

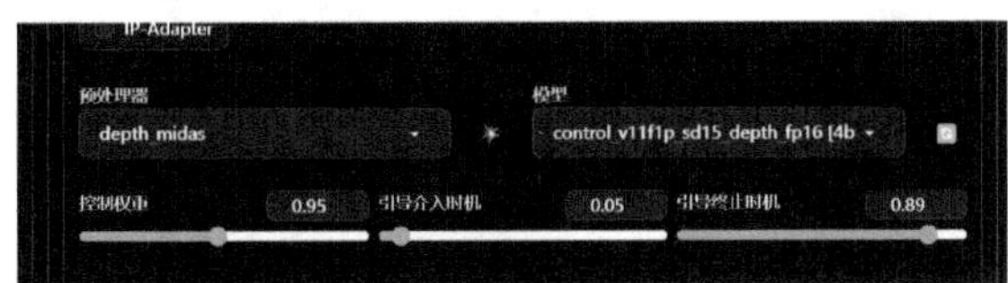

图 6-86　突起效果设置

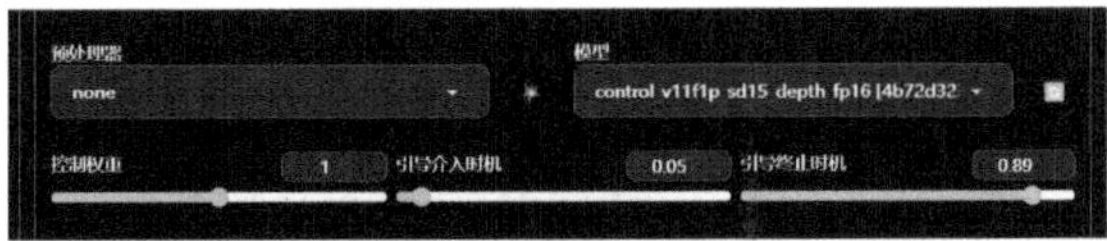

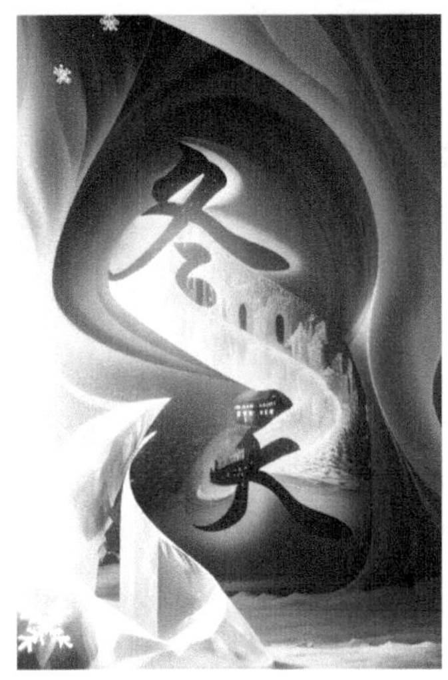

图 6-87　凹陷效果设置

3）如果想把文字作为图像的一部分“融入”进去，优先以呈现文字形体为目标，可以选择 Canny 或 LineArt 模型加对应的预处理器，如图 6-88 所示。

图 6-88　融合效果设置

4）如果想要文字更具有创意性，可以选择 Invert 预处理器的 Scribble 模型。该模型对文字边缘控制感较弱，有时往往能出现意想不到的趣味效果，如图 6-89 所示。

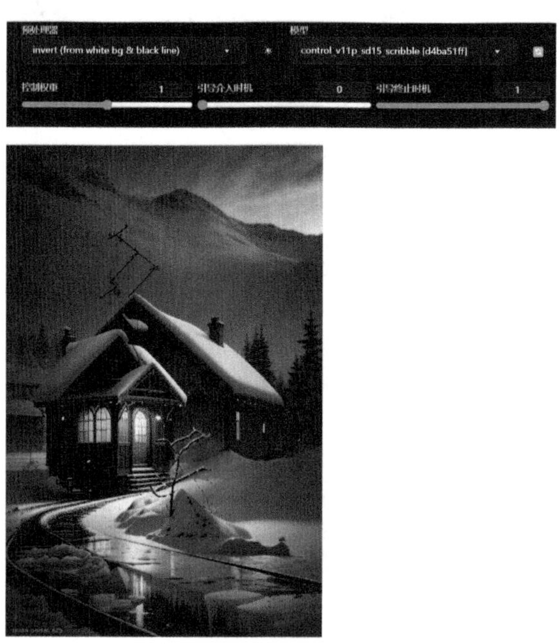

图 6-89　创意效果设置

不同的控制权重、引导介入时机、引导终止时机对画面也有不同的影响，当控制权重越大时文字的边缘越清晰准确，而降低控制权重会让形体更加自由，但权重太低对画面的影响就不太

明显，一般设置在 0.5~1，引导介入时机和终止时机则代表 ControlNet 在什么阶段开始影响图像的生成，提高引导介入时机和降低引导终止步数同样会使 AI 的发挥更加自由，具体效果可自行尝试。

6.4 AI 在二维码商用设计领域的应用

在用 Stable Diffusion 制作艺术二维码时，通常会用到一个新的 ControlNet 模型，分别为 Brightness（亮度）模型和 illumination（明度）模型，Brightness 模型基于信息图改变图像内的亮度分布实现特定形体的置入，illumination 模型基于信息图改变图像内的相对明暗程度模拟光影呈现特定形状。

6.4.1 模型下载并生成原始二维码

模型下载的具体操作步骤与原始二维码生成的网站推荐如下。

01 首先需要对这两个模型进行下载，地址为 https://huggingface.co/ioclab/ioc-controlnet/tree/main/models，如图 6-90 所示。

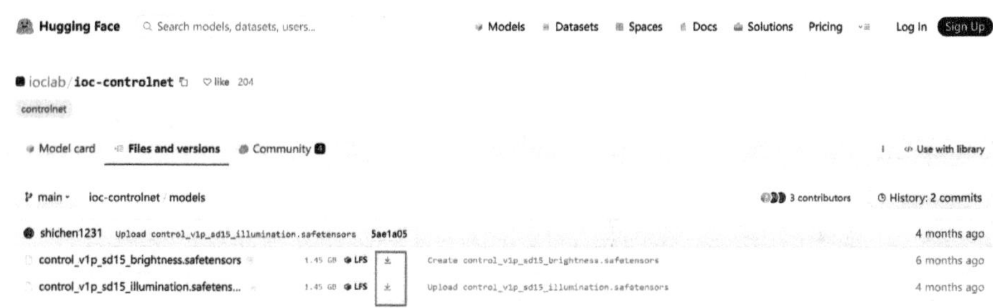

图 6-90　huggingface 页面

将下载好的模型放入 controlnet 的 models 文件夹当中，如图 6-91 所示。

sd-webui-aki-v4 › extensions › sd-webui-controlnet

名称	修改日期	类型
.git	2023/10/4 20:44	文件夹
.github	2023/5/25 20:10	文件夹
__pycache__	2023/6/4 17:26	文件夹
annotator	2023/10/4 17:53	文件夹
example	2023/7/24 15:38	文件夹
internal_controlnet	2023/10/4 17:53	文件夹
javascript	2023/10/4 17:53	文件夹
models	2023/10/6 22:05	文件夹
presets	2023/10/4 20:19	文件夹
samples	2023/5/25 20:22	文件夹
scripts	2023/10/4 17:53	文件夹
tests	2023/5/25 20:22	文件夹
web_tests	2023/7/17 17:44	文件夹
.gitignore	2023/10/4 17:53	txtfile

图 6-91　模型存放位置

02 在准备好模型之后，首先需要制作一个二维码，这里推荐使用草料二维码网站，网址为（https://cli.im/url），可以将文本、网址、文件、图像等格式生成二维码，如图 6-92 所示。

图 6-92　草料二维码网站

6.4.2　生成艺术二维码

在生成好普通二维码之后，再通过 Web UI 生成艺术二维码的具体操作步骤如下。

01 来到 Web UI，打开 ControlNet，将刚刚准备好的二维码图像图像拖入图像框内，同时勾选“启用”和“完美像素模式”复选框，如果计算机显存较低，不选择预处理器，模型在 Brightness（亮度）模型和 illumination（明度）模型选择其一，同时为了让二维码能被识别出来，控制权重一般不低于 1，所以引导介入和终止时机要适当放宽防止图像边缘太过生硬，如图 6-93 所示。

如果图像仍不能识别，则可适当降低引导介入时机或提高引导终止时机。

02 做完这步之后就可以选择大模型和对应的 VAE 模型，以及输入正面 tag 和负面 tag，这里采用的提示词是{{masterpiece}}，illustration，best quality，extremely detailed CG unity 8k wallpaper，original，high resolution，oversized documents，portrait，{{{{{extremely delicate and beautiful girl}}}}}，1girl，solo，messy hair，hair flowing in the wind，blonde hair，very long hair，beautiful detail eyes，jewel eyes，glowing circle pupils，{{golden eyes}}，good lighting，{{{{ray tracing}}}}，sparkling，{{abandoned building}}，{{on ruins}}，{{staring at sunset at dusk}}，depth of field，profile，同时为了让二维码内部展现更多内容，初始分辨率则需增大。这里采用 768 像素×768 像素，如图 6-94 所示。

图 6-93　拖入图像框内

图 6-94　调整尺寸

之后单击“生成”按钮，最终效果如图 6-95 所示。

图 6-95　二维码效果图

6.5 AI 在电商产品海报领域的应用

电商海报是 AI 设计常见的实际应用之一，因其可以极大地降低拍摄成本，提高生产效率。本节将以美妆产品的电商海报为例，从 Midjourney 制作产品背景图到 Stable Diffusion 调整光影效果，来完整地设计一款电商海报的产品图。

6.5.1 Midjourney 制作产品背景图

通过 Midjourney 制作产品背景图并与产品图简单融合的具体操作步骤如下。

01 准备好一张需要融合的产品图素材，为了更好地将产品图融入进背景环境以及排除其他因素的干扰，创作者需要简单地进行抠图处理。这里以口红举例，抠图完将得到一个带透明背景的图像，以方便之后的拼合，如图 6-96 所示。

图 6-96 口红原图

02 打开 Midjourney，为了让产品与背景相融合，所以创作者需要生成一个具有红色元素，且有口红质感的空景图，这里采用的关键词是“在摄影领域，在纯色干净的背景下使用顶视图可以创造出超现实的效果。想象一个场景，在聚焦的前景中有一张奶油色的木桌，上面装饰着精致的花朵和簇草。灯光追踪技术和室内工作室照明增强了场景的柔和色调，融入了极简主义。柔和的光影交相辉映，营造出梦幻的氛围。采用专业的色彩校正，确保图像保持超级细节。最终的产品是一张高分辨率的高清照片，甚至高达 8K，以惊人的细节捕捉到了场景的精髓。（In the realm of photography, an uplook perspective against a solid color clean background can create a surreal effect-Imagine a scene with a cream-colored wooden table in the focused foreground, adorned with delicate flowers and tufts of grass-The soft tones of the scene are enhanced by light tracking techniques and interior studio lighting, embracing minimalism-The soft light and shadow play together, creating a dreamy atmosphere-Professional color correction is applied to ensure the image maintains its super detail-The final product is a high-resolution, HD photograph, even up to 8K, that captures the essence of the scene in stunning detail.）”，选择喜欢的图进行放大，如果没有合适的可以单击右边的蓝色按钮多生成几轮，实在不行可以再对关键词进行调整，如图 6-97 所示。

03 接下来需要将背景和产品进行拼合，调整口红的比例和位置，这一步只需简单将其放在一起即可，如图 6-98 所示。

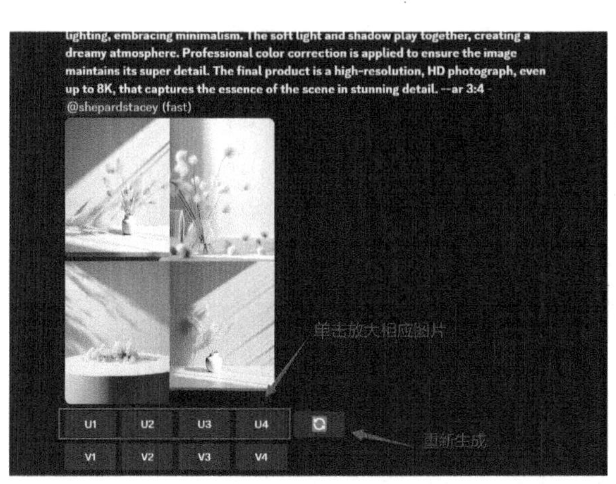

图 6-97　生成背景图

图 6-98　拼合处理

6.5.2　Stable Diffusion 光影处理

通过 Stable Diffusion 进行光影处理，可以让产品与背景更好地融合，具体操作步骤如下。

01 打开 Stable Diffusion，来到图生图界面，首先将拼合在一起的图拖入图像框内，如图 6-99 所示。

图 6-99　拖入图像框

02 来到下方 ControlNet，在第一个和第二个图像框中都放入图像，选择 SoftEdge（软边缘）预处理器和 Depth（深度）预处理器以及对应模型（预处理器可以有不同的选择，使用 Tile 或 Lineart 也能达到类似的效果），如图 6-100 所示。

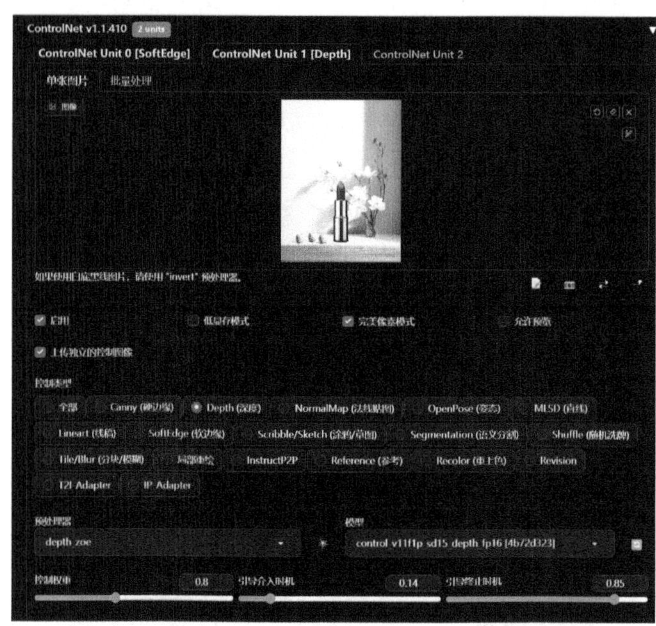

图 6-100　选择预处理器和模型

将刚刚 Midjouney 背景提示词复制过来同时加上“适当的光影，光影反射，阴影，化妆品，口红（appropriate light and shadow，light shadow reflection，shadow，Cosmetic，lipstick）”的关键词使图片生成的同时添加光影，如图 6-101 所示。

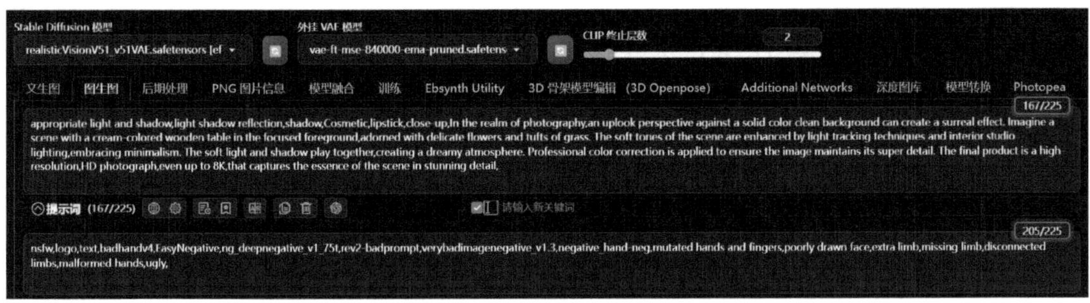

图 6-101　输入提示词

03 迭代步数可以适当提高以增添更多细节，宽度和高度保持与原图一致，重绘幅度通常在 0. 3~0. 5。如果融合的程度较差可以适当调高重绘幅度，如果与原图差别过大可以通过 PS 等后期处理软件在保留光影的同时保持产品图不变形或降低画质来重绘幅度，最后单击“生成”按钮挑出适合图像，如图 6-102 所示。

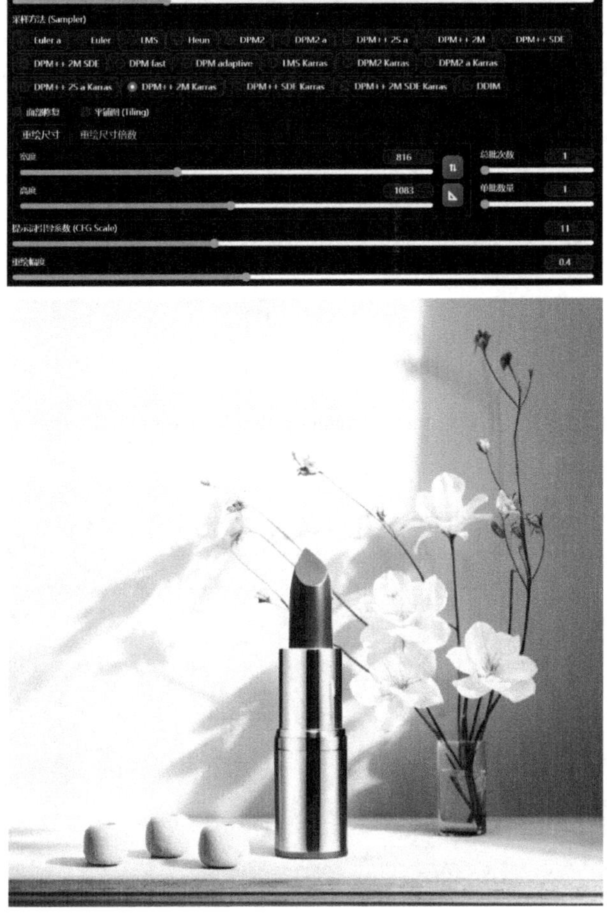

图 6-102　完整效果图

6.6 AI 在游戏服装设计领域的应用

由于 Stable Diffusion 的 ControlNet 插件，可以在人物动作、空间结构、光影把控等具有极强的可操控性，为设计师提供更多的操作空间，而想要做出具体的风格化图像一般会加入 LoRA 模型，但该模型的制作往往需要大量训练的素材，而 Midjourney 就可以为创作者提供大量可使用的无版权素材。下面以 Midjourney 设计的创意服装生成 Stable Diffusion 可控的 LoRA 模型为例展示相关设计思路。

6.6.1 Midjourney 制作无版权服装训练素材

通过 Midjourney 可以制作大量可使用的无版权服装训练素材，具体操作步骤如下。

01 为了使充满想象力的服装更具有真实感和摄影感，需要在设置之中将模型调整为当下最新的正常模型，如图 6-103 所示。

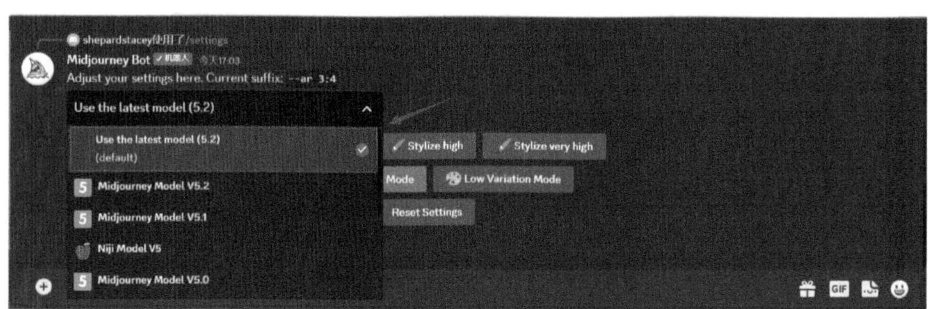

图 6-103 切换最新模型

02 以一个位于长城上的女将军人物的创意服装为例，描述语指令使用“一位身穿红色盔甲的中国女将军在中国长城上（A Chinese female general wearing red armor is on the Great Wall of China）”，如图 6-104 所示。

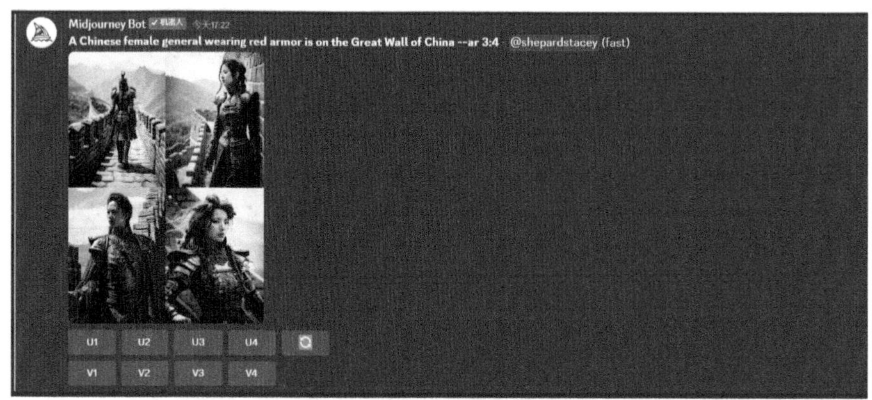

图 6-104 使用描述语指令

03 效果如图 6-105 所示。

图 6-105　服装效果图

04 训练模型至少需要 20～30 张素材图像，为了更高效地生成大量素材，可以使用 repeat 后缀指令自动批量生成，在--repeat 指令后添加空格加数字即可，数字代表生成的批次，上限值为 10，也就是一条指令最多设置同时生成 10 批。添加 repeat 指令后会出现提示，单击 Yes 按钮即可开始生成，如图 6-106 所示。

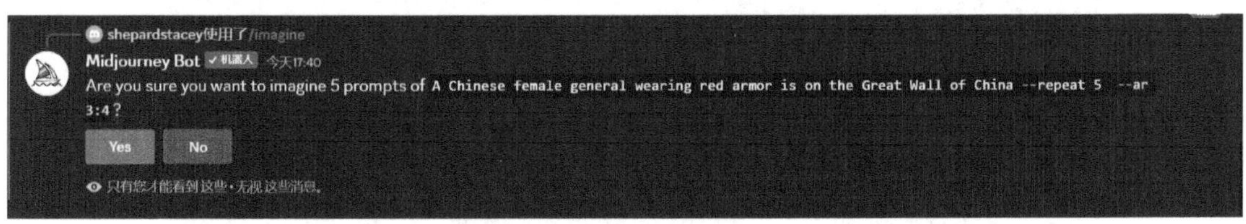

图 6-106　批量生成指令

05 生成完成后，选择符合需求的 20～30 张素材放大并保存，如图 6-107 所示。

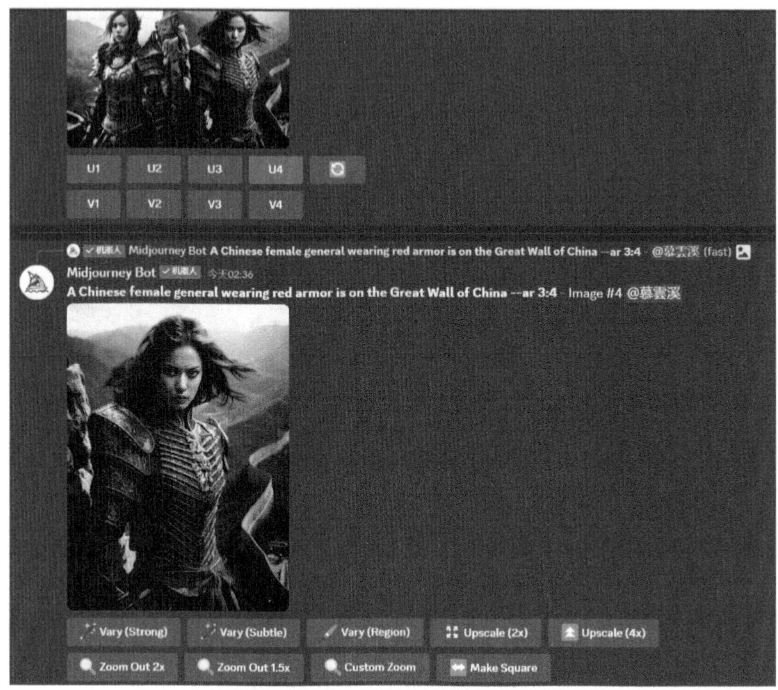

图 6-107　放大并保存

6.6.2　Stable Diffusion 训练服装模型

Stable Diffusion 可以将 Midjourney 设计的创意服装素材训练成可控的 LoRA 模型。训练服装模型的具体操作步骤如下。

01 打开 Stable Diffusion 来到 WD 1.4 标签器插件窗口，选择批量处理，将刚刚整理好素材图像的文件路径粘贴其中，同时勾选“使用 glob 模式递归搜索”和“删除重复标签”复选框，如图 6-108 所示。

图 6-108　批量处理标签

下方阈值可以设置在 0.3~0.5，最后单击“反推”按钮，如图 6-109 所示。

图 6-109 阈值设置

02 等待反推结束后便可以看到 AI 根据图像自动生成的 tag 文本，如图 6-110 所示。通常智能识别的文本并不完全准确，可能仍有重复或遗漏的标签，需要自己手动调整或修改，在前面 LoRA 模型的训练中有过提到。

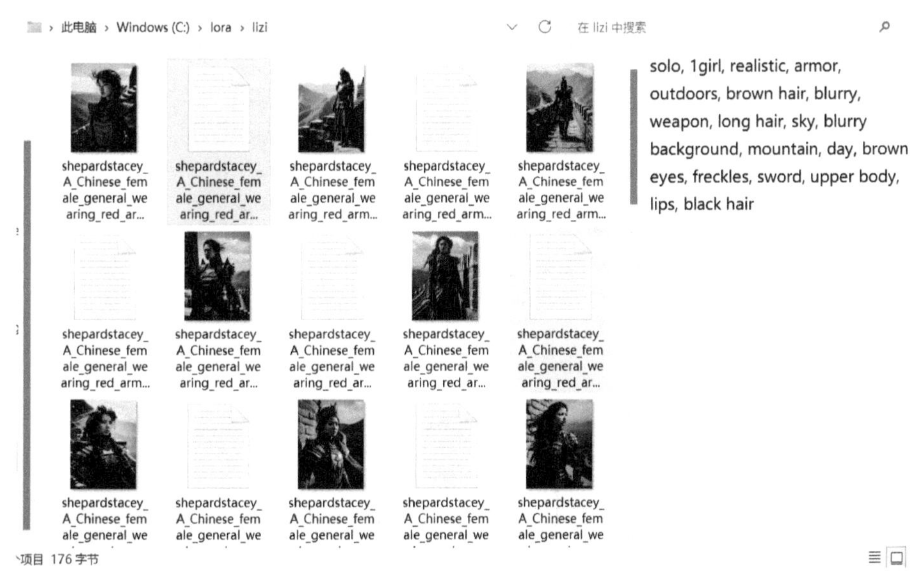

图 6-110 筛选标签

03 打开训练器脚本文件目录，找到 train 文件夹，在里面新建一个文件夹，名字可根据模型名字来取。在新建的文件夹中再建立一个文件夹，如图 6-111 所示，文字的名字需要按照“数字_名字”的格式，例如 20_xzs，而数字 20 代表的是重复次数（repeat），也就是 AI 对一张图像的学习次数，一般来说人像服装 repeat 值的设置为 20~30。然后将刚刚准备好的素材以及对应 tag 全部放入其中。

04 打开训练器脚本，首先选择好训练时采用的底模，因为训练的图像为人物衣服，首选 chilloutmix 模型，在此模型上训练的真实图像通常会具有更好的泛用性，如图 6-112 所示。

05 训练数据集路径需要选择刚刚存放素材的上级目录，也就是刚刚设置的“数字_名字”的上一层文件夹，如图 6-113 所示。

06 max_train_epochs 除以 save_every_n_epochs 决定了最终能得到多少个模型，train_batch_size 的数值设置需要根据显卡情况来定，数值越大训练速度越快，对显存的要求也更高，同时过高的 train_batch_size 数值也会导致模型的收敛变慢，导致欠拟合的情况发生，如图 6-114 所示。

« Windows (C:) › kohya_ss › lora训练界面 › lora-scripts-v1.5.1

名称	修改日期	类型
frontend	2023/8/4 18:28	文件夹
git	2023/8/4 18:28	文件夹
huggingface	2023/8/4 18:28	文件夹
logs	2023/10/8 15:45	文件夹
mikazuki	2023/10/4 17:04	文件夹
output	2023/10/5 15:19	文件夹
python	2023/8/15 18:02	文件夹
sd-models	2023/10/4 17:04	文件夹
sd-scripts	2023/10/4 17:04	文件夹
toml	2023/10/4 17:04	文件夹
train	2023/10/8 15:36	文件夹
venv	2023/10/4 14:02	文件夹
.gitattributes	2023/10/4 17:04	txtfile
.gitignore	2023/10/4 17:04	txtfile

« kohya_ss › lora训练界面 › lora-scripts-v1.5.1 › train

名称	修改日期	类型
xzs	2023/10/8 15:37	文件夹

« kohya_ss › lora训练界面 › lora-scripts-v1.5.1 › train › xzs ›

名称	修改日期	类型
20_xzs	2023/10/8 15:37	文件夹

图 6-111　创建训练文件夹

训练用模型

pretrained_model_name_or_path
底模文件路径
C:/Users/s Desktop/sd-webui-aki/sd-webui-aki-v4/sd-webui-aki-v4/models/Stable-diffusion/chilloutmix_NiPrunedFp3

图 6-112　选择训练底模

数据集设置

图 6-113　选择数据集位置

图 6-114　设置模型数量

07 优化器设置通常采用 AdamW8bit 或 Lion，U-Net 学习率默认为 1e-4，也可以将优化器设置为 DAdaptation 从而找到该模型的最优学习率。文本学习率通常为 U-Net 学习率的二分之一或十分之一，如图 6-115 所示。

学习率与优化器设置

unet_lr
U-Net 学习率　　1e-4

text_encoder_lr
文本编码器学习率　　1e-5

lr_scheduler
学习率调度器设置　　cosine_with_restarts

lr_warmup_steps
学习率预热步数　　0

lr_scheduler_num_cycles
重启次数　　1

optimizer_type
优化器设置　　AdamW8bit

图 6-115　设置学习率与优化器

08 网络维度与 AI 学习的精确度相关，但不是精确度越高越好，通常动漫的值为 32，人物为 32～128，实物、风景则大于等于 128，而 alpha 的值通常设为 dim 的一半，如图 6-116 所示。

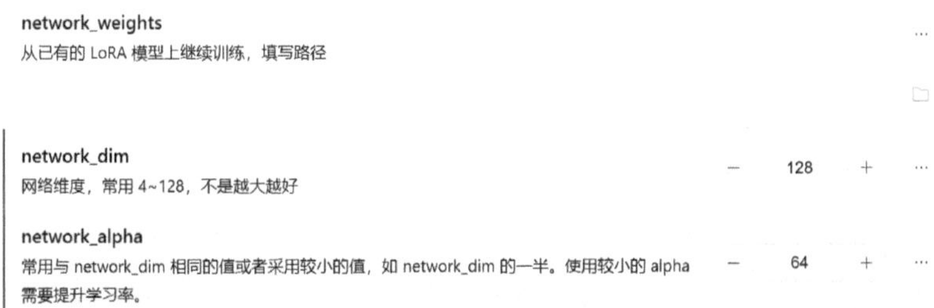

图 6-116　网络维度设置

设置网络维度后，其余参数可暂不设置，直接单击“开始训练”按钮等待模型训练完成。

09 训练完成后将所有的模型放入 Stable Diffusion 的 LoRA 模型文件夹（通常为 Lora 文件夹），接下来需要对模型进行测试，如图 6-117 所示。

› sd-webui-aki › sd-webui-aki-v4 › sd-webui-aki-v4 › models

名称	修改日期	类型
adetailer	2023/5/25 20:25	文件夹
BLIP	2023/4/15 17:52	文件夹
Codeformer	2023/5/25 20:11	文件夹
ControlNet	2023/4/15 12:52	文件夹
deepbooru	2023/5/25 20:11	文件夹
deepdanbooru	2023/2/24 17:07	文件夹
ESRGAN	2023/7/27 9:20	文件夹
GFPGAN	2023/5/25 20:11	文件夹
hypernetworks	2022/12/20 21:18	文件夹
karlo	2023/5/25 20:11	文件夹
LDSR	2022/11/1 23:19	文件夹
Lora	2023/10/8 16:25	文件夹
LyCORIS	2023/8/23 22:10	文件夹
RealESRGAN	2023/5/25 20:11	文件夹

图 6-117　更改模型位置

10 打开 Stable Diffusion，为了测试泛用性可将提示词中的 outdoors 改为 indoors，同时选择刚刚创建的 LoRA 模型，将数字替换成 UNM，强度替换成 STRENTH，如图 6-118 所示。

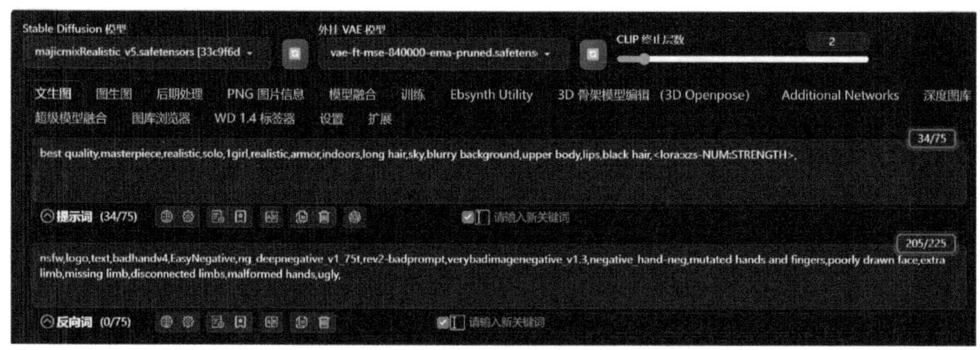

图 6-118　提示词替换

11 来到下方脚本扩展，选择 X/Y/Z 轴图标，将 X 轴和 Y 轴类型都改为提示词搜索替换 Prompt S/R，X 轴值根据已有模型的数字名输入，Y 轴值一般设置在 0.6~1，中间都需要用英文逗号隔开。单击“生成”按钮，AI 将自动开始批量处理，如图 6-119 所示。

12 最终得到图 6-120 所示的 X/Y 轴的对比图像，选择所认为的最优模型即可，如图 6-120 所示。

图 6-119　X/Y/Z 轴脚本设置

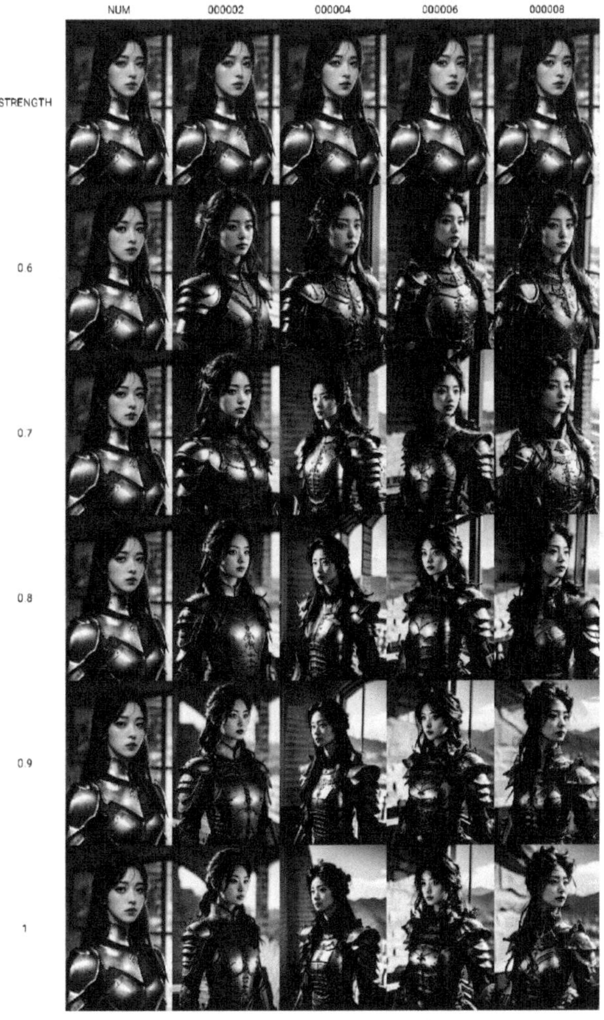

图 6-120　X/Y 轴对比图

6.7 AI 在动漫设计领域的应用

在利用 Midjourney 进行效果图设计时，很多时候图像的构图和线条很好，但是颜色不可控，而 Stable Diffusion 可以生成同一种线稿的多种颜色，还能稳定控制边缘，Midjourney 与 Stable Diffusion 结合就可以很好地解决这个问题，同时设计师也可以通过对手绘的线条草稿进行上色渲染，来高效生成立体的效果图。本节以熊猫动漫角色为例展示具体的操作步骤。

6.7.1 Midjourney 动漫线稿制作

使用 Midjourney 可以制作线条风格的动漫角色，以古装大熊猫角色为例，具体操作步骤如下。

01 打开 Midjourney，描述语指令使用“一只穿着古装的大熊猫，用黑白线条绘制，白色背景，黑白素描风格（A giant panda wearing an ancient costume drawn with black and white lines, with a white background and black and white sketch style）”，如图 6-121 所示。

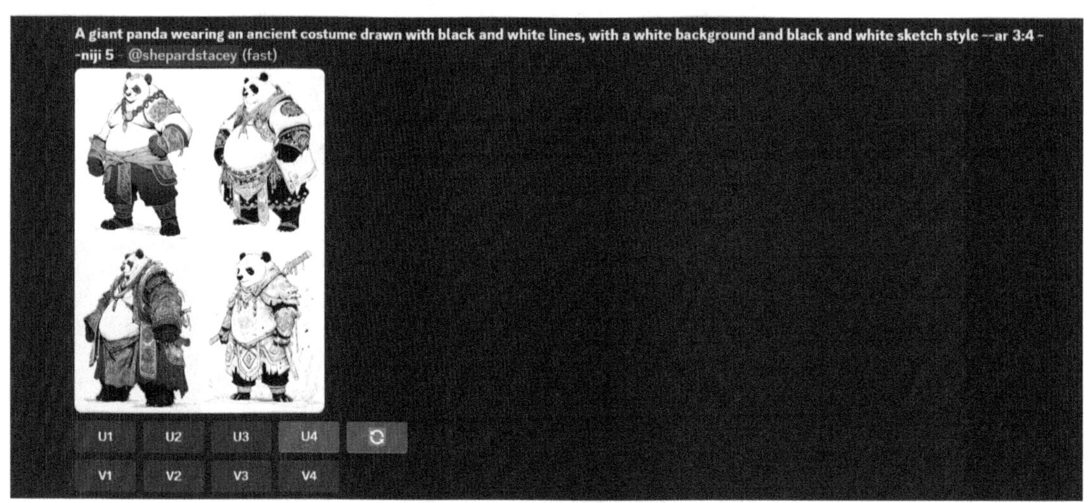

图 6-121　线稿图像生成

02 选择满意的图像放大并保存，如图 6-122 所示。

6.7.2 Stable Diffusion 3D 上色

使用 Stable Diffusion 可以为 Midjourney 生成的线稿添加 3D 效果，并进行可控的上色处理，具体操作步骤如下。

01 打开 Stable Diffusion，将刚才生成的线稿图放入 ControlNet 的图像框内，勾选“启用”和“完美像素模式”复选框，预处理器选择 Lineart 或 Canny 以及对应模型，如图 6-123 所示。

图 6-122　放大并保存

图 6-123　参数设置

02 来到界面上方，在大模型上选择 revAnimated，同时附带有关 3D 效果的 LoRA 模型，调整尺寸与原图相同，可以将批次的数量提高，以便一次生成多张，最后单击“生成”按钮，如图 6-124 所示。

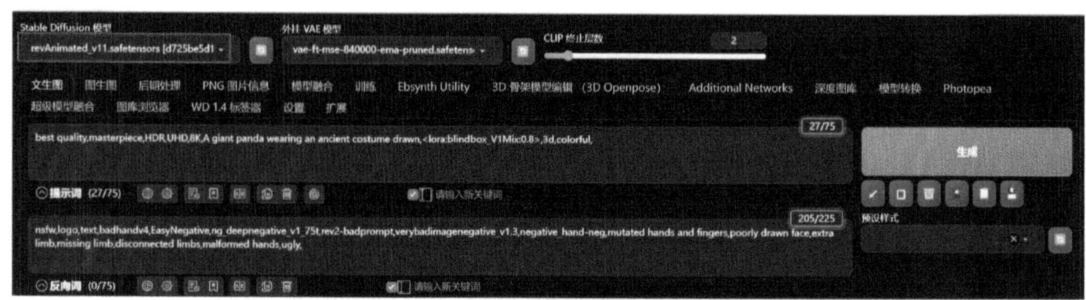

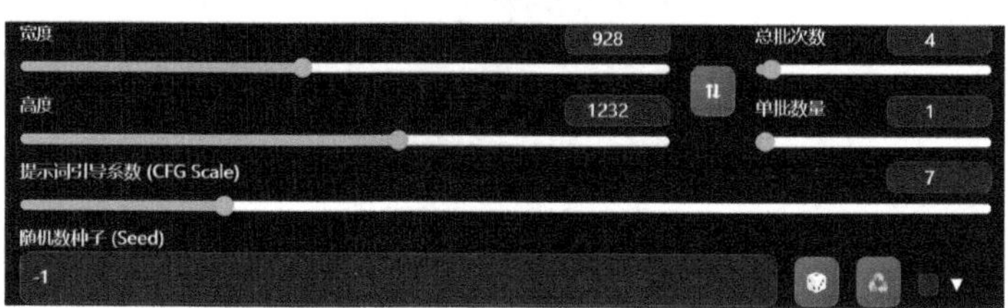

图 6-124　调整批次数量

03 创作者此时可以得到多种上色效果，如图 6-125 所示。

图 6-125　上色效果图

6.8 AI 在商业插画领域的应用

商业插画有非常广阔的应用场景，结合 Midjourney 和 Stable Diffusion 便可以快速制作一个商业插画模型，并且还可以通过其他 LoRA 模型或 ControlNet 插件进行各种可控以及风格化处理。

6.8.1 Midjourney 商业插画训练素材制作

通过 Midjourney 制作商业插画的模型训练素材，具体操作步骤如下。

01 以扁平插画为例，描述语指令使用“可爱的女孩，在现代办公室从事金融和营销项目的经济学家，极简主义，字符矢量，白色背景（Cute girl，economist working on financial andmarketing project in modern office Notion，Minimalist，Character vector，white background）”，如图 6-126 所示。

02 效果如图 6-127 所示。

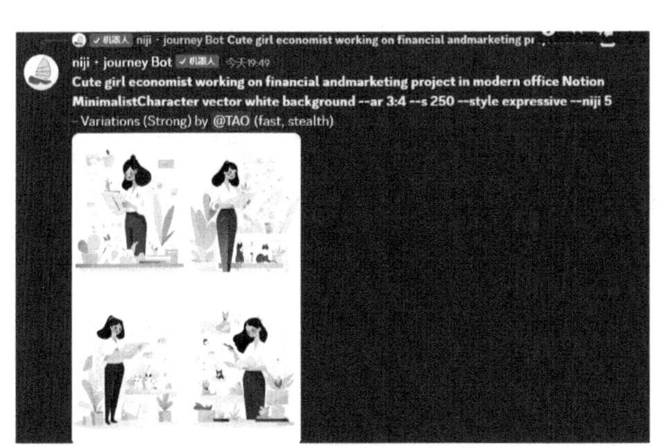

图 6-126　输入提示词

图 6-127　插画效果图

03 训练模型至少需要 20～30 张素材图像，为了更高效地生成大量素材，可以使用 repeat 后缀指令自动批量生成，在--repeat 指令后添加空格加数字即可，数字代表生成的批次，上限值为 10，也就是一个指令最多设置同时生成 10 批图像。添加 repeat 指令后会出现提示，单击 Yes 按钮即可开始生成，如图 6-128 所示。

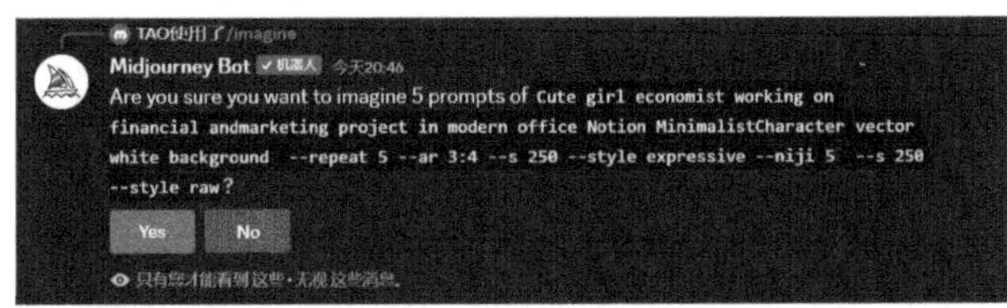

图 6-128　批量处理指令

04 生成完成后，选择符合需求的素材放大并保存，如图 6-129 所示。

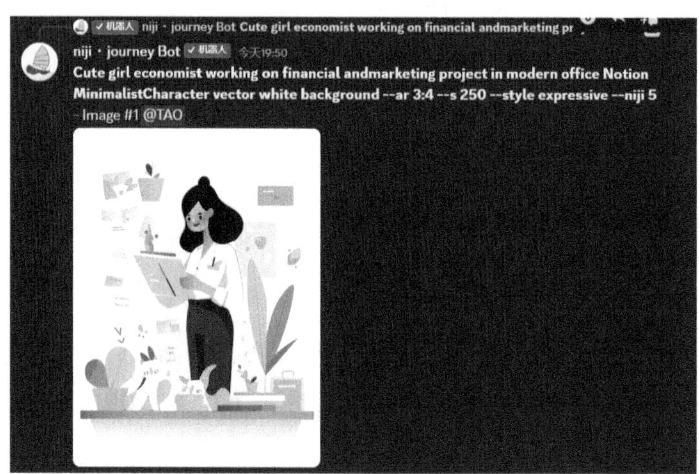

图 6-129　放大并保存

6.8.2　Stable Diffusion 训练插画模型

利用 Stable Diffusion 将 Midjourney 设计的插画素材训练成可控的 LoRA 模型，具体操作步骤如下。

01 打开训练脚本来到 WD 1.4 标签器插件窗口，将刚刚整理好素材图像的文件路径粘贴其中，下方阈值可以设置在 0.3~0.5，最后单击“启动”按钮，如图 6-130 所示。

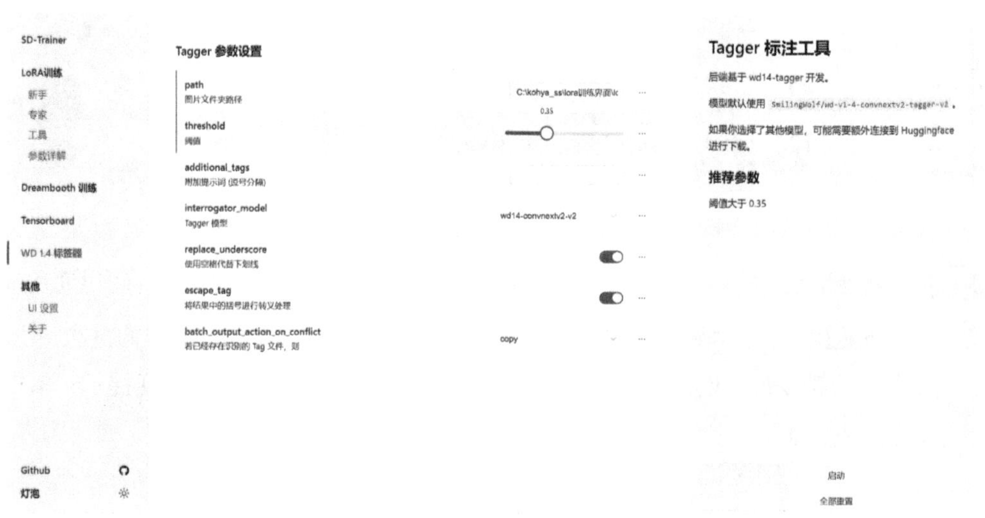

图 6-130　反推标签

02 等待反推结束后便可以看到 AI 根据图像自动生成的 tag 文本，通常智能识别的文本并不完全准确，可能仍有重复或遗漏的标签，需要自己手动调整或修改（在前面 LoRA 模型的训练

中有提到过)，如图 6-131 所示。

图 6-131　筛选提示词

03 打开训练器脚本文件目录，找到 train 文件夹，在里面新建一个文件夹，名字根据模型名字来取。在新建的文件夹中再建立一个文件夹，文字的名字需要按照“数字_名字”的格式。一般来说绘画图像 repeat 值的设置为 7～15，然后将刚刚准备好的素材以及对应 tag 全部放入其中，如图 6-132 所示。

« Windows (C:) › kohya_ss › lora训练界面 › lora-scripts-v1.5.1　　在 lora-sc

名称	修改日期	类型
frontend	2023/8/4 18:28	文件夹
git	2023/8/4 18:28	文件夹
huggingface	2023/8/4 18:28	文件夹
logs	2023/10/8 15:45	文件夹
mikazuki	2023/10/4 17:04	文件夹
output	2023/10/5 15:19	文件夹
python	2023/8/15 18:02	文件夹
sd-models	2023/10/4 17:04	文件夹
sd-scripts	2023/10/4 17:04	文件夹
toml	2023/10/4 17:04	文件夹
train	2023/10/8 15:36	文件夹
venv	2023/10/4 14:02	文件夹
.gitattributes	2023/10/4 17:04	txtfile
.gitignore	2023/10/4 17:04	txtfile

图 6-132　创建训练文件夹

04 打开训练器脚本，选择 LoRA 训练，首先选择好训练时采用的底模，因为训练的图像为插图，首选 anythingv5 模型，在此模型上训练的绘画图像通常会具有更好的泛用性，如图 6-133 所示。

05 训练数据集路径需要选择刚刚存放素材的上级目录，也就是刚刚设置的“数字_名

字”的上一层文件夹，如图 6-134 所示。

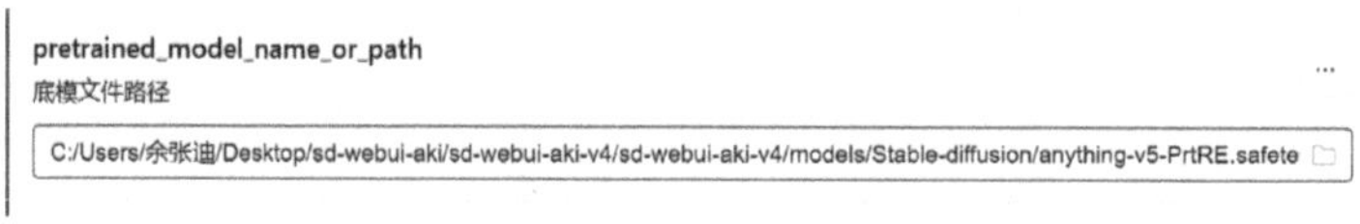

pretrained_model_name_or_path
底模文件路径
C:/Users/余张迪/Desktop/sd-webui-aki/sd-webui-aki-v4/sd-webui-aki-v4/models/Stable-diffusion/anything-v5-PrtRE.safete

图 6-133　选择训练底模

train_data_dir
训练数据集路径
C:/kohya_ss/lora训练界面/lora-scripts-v1.5.1/train/Flat illustration/15_Flat illustration

图 6-134　选择训练路径

06 调整 max_train_epochs 和 save_every_n_epochs 来决定最终能获得多少个模型，调整 train_batch_size 的数值来改变训练速度，需要根据显卡情况来决定，如图 6-135 所示。

参数	值
save_every_n_epochs 每 N epoch（轮）自动保存一次模型	2

训练相关参数

参数	值
max_train_epochs 最大训练 epoch（轮数）	10
train_batch_size 批量大小	2

图 6-135　设置模型数量

07 优化器设置通常采用 AdamW8bit 或 Lion，U-Net 学习率默认为 1e-4，也可以将优化器设置为 DAdaptation 从而找到该模型的最优学习率，文本学习率通常为 U-Net 学习率的二分之一或十分之一，如图 6-136 所示。

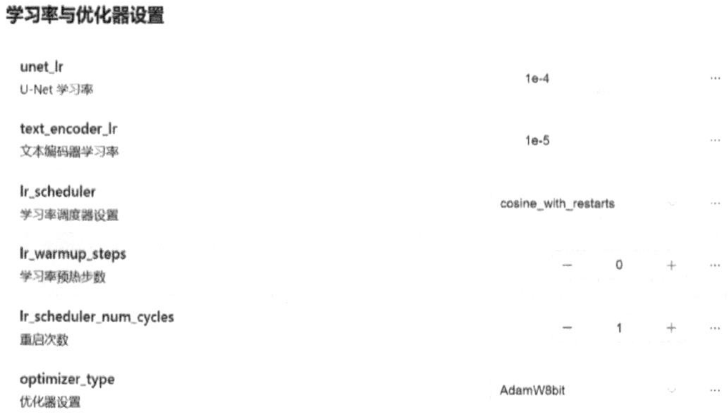

学习率与优化器设置

参数	值
unet_lr U-Net 学习率	1e-4
text_encoder_lr 文本编码器学习率	1e-5
lr_scheduler 学习率调度器设置	cosine_with_restarts
lr_warmup_steps 学习率预热步数	0
lr_scheduler_num_cycles 重启次数	1
optimizer_type 优化器设置	AdamW8bit

图 6-136　调整学习率与优化器

08 网络维度中的 AI 学习精确度不是越高越好，通常绘画类的值为 64，如图 6-137 所示。

network_dim
网络维度，常用 4~128，不是越大越好　－　64　＋　···

network_alpha
常用与 network_dim 相同的值或者采用较小的值，如 network_dim 的一半 防止下溢。使用较小的 alpha 需要提升学习率。　－　32　＋　···

network_dropout
dropout 概率（与 lycoris 不兼容，需要用 lycoris 自带的）　－　0　＋　···

scale_weight_norms
最大范数正则化。如果使用，推荐为 1　－　＋　···

图 6-137　调整网络维度

09 设置网络维度后，其余参数可暂不设置，直接单击“开始训练”按钮等待模型训练完成。训练完成后将所有的模型放入 Stable Diffusion 的 LoRA 模型文件夹，模型测试可参考之前制作服装的步骤。

6.9 AI 在商业大图领域的应用

Midjourney 出的图作为设计参考是非常优秀的，但如果想在保持原图的基础上继续增添细节则操作复杂，而结合 Stable Diffusion 的功能便可以轻松做到。

6.9.1 Midjourney 商业图像设计

利用 Midjourney 设计商业所需要的风格化图像，具体操作步骤如下。

01 以一个充满未来科技感的汽车为例，关键词为 Future Technology Armored Vehicle with White Background，如图 6-138 所示。

图 6-138　输入关键词

02 选择较为满意的一张进行放大处理并保存，如图 6-139 所示。

图 6-139　放大处理并保存

6.9.2　Stable Diffusion 丰富纹理细节

使用 Stable Diffusion 可以在 Midjourney 生成的商业图像的基础上丰富纹理与细节，具体操作步骤如下。

01 打开 Stable Diffusion，来到文生图界面下方的 ControlNet 插件处，将刚刚保存好的图像拖入选项卡之中，预处理器选择 tile，同时可以将“引导终止时机”调低，给 AI 一些自由发挥的空间，如图 6-140 所示。

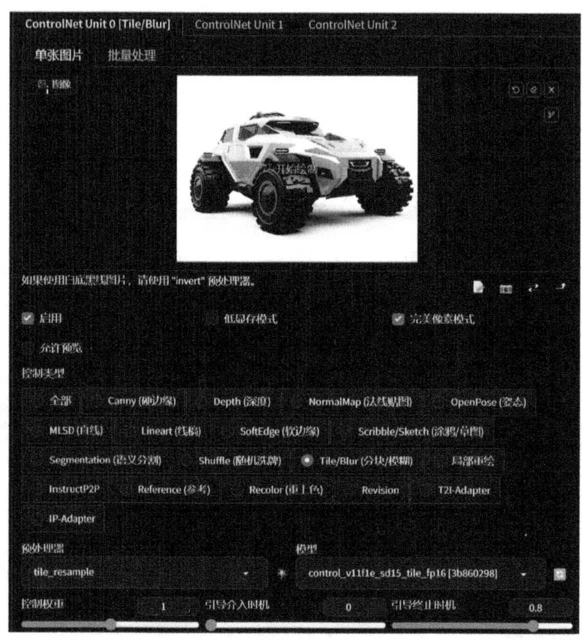

图 6-140　ControlNet 参数设置

02 选择一个真实类大模型，输入提示词，可直接采用 Midjourney 的关键词，负向提示词使用一些通用的即可，同时可再添加一个调整细节的 LoRA（需要自行在模型网中下载）。如图 6-141 所示。

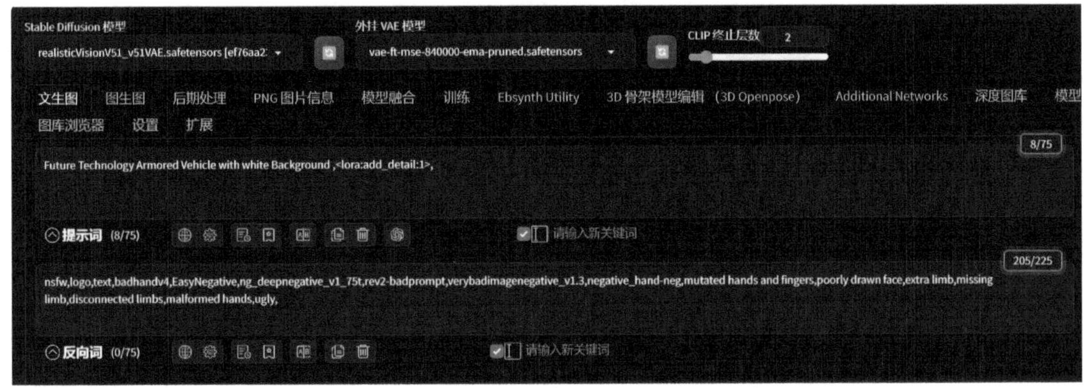

图 6-141　输入提示词

03 可以提高“迭代步数”来增加细节，调整尺寸与原图保持一致。最后单击“生成”按钮即可，如图 6-142 所示。

迭代步数 (Steps) 40
采样方法 (Sampler)
DPM++ 2M Karras / DPM++ SDE Karras / DPM++ 2M SDE Exponential / DPM++ 2M SDE Karras
Euler a / Euler / LMS / Heun / DPM2 / DPM2 a / DPM++ 2S a / DPM++ 2M
DPM++ SDE / DPM++ 2M SDE / DPM++ 2M SDE Heun / DPM++ 2M SDE Heun Karras
DPM++ 2M SDE Heun Exponential / DPM++ 3M SDE / DPM++ 3M SDE Karras / DPM++ 3M SDE Exponential
DPM fast / DPM adaptive / LMS Karras / DPM2 Karras / DPM2 a Karras / DPM++ 2S a Karras
Restart / DDIM / PLMS / UniPC
高分辨率修复 (Hires. fix)　Refiner
宽度 1232　总批次数 1
高度 928　单批数量 1
提示词引导系数 (CFG Scale) 7

图 6-142　调整采样步数与尺寸

04 可以发现当前画面在保持原图基本构造的同时又增添了纹理等其他细节，使画面更为丰富，最终效果如图 6-143 所示。

图 6-143　最终效果图

6.10　AI 在商业风格转化领域的应用

迪士尼风格是一种非常流行的风格，在 Midjourney 能够很轻松地制作出来，在 Stable Diffusion 中如果没有相关模型则很难达到，但如果只用 Midjourney 生成，又会很难控制具体的画面要素，本节将演示如何通过 Midjourney 将 Stable Diffusion 的真人转化成迪士尼动漫风格的图像。

6.10.1　Stable Diffusion 生成摄影风格角色

打开 Stable Diffusion，首先需要选择真实类大模型，输入正反向关键词，可加入一些有关相机参数或摄影类的关键词，例如 MP-E，macro，65mm，f/2.8 等，选择好尺寸以及采样器单击“生成”按钮，如图 6-144 所示。

图 6-144　生成人物

6.10.2　Midjourney 转化为迪士尼风格角色

通过 Midjourney 可以将 Stable Diffusion 的真人转化成迪士尼动漫风格的图像，具体操作步骤如下。

01 打开 Midjourney，将刚刚生成的图像直接放入输入框中，按〈Enter〉键发送，如图 6-145所示。

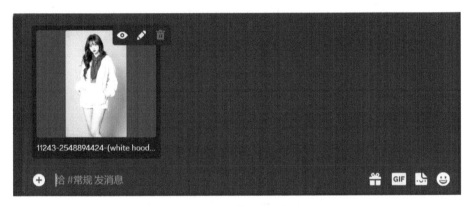

图 6-145　拖入输入框

02 单击鼠标右键，在弹出的快捷菜单中选择“复制链接”命令，如图 6-146 所示。

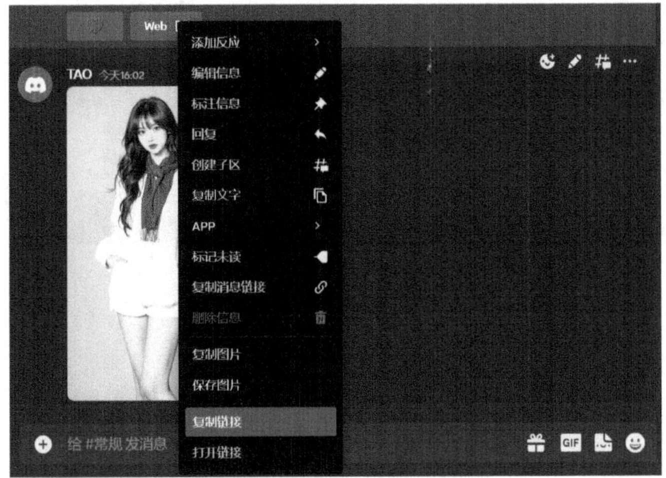

图 6-146　复制图像链接

03 采用“原图链接+人物描述+风格”的格式输入提示词，注意在原图链接后需要空两格，否则 Midjourney 会报错。有关迪士尼风格的提示词为 3d character from Disney, super detail, eye detail, gradient background, soft colors, fine luster, blender, soft lighting, anime, art, ip blind box, divine, cinematic edge lighting，可以通过后缀--iw 调整与原图的相似程度，值为 0~2，值越

大参考原图越多，如图 6-147 所示。

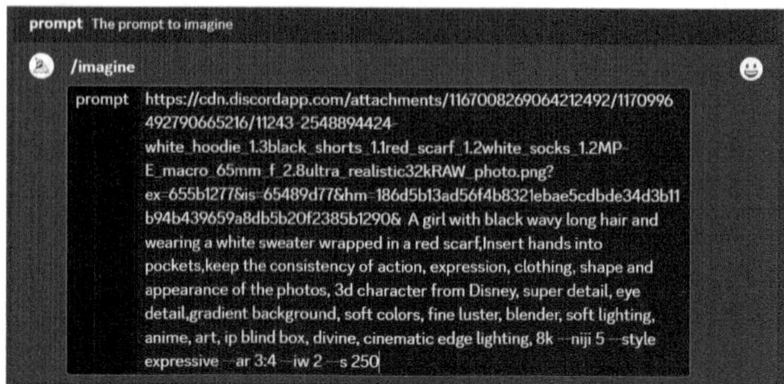

图 6-147　设置参考值

04 选择符合的图像进行放大并保存即可，如图 6-148 所示。

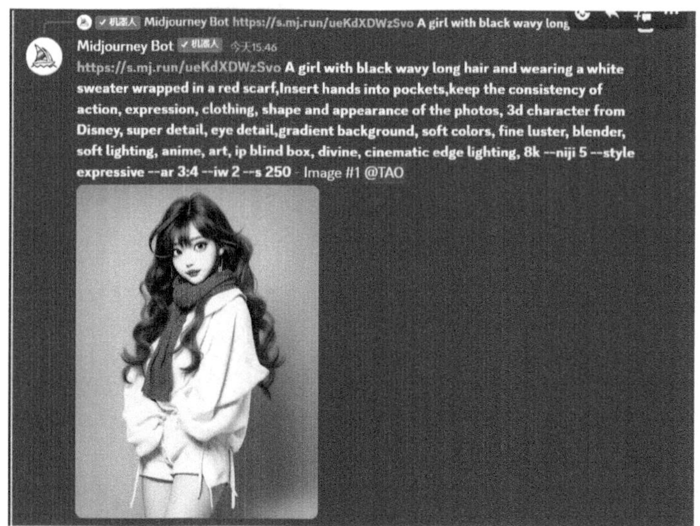

图 6-148　放大并保存